全国区块链应用创新人才培训指定用书　　　"区块链+"应用丛书

区块链
重塑实体经济

赵永新　钟　宏　陈柏珲　等编著

电子工业出版社
Publishing House of Electronics Industry
北京•BEIJING

内 容 简 介

本书力求用通俗易懂的语言，让读者在较为全面、准确地把握区块链的核心价值基础上，对实体经济中农业、工业、制造业、物流业、医疗医药、电力电网、知识产权保护，以及教育、就业、养老、精准脱贫、医疗健康、商品溯源、食品安全、公益、社会救助等民生领域存在的数据可信难、数据共享难、隐私保护难、自动执行难等问题，应用区块链分布式记账、共识机制、非对称加密、智能合约等集成技术来解决，以提高经济社会运行效率，降低社会信任成本，进而创新数字经济发展模式，为推动经济高质量发展提供支撑。

本书结合大量真实案例提出区块链创新解决方案，既可以作为农业、工业、服务业等各个实体经济领域中高层管理人员学习区块链的理论指导和实践参考用书，也可以作为区块链教学科研用书。

图书在版编目（CIP）数据

区块链重塑实体经济 / 赵永新等编著. —北京：电子工业出版社，2021.12
ISBN 978-7-121-42470-0

Ⅰ. ①区… Ⅱ. ①赵… Ⅲ. ①区块链技术－高等学校－教材 Ⅳ. ①TP311.135.9

中国版本图书馆 CIP 数据核字（2021）第 241705 号

责任编辑：秦淑灵　　　　特约编辑：田学清
印　　刷：天津千鹤文化传播有限公司
装　　订：天津千鹤文化传播有限公司
出版发行：电子工业出版社
　　　　　北京市海淀区万寿路 173 信箱　　　邮编：100036
开　　本：720×1000　　1/16　　印张：17.5　　字数：352.8 千字
版　　次：2021 年 12 月第 1 版
印　　次：2021 年 12 月第 1 次印刷
定　　价：58.00 元

凡所购买电子工业出版社图书有缺损问题，请向购买书店调换。若书店售缺，请与本社发行部联系，联系及邮购电话：(010) 88254888，88258888。

质量投诉请发邮件至 zlts@phei.com.cn，盗版侵权举报请发邮件至 dbqq@phei.com.cn。

本书咨询联系方式：qinshl@phei.com.cn。

"区块链+"应用丛书编委会

一、发起单位

亚洲区块链产业研究院
清华大学技术创新研究中心
中国技术经济学会金融科技专业委员会
中国移动通信联合会区块链专业委员会
全国高校人工智能与大数据创新联盟
深圳市信息服务业区块链协会

二、编委会构成

名 誉 主 任：杨兆廷
主　　　任：赵永新
执 行 主 任：钟　宏　陈柏珲
副　 主　 任：万家乐　朱启明　秦响应　刘　权　李　慧
　　　　　　　陆　平　陈洪涛
秘 书 长：黄　蓉
执行秘书长：张晓媛　尹巧蕊

三、编委会名单

姓　　名	职称或职务	工作单位
杨兆廷	党委书记	河北金融学院
	常务副理事长	中国技术经济学会金融科技专业委员会
赵永新	教　授	河北金融学院
	副院长	亚洲区块链产业研究院
钟　宏	院　长	清华大学 x-lab 青藤链盟研究院
陈柏珲	院　长	亚洲区块链产业研究院
黄　蓉	秘书长	传媒区块链产业智库
朱启明	秘书长	全国高校人工智能与大数据创新联盟
秦响应	院　长	河北金融学院金融科技学院
刘　权	院　长	赛迪区块链研究院

姓　　名	职称或职务	工 作 单 位
陈晓华	秘书长	中国移动通信联合会区块链专业委员会
沈春明	博士/高级经济师	清华启迪区块链有限公司
翟欣磊	区块链负责人	京东集团数字科技有限公司
尹巧蕊	博　士	中央司法警官学院
张小军	区块链负责人	华为集团有限公司
张晓媛	负责人	区块链产业人才研究所
吴俊杰	秘书长	深圳市南山区区块链应用协会
陈意斌	会　长	福建省区块链协会
刘　靖	总经理	国数青云（北京）科技有限公司
刘志毅	主　任	商汤科技智能产业研究院
刘永相	秘书长	中国电力企业联合会能源区块链标准委员会
万家乐	总经理	上海持云管理有限公司
陆　平	负责人	国际数字经济研究中心亚洲区
张　权	创始合伙人	上海持云管理有限公司
宇鸣初	发起人	BTRAC 全球数字网络高等智库
黄　锐	总经理	成都雨链科技有限公司
丁晓蔚	博士/副教授	南京大学
赵　勇	会　长	中国西部互联网与大数据产业协会
李　慧	副院长	火币区块链应用研究院
罗　骁	总经理	杭州宇链科技有限公司
郝　汉	首席信息官	安妮股份有限公司
武艳杰	教　授	华南师范大学
刘晓俊	副秘书长	深圳市南山区区块链应用协会
郑相涵	博　士	福州大学
杨国栋	总经理	中化能源科技有限公司
宣宏量	常务秘书长	首都版权产业联盟
梅　昕	博士/主任	全球金融科技实验室
段林霄	联合创始人	微观（天津）科技发展有限公司
郑烨婕	副院长	商汤科技智能产业研究院
宋　森	主　任	华南师范大学区块链经济研究中心
向峥嵘	总　监	中博聚力（北京）投资管理有限公司
李瑞静	总　监	保定金融谷有限公司
陈洪涛	党委委员/副行长	广发银行股份有限公司西安分行
李三喜	副教授	北京铁路电气化学校
高希宁	副编审	学习强国学习平台有限责任公司
杨锦帆	副教授	西北政法大学

总　　序

区块链是比特币的底层技术，是一种集合分布式存储、共识机制、非对称加密、智能合约等多种技术于一体的综合性技术，该技术的价值是在区块链世界中建立一种分布式或多中心的可信化高效运转社会。区块链出现至今已历十多年，底层技术相对成熟。近年来，联合国、国际货币基金组织和多个发达国家政府先后发布了区块链的系列报告，探索区块链技术及其应用。联合国秘书长安东尼奥·古特雷斯（Antonio Guterres）表示，联合国必须拥抱区块链技术。他说："为了使联合国更好地履行数字时代的使命，我们需要采用区块链之类的技术，以帮助加速实现可持续发展目标。"

从国际来看，英国、美国、俄罗斯、日本、新加坡等国家的政府、金融机构、互联网企业和制造企业积极投入区块链技术的研发与应用推广，发展势头迅猛。

2019年10月24日，习近平总书记在主持中共中央政治局第十八次集体学习时强调："区块链技术的集成应用在新的技术革新和产业变革中起着重要作用。我们要把区块链作为核心技术自主创新的重要突破口，明确主攻方向，加大投入力度，着力攻克一批关键核心技术，加快推动区块链技术和产业创新发展。"这标志着区块链已经上升为国家战略。事实上，在2016年年底，国务院就已经把区块链技术列入《"十三五"国家信息化规划》中，中国人民银行建立数字货币研究所并内测成功、北京市"十三五"规划确定区块链为发展方向、2020年区块链被列入"新基建"……目前，全国有20多个省、直辖市、自治区的地方政府发布了区块链专项行动，积极探索利用区块链解决政务数据共享、政务效率提升、智慧税务、司法存证、城市交通拥堵等问题；各金融机构积极探索并应用区块链实现银行、保险、证券等金融业态更好地服务实体经济、提升服务效率、降低服务成本、降低金融风险；农业、工业、服务业等各行各业都在快速拥抱区块链，提升实体经济运行效率，创新商业模式，构建新商业生态。区块链正在与各个领域深度整合。

当前谈及区块链的相关图书不少，但全面、系统、深入介绍区块链各类应用场景的图书还相对较少。因此，由亚洲区块链产业研究院、清华大学技术创新研究中心、中国技术经济学会金融科技专业委员会、中国移动通信联合会区块链专业委员会、全国高校人工智能与大数据创新联盟和深圳市信息服务业区块链协会，联合发起成立"区块链+"应用丛书编委会，汇集来自河北金融学院、中国技术经济学会金融科技专业委员会、亚洲区块链产业研究院、清华大学 x-lab 青藤链盟研究院、传媒区块链产业智库、全国高校人工智能与大数据创新联盟、赛迪区块链研究院、中国移动通信联合会区块链专业委员会、清华启迪区块链有限公司、京东集团数字科技有限公司、中央司法警官学院、华为集团有限公司、区块链产业人才研究所、深圳市南山区区块链应用协会、福建省区块链协会、国数青云（北京）科技有限公司、商汤科技智能产业研究院、中国电力企业联合会能源区块链标准委员会、上海持云管理有限公司、国际数字经济研究中心亚洲区、BTRAC 全球数字网络高等智库、成都雨链科技有限公司、南京大学、中国西部互联网与大数据产业协会、火币区块链应用研究院、杭州宇链科技有限公司、安妮股份有限公司、华南师范大学、福州大学、中化能源科技有限公司、首都版权产业联盟、全球金融科技实验室、微观（天津）科技发展有限公司、华南师范大学区块链经济研究中心、中博聚力（北京）投资管理有限公司、保定金融谷有限公司、广发银行股份有限公司西安分行、北京铁路电气化学校、学习强国学习平台有限责任公司、西北政法大学等在区块链领域开拓创新的学界与业界的 40 多位精英，基于对区块链技术的系统化解读，聚焦区块链在政府治理现代化、经济现代化、金融现代化、管理现代化等多维层面的应用并对其进行深度阐释，希望在区块链应用理论体系建设方面进行有益探索，为区块链促进社会全面健康发展提供智力支持。

此套丛书不仅可供对区块链感兴趣的读者阅读，亦可作为相关行业区块链应用人才培训的指定教材。

由于编者水平有限，加之时间紧张，丛书难免存在不足之处，欢迎广大读者批评指正。

"区块链+"应用丛书编委会主任　赵永新

2021 年 8 月

前　　言

　　实体经济是一国经济的立身之本，是财富创造的根本源泉，是国家强盛的重要支柱。实体经济是我国发展的根基，因此建设现代化经济体系必须把实体经济放到更加突出的位置抓实、抓好。要推动区块链和实体经济深度融合，利用区块链技术探索数字经济模式创新，为打造便捷高效、公平竞争、稳定透明的营商环境提供动力，为推进供给侧结构性改革、实现各行业供需有效对接提供服务，为加快新旧动能接续转换、推动经济高质量发展提供支撑。要探索"区块链+"在民生领域的运用，积极推动区块链技术在教育、就业、养老、精准脱贫、医疗健康、商品防伪、食品安全、公益、社会救助等领域的应用，为人民群众提供更加智能、更加便捷、更加优质的公共服务。

　　在实体经济中，农业、工业特别是制造业、物流业、电力、医疗医药等各个行业如何利用区块链这一创新的集成技术解决传统行业中存在的问题，提高经济社会运行效率，降低社会信任成本，是当前面临的重要问题。但区块链技术涉及计算机科学、数学、密码学、金融学等多个学科，不容易理解。本书力求用通俗易懂的语言解释区块链的技术原理，让广大读者能较为全面准确地把握区块链的核心价值，并在此基础上结合实体经济的各个行业，对农业、工业、制造业、物流业、电力、医疗医药、知识产权保护、民生等各个领域如何应用区块链实现创新发展进行详细剖析，并根据当前实体经济各个行业存在的不同主体数据不能有效共享等问题结合大量真实案例提供区块链创新解决方案。

　　本书内容共十二章。第一章"区块链与国家战略"、第二章"区块链技术原理"由赵永新编写；第三章"多类型网络构架下的区块链生态"由陈柏珲编写；第四章"区块链+农业创新"由郑相涵、刘凯编写；第五章"区块链+工业创新"由王迎帅编写；第六章"区块链+智能制造"由万家乐、张权、方圆圆、李海峰编写；第七章"区块链+物流"由王妍编写；第八章"区块链+医疗创新"由李慧、刘明悦编写；第九章"区块链+医联体模式"由万家乐、张权、方圆圆、李海峰编写；第十章"区块链+电力"由刘永相编写；第十一章"区块链+版权保护"由郝汉编写;第十二章"区块链促进民生高质量发展"由钟宏编写。全书由赵永新、温泉统稿。

本书既可以作为农业、工业、服务业等各个实体经济领域中高层管理人员学习区块链的理论指导和实践参考用书,也可以作为区块链教学科研用书。

由于编者水平有限,加之时间紧张,本书会有诸多不足之处,欢迎广大读者批评指正。

赵永新

2021 年 8 月

目　　录

第一章

区块链与国家战略

　　人类自诞生以来，就一直在探索社会发展的规律。从科学技术对经济社会的影响来看，经济发展大致可以划分为四个阶段。第一个阶段在 18 世纪 60 年代以前，这个阶段主要以手工劳动为主。第二个阶段是 18 世纪 60 年代到 19 世纪 40 年代，英国人瓦特改良了蒸汽机，第一次工业革命使社会手工劳动向动力机械生产转变。第三个阶段是 19 世纪后期至 20 世纪初期，发生了以电力的大规模应用为代表的第二次工业革命，著名的事件是爱迪生发明了电灯。第四个阶段是 20 世纪中后期，第三次科技革命的到来改变了整个人类社会的运作模式。后来诞生的以苹果、微软等为代表的公司拉开了互联网时代的大幕，至今仍在影响着我们经济社会生活的方方面面，堪称是对人类社会影响最为深远的技术革命。

　　互联网（internet）始于 1969 年美国的阿帕网。这种将计算机网络互相连接在一起的方法称作"网络互联"，在这个基础上产生了覆盖全世界的全球性互联网络（称为互联网），即互相连接在一起的网络结构。互联网已经发展了 50 多年。从 20 世纪 90 年代末开始，中国互联网从 PC 端的鼎盛时期发展到如今的移动互联网和物联网蓬勃发展期，不过用了短短 20 多年的时间。互联网具有打破信息不对称、降低交易成本、促进专业化分工和提高劳动生产率的特点，为各个国家经济转型升级提供了机遇。2015 年 7 月，"互联网+"上升到国家战略，经过几年的发展，互联网已经与传统产业融合，互联网金融、互联网交通、互联网医疗、互联网教育等新业态正是互联网与传统产业深度融合的产物。工业互联网正在从消费品工业领域向装备制造和能源、新材料等工业领域渗透，全面推动传统工业生产方式的转变；农业互联网也在从电子商务等网络销售环节向生产领域渗透。可以说，中国是全球互联网应用最成功的国家之一。互联网、移动互联网、物联网、大数据、人工智能等在给人类社会经济带来快速发展的同时，也产生了一些问题，如中心化数据可以被篡改、数据共享难、信任成本高、不同主体协作困难等。而区块链作为集计算机技术、密码学、共识算法、智能合约等于一身的新型科学技术，恰恰解决了互联网本身不能解决的问题，或许它会引发继互联网之后人类经济社会发展史上的又一次革命。

第一节　互联网+国家战略

一、用户数量持续增长，上网时长不断攀升

1994 年 4 月 20 日，中国科学院（以下简称中科院）用一条 64K 的连接线让中国与世界连通，这标志着互联网正式进入中国。20 多年以来，互联网对中国经济社会产生了重要影响。中国互联网络信息中心第 42 次《中国互联网络发展状况统计报告》显示，截至 2020 年 6 月，我国网民规模几乎达到 9.4 亿人，相当于全球网民的五分之一。此时的互联网普及率为 67.0%，约高于全球平均水平5%。2017—2020 年上半年网民规模和互联网普及率如图 1.1 所示。

图 1.1　2017—2020 年上半年网民规模和互联网普及率

截至 2020 年 6 月，我国手机网民规模达 9.3 亿人，较 2020 年 3 月增加了3546 万人。网民中使用手机上网人群的占比提升至 99.2%，网民手机上网比例在高基数基础上进一步攀升。2017—2020 年上半年手机网民规模及其占网民比例如图 1.2 所示。

图 1.2　2017—2020 年上半年手机网民规模及其占网民比例

从 1999 年中国电子商务开始出现到 2020 年，互联网行业在中国发展的 20 多年中，经历了探索成长期（1999—2008 年）、快速发展期（2009—2014 年）、成熟繁荣期（2015—2019 年），由 PC 互联网走向移动互联网、由 2G 走向 5G，成为推动中国创新与经济发展的主要引擎。

二、互联网顶层设计，建设网络强国

为适应发展趋势，我国及时加强了互联网发展顶层设计和统筹规划，成立了中央网络安全和信息化领导小组（现为中国共产党中央网络安全和信息化委员会），确立了建设网络强国的重大战略目标，从国际国内大势出发，总体布局，统筹各方，加快实施和推进网络强国建设，使网络空间国际竞争力持续提高。2015 年 7 月，《国务院关于积极推进"互联网+"行动的指导意见》中提出"'互联网+'是把互联网的创新成果与经济社会各领域深度融合，推动技术进步、效率提升和组织变革，提升实体经济创新力和生产力，形成更广泛的以互联网为基础设施和创新要素的经济社会发展新形态""加快推进'互联网+'发展，有利于重塑创新体系、激发创新活力、培育新兴业态和创新公共服务模式，对打造大众创业、万众创新和增加公共产品、公共服务'双引擎'，主动适应和引领经济发展新常态，形成经济发展新动能，实现中国经济提质增效升级具有重要意义"。

三、推动"互联网+"经济发展，形成数字经济新动能

互联网在中国快速发展的 20 多年中，已经由原来单一的资讯信息服务，逐步融合到传统产业的信息化蜕变。进入移动互联网阶段后，中国互联网已渗透至

社会的多个领域，互联网、移动互联网等应用已经深刻改变经济发展各领域的组织模式、服务模式和商业模式，产业转型升级持续加速，新服务、新模式、新业态不断涌现，经济发展新动能不断培育和增多，有效适应和引领了经济新常态。"互联网+"创新几乎成为农业、工业、服务业、房地产等所有传统产业的标配，促进了社会发展，中国正在成为全球创新的典范，中国创造成为全球追赶和学习的榜样。2019 年中国数字经济规模已达 34.80 万亿元，占 GDP 比重 35%，数字经济成为中国产业的重要组成部分。

四、深化"互联网+"社会发展，促进民生高质量发展

互联网与整个社会发展已经深度融合，教育、医疗、文化、社保、养老等领域积极拥抱互联网，互联网教育、互联网医疗、互联网养老等新业态促进了优质资源流动，促进了城乡协调和共享发展。电子商务应用持续保持高速增长的态势，电子商务交易额从 2012 年的 7.89 万亿元增长到 2019 年年底的 31.30 万亿元。微信支付、支付宝支付等移动支付模式的快速普及应用，加速了我国迈向无现金社会时代的步伐。电子商务、移动支付和社交通信等移动互联网应用正在为我国人民创造一种令很多国家向往和羡慕的新生活方式，科技改变未来也因互联网应用正在加速实现。

五、推进"互联网+"政务，加速国家治理现代化

国务院与各级政府积极推进"互联网+"政务，推行"一号、一窗、一网"服务，不断优化服务流程，创新服务方式，推进数据共享，打通信息孤岛。创新监管和服务模式，实现了让企业和群众少跑腿、好办事、不添堵，使宏观调控、社会管理、公共服务、市场监管等治国理政能力不断增强，营商环境显著改善，双创活力蓬勃激发，依法治国深入推进，制度性交易成本持续降低，国家治理能力和水平全面提升。利用互联网、移动互联网、物联网、大数据等新技术，可以分级分类推进新型智慧城市建设，对政务服务办理过程和结果进行大数据分析，创新办事质量控制和服务效果评估，大幅提高政务服务的在线化、个性化、智能化水平。此外，还可以通过建立事项信息库动态更新机制和业务协作工作机制，与推进新型智慧城市建设、信息惠民建设等工作形成合力，不断创新政务服务方式，提升政务服务供给水平。

近年来，我国电子政务在统筹协调机制、深入推进"互联网+"政务服务、信息资源整合共享等方面均取得了积极进展，但同时也面临一些挑战和问题，需要运用新理念、新方法来推进电子政务进一步发展。2020 年 6 月，我国在线政

务服务用户规模达 7.73 亿人，较 2020 年 3 月增长 11.4%，占网民整体的 82.2%。已有 297 个地级行政区政府开通了"两微一端"（政务微信、政务微博和政务新媒体平台）等新媒体传播渠道，总体覆盖率达 88.9%，但是仍然有约 57% 的地级市政府客户端和微信公众号服务整合程度未达标，移动服务供给分散，政务新媒体平台整合能力有待提升。

截至 2020 年 6 月，我国共有政府网站 14467 个，中国政府网 1 个，国务院部门及其内设、垂直管理机构共有政府网站 900 个；省级及以下行政单位共有政府网站 13566 个，分布在我国 31 个省（区、市）和新疆生产建设兵团。各行政级别政府网站数量如图 1.3 所示。

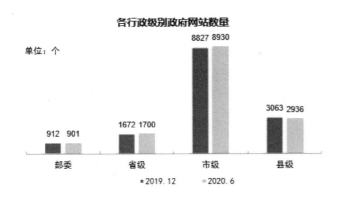

图 1.3　各行政级别政府网站数量

六、"互联网+"存在的根本问题

1. 中心化存储数据安全问题

中心化存储拥有明确的中心，安全成本高昂，且更容易被攻击。对黑客而言，只要攻破了这个明确的中心，就可以拿到所有的数据，甚至篡改。

对于实力不足的运营方而言，有随时终止服务的风险。我国曾经流行过一段时间的网盘大战，这场大战不是由创业公司直接发起的价格大战，而是由 360 网盘、金山网盘、新浪微盘、百度网盘等发起的。几年过去了，大部分的网盘业务都已经关闭，大量用户的存储数据也已经丢失。

在过去 20 多年的时间里，互联网全面融入社会生产生活，引领世界发生了巨大变革。但由于技术本身的局限性，网络世界存在的公平性、价值性、安全性等基础问题，长期以来都未得到圆满解决，甚至由此派生出许多危害公共治安、社会伦理、国家安全的问题，成为现实社会新的顽疾。因此，在互联网世界内部开展一场深刻的技术变革，比过去任何时候都显得更加必要、更加迫切。

2. 互联网信任成本过高

在经济互联网化、全球化的今天，信任是经济往来的基石。信任的获得成本非常高，却又非常容易失去。在心理学中，信任是社会影响概念中不可或缺的一部分，因为影响或说服一个信任你的人是很容易的。因此，信任这个概念已被广泛应用于预测组织（如政府机构）的行为。信任包含诚实、能力和价值三个因素，若因为明显违反了其中的三个因素而丧失信任，将很难修复信任。因此，建设信任与破坏信任有一个明确的对称性。以互联网技术为标志的全球化时代，信息高度透明、对称，每个个体、每个组织都曝光在同一片蓝天下，如果社会没有了信任，随之而来的则是一个人人自危的社会。互联网、移动互联网、人工智能、云计算、大数据、5G等应用基础都是数据，如果在不信任的环境下，没有真实的数据，或者是数据造假，那么再好的技术也可能做出错误的判断。因此，互联网时代人与人之间、企业与企业之间、国家与国家之间的信任成本非常高，而基于多年建立起来的信任可能因为一些或许存在、或许只是可能存在的误会而轻易失去。从金融的角度来看，由于信息不对称就会被认为有风险，进而会人为增设很多防范风险的手段而提高信任成本。

3. 用户隐私保护难度较大

2018年，Facebook客户信息泄露事件已经发展成重大的政治事件、经济事件、金融事件、科技事件、大数据事件、客户信息保护事件等，并且引发了多重重大的、深层次的问题。这起事件的严重程度远远超过市场、政治家、经济金融家及民众的预期。这起事件的严重性不仅在于北美5000万名客户信息被泄露，还在于诸如Facebook等超级平台上积累的数据特别是客户信息如何应用、如何防止被滥用。

互联网发展到今天，无论是便利性还是实效性都让我们切身感受到了科技的力量，但与此同时，个人信息被泄露、隐私被曝光、诈骗骚扰电话等各种问题也随之而来。尽管国家层面一再强调，从企业到个人都不得强行绑架用户、盗用用户信息，但最近几年这些问题从未中断。

4. 基础技术创新相对较弱

一般来说，互联网的用户终端（计算机、手机等）要想访问一个网页或应用，首先需要通过域名系统获取该网页或应用所在服务器的 IP 地址，然后根据路由控制系统将访问请求发送给对应 IP 地址的服务器。互联网是全球一张网的通信系统，充当"名字标识"的域名和充当"位置标识"的 IP 地址必须具有全球唯一性。因此，无论是域名系统还是 IP 地址系统，都是一个树形的分配和管理体系，下一级受制于上一级。位于域名系统最上游的是"域名根服务器"。一次完整的域名解析过程，需要逐级访问域名根服务器、顶级域名服务器。境内没有域名根服务器的国家，从理论上讲，若不考虑服务器缓存的因素，每一次境内互联网的访问都需要访问境外的根服务器。没有域名根服务器和 IP 根服务器的国家，一旦境外的根服务器反馈错误信息或不提供服务，就会导致境内互联网"断网"。这种对境外根服务器的高度依赖，成了所有没有根服务器国家头上所悬的"达摩克利斯之剑"。各类互联网的应用创新都是建立在根服务器这个基础上的，如果没有它的各种应用，就相当于把大厦建立在了沙滩上。在这一方面，中国还有很多路要走。

综上所述，这些问题或许可以由区块链技术加以解决。

第二节　"区块链+"国家战略升级

一、区块链上升为国家战略

区块链已走进大众视野，成为社会的关注焦点。中共中央政治局就区块链技术的发展现状和趋势进行了第十八次集体学习。区块链技术的集成应用在新的技术革新和产业变革中起着重要作用。我们要把区块链作为核心技术自主创新的重要突破口，明确主攻方向，加大投入力度，着力攻克一批关键核心技术，加快推动区块链技术和产业创新发展。

区块链是一项集成技术。按最简单的理解，区块链就是一个共享数据库，存储于其中的数据或信息，具有不可伪造、全程留痕、可以追溯、公开透明、集体维护等特征。基于这些特征，区块链技术奠定了坚实的"信任"基础，创造了可靠的"合作"机制，具有广阔的应用前景。区块链技术应用已延伸到数字金融、物联网、智能制造、供应链管理、数字资产交易等多个领域。目前，全球主要国家都在加快布局区块链技术发展。我国在区块链领域拥有良好的基础，要加快推动区块链技术和产业创新发展，积极推进区块链和经济社会融合发展。

二、国家区块链战略的良好基础

作为新兴前沿技术，区块链还没有形成强大的技术壁垒，对于世界各国来说，基本处于同一起跑线。中国要在区块链领域实现核心技术突破，束缚和阻碍更小，更容易走在理论前沿，占据创新制高点，取得产业新优势。此外，在技术、产业、人才、政策上，中国都拥有良好的基础，拥有形成快速突破的土壤。

1. 区块链行业标准相对完备

密码算法和电子签名标准体系等区块链核心技术相对完备，SM2（非对称加密）椭圆曲线公钥密码算法、SM3（消息摘要）哈希密码算法、SM9 标识密码算法和祖冲之序列密码算法都可为区块链技术提供核心支持。截至 2019 年 6 月底，相关密码算法行业标准约有 19 项，数字签名标准约有 20 项。区块链底层框架技术标准化工作从 2016 年起有序展开，相关科研机构都在积极参与区块链底层框架标准的制定工作，2019 年在区块链基础标准、数据隐私保护和跨链技术标准等方面取得了进展，并且着手建立区块链国家标准，以从顶层设计推动区块链标准体系建设。区块链国家标准包括基础标准、业务和应用标准、过程和方法标准、可信和互操作标准、信息安全标准等，进一步扩大了区块链标准的适用性。我国在应用标准研究方面，如密码应用服务标准、底层框架应用编程接口标准、分布式数据库要求、虚拟机与容器要求、智能合约安全要求、区块链即服务（Blockchain as a Service，BaaS）平台应用服务接口标准和规范等有一定基础；在具体应用场景制定的区块链应用标准或规范方面不断更新并取得了很大的进展。2020 年 2 月《金融分布式账本技术安全规范》（JR/T 0184—2020）金融行业标准发布，这是国内金融行业首个区块链标准。该标准由全国金融标准化技术委员会归口管理，由中国人民银行数字货币研究所提出并负责起草，中国人民银行科技司、中国工商银行、中国农业银行、中国银行、中国建设银行、国家开发银行等单位共同参与起草。该标准经过广泛征求意见和论证，通过了全国金融标准化技术委员会审查。

2. 区块链产业蓬勃发展

我国区块链行业起步稍晚，基础比欧美稍弱，但从发展势头和潜力来看，我国区块链行业非常有可能实现像互联网及移动支付领域一样的超车。截至 2019 年 12 月底，我国在国家市场监督管理总局备案的区块链企业有 3.3 万余家。区块链企业应用主要分布在金融、供应链、溯源、硬件、公益慈善、医疗健康、文化娱乐、社会管理、版权保护、教育和共享经济领域，其中以金融、供应链、溯源、硬件领域为主。整个行业主要有以下特点：地域分布集中、企业数量增长快、投融资较为活跃、领域分布较广、专利增长情况好。目前，阿里巴巴、腾讯和百度都在尝试落地区块链技术，并进行较为基础的技术开发，如蚂蚁链 BaaS 平台、腾讯云区块链服务平台、百度超级链平台等。中国平安、万向控股、恒生电子等多家 A 股上市公司在金融、能源、物流、交通、贸易、版权等区块链应用领域也有广泛布局。

3. 区块链独角兽企业全球第一

胡润研究院发布了《2019 胡润全球独角兽榜》，共有 494 家独角兽企业上榜。其中，中国上榜 206 家企业，位居第一；美国上榜 203 家企业，位居第二；印度和英国分别排名第三和第四，各有 21 家企业和 13 家企业。值得注意的是，中美两国一共拥有世界八成多的独角兽公司。

榜单显示，进入 2019 年全球区块链行业独角兽企业排行榜的共有 11 家企业，这些企业的公司估值总计 2790 亿元，占总市值的 2%。其中，比特大陆以 800 亿元的公司估值位居第一，Coinbase、Ripple 分别位居第二和第三。上榜企业数量最多的国家为中国和美国（各 4 家企业），榜单前十的企业分别为比特大陆、Coinbase、Ripple、嘉楠耘智、Circle Internet Financial、Binance、Block.One、Dfinity、亿邦国际、BitFury，公司估值总计为 2720 亿元。

4. 区块链专利数量全球第一

相关数据显示，2019 年企业整体发明专利申请量较 2018 年增长明显。从上榜企业所属国家来看，前 100 名的企业主要来自 10 个国家和地区，中国占比 63%，美国占比 19%，日本占比 7%，德国和韩国均占比 3%，瑞典、安提瓜和巴布达、爱尔兰、芬兰和加拿大均占比 1%。2015 年以后，我国区块链相关专利增速超过 200%，成为我国专利数量增长最快的领域。我国区块链专利从增速上看领先全球；从数量上看领先美国，排名全球第一。从企业的角度来看，专利数量排名前十的企业中有 6 家企业来自中国。其中，阿里巴巴以 1005 件专利排名全球第一；中国平安以 464 件专利排名全球第二；微众银行以 217 件专利排名全球第五。

三、"区块链+"——换道超车的突破口

"互联网+"让中国经济得以持续高速增长，但互联网自身的一些问题难以解决，再加上基础创新方面的不足，使中国互联网的发展比发达国家晚了二十多

年。而区块链技术迄今发展十多年，便在中国各个领域开始应用，因此将"区块链+"上升为国家战略意义十分重大。

1. 区块链是全球性争夺技术

目前，全球主要国家都在加快布局区块链技术发展。在区块链技术发展上，中国正在抢占跑道。在中美贸易摩擦的大背景下，中国企业越来越强调对最核心的"硬技术"的掌控。从政府政策引导来看，也更加鼓励企业进行区块链核心技术的自主创新。中国在区块链竞争领域的目标确定而唯一，就是争夺第一。

从本质上讲，区块链就是一套治理架构，其核心是基于多种技术组合而建立的激励约束机制。它通过集成分布式数据存储、点对点传输、共识机制、加密算法等技术，对计算模式进行颠覆式创新，大幅提高"作恶"门槛。此外，区块链还通过设置激励机制，推动"信息互联网"向"价值互联网"变迁，从而充分挖掘互联网内部的积极力量，维护网络世界的生态秩序，进而实现更加良性的治理架构，推进国家治理体系和治理能力现代化，因此区块链被广泛认为可能引起一场全球性的技术革新和产业变革。区块链在促进数据共享、优化业务流程、降低运营成本、提高协同效率、建设可信体系等方面的重要作用启示我们：区块链不仅要作为核心技术自主创新的重要突破口，还要作为推进国家治理现代化的重要依托。

2. 区块链是创造信任的机器

区块链用多中心方式结合智能合约等技术解决多方信任协作问题，在数据增信的基础上，重塑信任关系和合作关系，解决中心化系统的弊端。例如，针对数据透明度和数据隐私保护问题，强调增信，增强数据可信度，强化数据公信力，如存证项目，"存"即数据上链，"证"即证明数据不可篡改。区块链技术的发展，也是社会生产力和生产关系亟待变革的需要，人们建立信任关系的方式将有机会随着区块链技术的出现而发生颠覆性的改变。区块链技术将原本人与人之间通过言行所带来的感受和形成的认知来直接建立信任的方式，转换成"从人与物，再从物到人"的间接建立信任的方式，人与人之间通过可信赖的"物或数据"为载体来建立信任，人们参与分工和协同的商业行为、工作方式也将发生逆转，不再是人与人之间直接发生联系，所有的商业行为都将借助一个"会思考的智能系统"，以"共享且不可篡改的数据系统"为纽带来高效地进行。通过智能合约和区块上的不变记录，无许可区块链消除了许多公司在尝试彼此交易时遇到的障碍。

在这些区块链上打印的记录不能被一个或多个计算机更改，这几乎消除了道德风险的可能性，并减少了不对称信息，因为数据是完全透明的。

3. 区块链是下一代合作机制

区块链如何创造信任与合作机制？深入具体的应用场景，就能够看得更加清楚。区块链不可篡改的特点，为经济社会发展中的"存证"难题提供了解决方案，为实现社会征信提供了全新思路；区块链分布式的特点，可以打通部门间的"数据壁垒"，实现信息和数据共享；区块链形成共识机制，能够解决信息不对称问题，真正实现从"信息互联网"到"信任互联网"的转变；区块链通过智能合约，能够实现多个主体之间的协作信任，从而大大拓展了人类相互合作的范围。总体而言，区块链通过创造信任来创造价值，它能保证所有信息数字化并实时共享，从而提高协同效率、降低沟通成本，使离散程度高、管理链条长、涉及环节多的多方主体仍能有效合作。从更大的视野来看，人类能够发展出文明，是因为实现了大规模人群之间的有效合作。亚当·斯密所阐释的"看不见的手"，也是通过市场机制实现了人类社会的分工协作。由此可见，区块链极大地拓展了人类信任协作的广度和深度。也许区块链不只是下一代互联网技术，更是下一代合作机制和组织形式。

区块链能明显提高公共管理领域的运作效率，其可以应用于"区块链+"政务，各级政府部门广泛集成计算机技术应用于面向普通大众的管理服务，对重构政府政务组织结构提供了空前的应用场景；同时也为广大人民群众提供了多方位、多领域、多元化、规范性、优质高效的政务服务。

4. 区块链对各个产业领域都将发挥重要作用

区块链技术要服务实体经济，它的关键在于"融合"。区块链技术一定要解决某一领域的具体问题，这就要求区块链技术能深入具体场景中。区块链技术在产业应用中，不是一个点的应用，而是融合的应用。区块链通过点对点的分布式记账方式、多节点共识机制、非对称加密和智能合约等多种技术手段建立强大的信任关系和价值传输网络。区块链可以深度融入传统产业，通过融合产业升级过程中遇到的信任和自动化等问题，极大地增强共享和重构等方式助力传统产业升级、重塑信任关系、提高产业效率，也就是打通创新链、应用链、价值链。

5. 区块链或成为"一带一路"的重要基石

当前世界正经历百年未有之大变局，各种矛盾纷争不断涌现，世界经济增长需要新的动能，中国经济下行压力持续加大，也需要找出更好的办法。所有这些需要我们在公平公正与效率之间寻找更好的平衡，找到新的增长动能。我国提出共建"一带一路"倡议，倡导并推动"一带一路"建设，不仅是为了进一步提高我国的发展质量和水平，还是为了推动中国与相关国家的共同发展、联动发展，推动人类实现更美好的发展，建立人类命运共同体。"一带一路"倡议给很多国家带来了实实在在的好处，建成了大量基础设施、工业园区、民生工程，有效推动了国际贸易和投资增长。

在"一带一路"建设的过程中，除了继续加强金融领域的国际合作，同样应当重视与第四次工业革命相伴而来的机遇和挑战，在创新中谋发展。人工智能、区块链技术等都将产生显著效益，参与"一带一路"建设的国际合作伙伴需要转变发展动力，通过在不同利益相关方之间架起政策沟通的桥梁，引导公共和私营部门、学术界和民间社会组织，推进可持续投资，为各国人民创造福祉。

第三节　区块链国家战略的新机遇

一、产业区块链发展将迎来黄金期

中国是较早在区块链领域进行国家级战略布局的国家之一。早在 2016 年 12 月，区块链就已经首次作为战略性前沿技术被写入《"十三五"国家信息化规划》。此后全国多个省、自治区、直辖市及特别行政区，都相继发布相关政策，在市场上掀起了区块链研发与投入的热潮。而区块链国家战略将区块链设为"核心技术创新突破口"，并为区块链技术如何给社会发展带来实质变化指明了方向。这必将推动我国在该领域取得更快、更大的发展。

1. 区块链技术将迎来重要发展期

技术是占据区块链制高点的核心。区块链是一种分布式数据库，融合了密码学、共识机制、点对点传输等多种现有技术。由于区块链技术处于初级阶段，因此在性能、成本、隐私保护、跨链技术等方面仍需要进一步完善。区块链是一个全新的赛道，整个产业规模在持续壮大。咨询机构报告，预计截至 2025 年年底，全球区块链技术市场规模将达到 570 亿美元，金融服务、媒体电信、医疗保健和交通运输等领域对这项技术的需求日益增加。在政策和市场的双重驱动下，我国一批企业紧跟趋势，勇担使命，将区块链国家战略融入自身发展中，聚力区块链核心技术，取得了令人瞩目的成绩。

2. 区块链应用重点是与产业融合

回顾历史，每次底层技术的重大进步都会带来应用的大爆发。对于区块链发展而言，技术是基础，应用是占据区块链制高点的关键，多元化的应用场景是促进区块链技术迅速发展的最大动力。基于区块链的去分布式、可追溯、不可篡改等特性，区块链应用已经从金融领域悄然延伸到实体经济、物联网、智能制造、产品溯源、供应链管理等众多领域。目前，国内的大型企业纷纷加速推进区块链应用场景落地。比如，阿里巴巴发力产品溯源、跨境结算等领域；腾讯侧重电子发票等金融领域；京东聚焦透明供应链体系，打击假冒伪劣产品等。除此之外，中国平安在金融、医疗、汽车、房产和智慧城市五大生态圈部署了超过 4 万个区块链的节点，实现了 14 个业务应用场景的成功落地，横跨了从金融到实体经济、民生等多个领域，是区块链融合产业发展的先行示范企业。未来，区块链将在农业、工业、服务业三大产业深度融合，不断创新产品和商业模式，进而带来广阔的发展机会。

二、区块链必将重构世界贸易关系

1. 区块链应用的最大场景在贸易领域

贸易尤其是跨境贸易将成为区块链应用的最大场景。跨境贸易是人类较为复杂的社会经济活动场景，它涉及人类社会经济活动所有的属性与特征，覆盖贸易、物流、金融、监管四大业务领域。跨境贸易企业间的信任成本、沟通成本及合规成本都非常高。跨境贸易诈骗时有发生，且追讨难，将区块链应用到如此复杂的跨境贸易领域，颠覆性地创造出新的信任机制的生产关系，将大幅降低跨境贸易的各项成本，大幅提高跨境贸易的效率。具体而言，跨境贸易领域的生态由以生产+贸易企业、各功能不同的物流企业、保险银行为主的金融机构，以及海关、税务、检验、外汇监管组成，十多个或二十多个企业、机构角色共同参与才能完成。由于目前各个部门或环节都是基于以互联网为中心的数据存储，因此各个部门或环节都是信息孤岛，难以打破，这无形中增加了大量的沟通成本和信任成本。区块链赋能跨境贸易的起点首先是解决跨境贸易对应的痛点，区块链技术完全可以实现各个部门或环节的数据按照统一的标准上链并根据达成的共识进行确认，进而大幅降低沟通成本和信任成本。任何运输的信息无论是采购证明、清关文件，还是提单、保险都能成为区块链上一个透明的监管链条的一部分，都可以被供应商、运输人、买家、监管者和审计者得到。这样一来，海关就能看到所需要的和申报货物有关的准确数据（如卖家、买家、价格、数量、承运人、付款、保险等），并能追踪这些货物的实时位置和状态。这种完整的可视性，如果进入监管的范围，无疑会使海关的日常工作得到更好的信息和数据驱动的保障。

因此，随着世界各国对区块链技术的进一步应用，在贸易领域，区块链将会有巨大的发展空间。

2. 区块链跨境贸易竞争激烈

区块链对于贸易的重构引起了多个国家和地区的重视，共有 25 个以上国家的 70 多个组织参与其中，这些组织来自金融服务、信息技术、电信、物流、海事、房地产、酒店和汽车行业等领域。2017 年，在新加坡成立的国际贸易数字化委员会（International Trade Digitalization Commission，ITDC）推出了基于区块链技术，针对国际贸易行业打造的全球第一个新一代智能合约平台——SilkChain。美国摩根大通内部区块链平台"Quorum"的银行间信息网络于 2017 年上线后，全球共有 365 个成员方宣布加入银行间信息网络，旨在最大限度地减少全球支付过程中的问题，让款项以更快的速度、更少的步骤抵达收款方。2019 年 4 月，天津口岸区块链验证试点项目上线试运行暨区块链跨境贸易服务网络发布会召开。在海关总署、天津市政府支持的推动下，在天津海关和天津市商务局的指导下，金融壹账通积极参与，经过 7 个多月的规划研究、方案论证、联盟建设、开发测试和安全评估等工作，成功实施了区块链技术在跨境贸易中的验证应用。

在跨境贸易的另一端，如一些非洲、东南亚等地区的国家，正在以一种更为激进的方式去看待区块链技术。它们不仅希望解决跨境贸易的问题，还试图搭建"全新"的金融体系。

3. 跨境金融市场规模庞大

金融机构获得了真正的可信数据，大大提升了风控能力；贸易商获得了低门槛、低成本的金融产品，积极地参与到区块链跨境贸易的生态当中；海关、税务、外汇等监管各方在区块链跨境贸易平台上可以看到贸易、金融、物流的过程数据。由此，监管方历史上第一次打破传统监管模式，从"过去完成时"的结果数据监管，走入"参与过程"与"过程监管"，监管视角扩大到整个贸易过程，大家共同存证、验证，形成真正的"大监管"。过程数据的可信价值远远大于结果数据的可信价值，根据过程数据的可信特征，监管方能为贸易商提供各项贸易便利化的服务，合规成本有望大大降低，为金融服务贸易提供了更多便利。

中国作为全球贸易大国，从中国人民银行、中国银行业协会、国家外汇管理局到部分企业都在探索区块链应用的最大场景。下面对探索出来的三大场景进行简要介绍。一是中国人民银行贸易融资区块链平台，由数字货币研究所和中国人民银行深圳市中心支行建设和运营，2018年9月4日上线试运行，有中国银行、中国建设银行、招商银行、交通银行、平安银行、渣打银行等30家银行接入。截至2019年11月底，该平台已实现业务上链30000余笔，业务发生笔数6100余笔，业务发生量约合760亿元。二是中国贸易金融跨行交易区块链平台，由中国银行业协会牵头，中国建设银行、中国工商银行等11家头部银行，以及恒生、南京润晨等4家科技公司共同参与建设，是基于区块链技术的贸易金融底层平台，于2018年12月末正式上线运行。三是国家外汇管理局推出的跨境金融区块链服务平台，自2019年3月22日启动试点以来，至同年12月15日，该平台已扩展到17个省、自治区、直辖市，自愿自主加入的法人银行有170多家，超过全部办理外汇业务银行的三分之一，覆盖银行网点5600多个；平台累计完成应收账款融资放款金额折合101.69亿美元，服务企业共计1859家，中小外贸企业占比70%以上。

4. 区块链引领全球贸易变革

国际贸易中迫切需要解决的三大难题：支付难、费率高、周期长。在国际贸易中，每个国家的法律、政治和金融体系及国情都不同，在国际贸易中支付需要3～5天，先把人民币兑换成美元，再把美元兑换成贸易国的法定货币；需要支付高昂的手续费达3%～5%；货品周期长达30～60天。这三大痛点困扰着国际贸易行业的商家。区块链技术可以实现点对点支付、秒结算、秒到账、零手续费，大大降低了资金和时间成本，缩短了货物运输的周期，能够解决国际贸易的三大难题，进而实现全球贸易的整体性变革。共建自由贸易区、建设粤港澳大湾区等国家大发展战略都在将中国推向更开放、更外向的经济体方向。区块链跨境贸易也有能力为建立世界多边自由、公平、诚信贸易新体系、新秩序提供区块链数字基础服务设施。

三、区块链时代到来

1. 重构社会信任关系

区块链是在分布式系统的基础上，植入了共识机制，解决了困扰人类的一个古老的问题——如何建立点对点的信任机制。区块链虽然是四大成熟技术领域的巧妙组合，本质上没有任何新科技、"黑科技"发明，但是在解决建立点对点的信任机制方面，绽放出了无限的光芒与魅力。运用区块链技术，可以提高我们的信任程度，提高整个经济系统运行的效率。而效率的提高就是成本的节约，也是整个社会价值的提高。区块链产业应用还能够解决以人工智能为代表的生产力与以大数据为代表的生产资料的发展瓶颈，并且对两者之间的生产关系起到巨大的变革作用，从而延伸至对社会关系、产业关系的重构。

2．企业商业模式创新

区块链技术让用户的数据和隐私更加安全，同时降低了互联网中心化管理成本，为各行各业的商业模式创新提供了可能性。区块链本质上是一种加密的分布式记账数据结构，从价值角度看，区块链真正有价值的地方是能重构生产关系，改变生产关系的角色定位和关系流向，从而驱动商业模式变革。对于资源能力有限的中小企业来说，区块链这种新的变革力量带来了低成本、高效益地变革商业模式的新思维、新方案，让企业可以通过数字化方式追踪资产所有权，跨越信任界限，开启新的跨机构合作机遇和富有想象力的新的商业模式。作为共享信任来源，区块链可以把数字转型的范畴从单一公司拓展为与供应商、客户和合作伙伴共享的流程。区块链可以记录对供应链参与者、制造商和消费者来说很重要的注册证明。因为区块链可以在智能合约中保存业务流程的内容，所以可以自动规定、监控和执行供应链参与方之间的协议。比如，当商品运输到最终收货人手里时，智能合约可以自动触发支付；当出现争议时，智能合约可以控制参与方之间解决理赔问题。

所以，在区块链时代，很多商业经营者可以应用区块链技术实现换道超车。

3．个人角色的转变

区块链技术所带来的变革，将革新现有经济格局和人类社会各种事务的旧秩序。这实际上不是创建新的技术，而是彻底改变每个人的生活。如果说人工智能是一场生产力革命，那么区块链技术很可能是一场生产关系革命，互联网技术也将从"信息互联网"向"价值互联网"迁移，整个社会的价值体系将被重构。在区块链的影响下，每个人都能够被充分地赋能，这使每个人都可以成为中心。区块链通过技术的方式让海量人群可以低成本实现共识，从而极大地降低信任成本，这将创造以前不存在的市场。近代的工业经济是建立在中心化的生产关系之上的，处于中心地位的人或组织才能获得更大的资源支配权。区块链技术通过去中心化重构社会信任体系，让陌生人之间通过技术建立起互信机制，社会分工与协作也从公司制度的人治逐步走向技术自治，从中心化组织向网状化大规模协作转变。建立在技术协议基础上的大规模分工与协作模式不分国界、不分种族，赋予每个人平等分配资源的权利，通过更加高效率的协作与激励机制推动生产力的进步，因而区块链技术的广泛应用可能产生一场生产关系的大变革，从而影响每个人。

4. 区块链未来已来

区块链已经发展了十多年，技术趋于成熟，各个国家都在加速布局。区块链在跨境贸易、政府治理、实体经济、金融行业、数字资产、供应链等各个领域已经落地开花，随着认知的不断提升及应用的不断拓展，区块链或许在未来十年可以成为像水、电、互联网一样的新经济社会的基础设施。

区块链技术原理

根据中国电子技术标准化研究院软件工程与评估中心对区块链的定义，区块链是在点对点网络下，通过透明和可信规则构建不可伪造、不可篡改和可追溯的块链式数据结构，实现和管理事务处理的模式。其中，事务处理包括但不限于可信数据的产生、存取和使用。为了确保比特币的交易能够在陌生人间实现可信，中本聪把分布式记账技术、数学中共识机制技术和密码学技术融为一体，形成区块链 1.0 技术。而俄罗斯计算机爱好者 V 神（Vitalik Buterin，是以太坊的创始人）又在区块链 1.0 技术的基础上增加了智能合约技术，使区块链技术提升到了 2.0 时代，这四项技术的综合使用构成了区块链的集成应用。

第一节　分布式记账技术原理

一、中心化记账方式的变革

记账就是把一个企事业单位或者个人家庭发生的所有经济业务，运用一定的记账方法在账簿上进行记录。记账一般是指专业财会人员根据审核无误的原始凭证及记账凭证，按照国家统一会计制度规定的会计科目，运用复式记账法将经济业务序时地、分类地登记到账簿中去。登记账簿是会计核算工作的主要环节。从人类社会经济发展历史来看，记账方式大致可以分为以下三个阶段。

1. 古代会计发展阶段

文明古国，如中国、古巴比伦、古埃及、古印度都曾留下了对会计活动的记载。当时的会计基本上只是一些简单的记录，复式记账还未出现。原始社会由于生产力水平低下，会计对于生产过程的管理较弱，人们只是凭头脑进行记录；当生产活动增多，单凭记忆已不能满足需求时，人们又创造出利用简单符号进行记录的方法。被发现的公元前 1000 年左右古巴比伦的泥板、古埃及的刻石，都是古代会计最原始的经济计算和记录工具。这种计算、记录就是会计的雏形。数字、计量单位出现后，会计逐渐从生产职能中分离出来，成为特殊的独立职能。

2．近代会计发展阶段

一般认为近代会计始于复式簿记形成前后。近代会计发源于意大利，发展于英国，改进、提高于美国。近代会计是从原始的简单计量行为逐步发展起来的。从单式记账法过渡到复式记账法，是近代会计的形成标志。15 世纪末期，意大利数学家卢卡·帕乔利有关复式记账论著《算术、几何、比及比例概要》的问世，标志着近代会计的开端。近代会计发展的第二阶段可称为会计形成阶段，即从簿记发展成为会计的阶段，主要标志是会计循环实务的形成和会计循环理论的出现。近代会计发展的第三阶段可称为会计的深化和提高阶段，其主要标志是传统会计的账务处理程序进一步向标准化、规范化、通用化和理论化的方向发展。与此同时，又逐步形成了主要服务于企业内部日常经营管理的成本会计理论与实务。1494 年，数学家卢卡·帕乔利在《算术、几何、比及比例概要》中专门阐述了复式记账的基本原理，成为会计发展史上第一个里程碑。工业革命后，会计理论和方法出现了明显的发展，从而完成了由簿记到会计的转化。

1854 年，苏格兰成立了世界上第一家特许会计师协会，这被誉为继复式簿记后会计发展史上的又一个里程碑。

3．现代会计发展阶段

现代会计以"一般公认会计准则"的"会计研究公报"的出现为起点。在这一会计发展阶段，会计理论与会计实务都取得了惊人的发展，标志着会计的发展进入成熟时期。此外，管理会计也从传统、单一的会计系统中分离出来，这是会计发展史上的第三个里程碑。

当前政府、金融行业及企业广泛采用的是基于互联网的复式记账法，同样也属于由财务部门负责记账的中心化记账系统。

以银行为例，储户 A 的 5000 元资金存放在银行 B，这在银行的中心数据库里表现为一条数据。为了防止意外和灾害发生，银行还建有备份的数据库存放这个数据的副本，这种记账方式就是中心化记账方式。储户 A 对这笔资金的所有操作，都需要通过银行 B 进行身份认证和修改授权才能完成，如储蓄卡、U 盾及口令卡等。假如储户 A 把 1000 元资金从自己的账户转移到储户 C 的账户，银行的中心数据库中会插入两条数据：一条数据是储户 A 的账户扣除了一笔资金；另一条数据是储户 C 的账户增加了一笔资金。

无论是古代会计、近代会计，还是现代会计的记账方式，都可以看出：记账行为由某个人或某个组织实施并掌握，其他人员或部门不能掌握，这就是中心化记账方式。中心化记账方式高效地记录了人类经济交往活动，但也存在着一些信息不对称及数据难共享等问题。

二、中心化记账信息存储的缺陷

1. 数据安全问题

因为账本上的内容是隐私的，所以就导致记账是一种天然的中心化的行为，即由某一特定机构部门或人员负责记账，其他部门或人员不掌握相关信息。在通信手段不发达的时代，这是必然的选择；在如今的信息时代，中心化的记账方式已然覆盖了社会生活的方方面面。然而，中心化的记账有一些显而易见的弱点：一旦这个中心出现问题，如被篡改、被损坏，整个系统就会面临危机乃至崩溃。

一个典型的例子是发生在 21 世纪初的安然事件：这家在 2000 年被披露的营业额高达 1010 亿美元的美国能源巨头公司，由于深陷会计假账丑闻，于 2001 年轰然倒下。如果账本系统承载的是整个货币体系，那么就会面临中心管理者滥发的风险。历史上，由于货币滥发造成恶性通货膨胀的例子并不少见，甚至在当今世界仍有此类事情发生。例如，津巴布韦从 1980 年到 2009 年，共发行了 4 代津巴布韦元，无一不陷入恶性贬值之道。2008 年 11 月，津巴布韦每天的通货膨胀率高达 98%。2015 年，津巴布韦元失去了流通资格，当地只能将印度卢比、欧元、日元、澳元、美元、人民币等他国货币作为流通工具。

这种中心化的记账方式，无法保证数据的安全性，也无法建立起一个可信的机制，因此同样无法让人信服这个账本数据的真实性。由此可以想象，如果银行、企业发生某个人做假账的情况，将导致严重的后果；如果银行、企业的财务数据突然被一把火烧了，产生的损失将难以预测。

2．信任成本过高

从电报、电话到计算机，人类进入信息化时代，其实从使用电话开始人类就进入了信号通信的过程，经历了模拟信息到数字信息的过程。人类的通信最终长时间停留在数字信号通信的阶段，无论是光纤、无线还是蜂窝电话，都是为了适应不同的场景而使用的数字通信。

信息被转换为不同的信号类型，然后通过媒介传递到另一端，这其中包括了复杂的寻址和信号放大转换、编码与解码的系列过程。这些都是为了保证信息传达的可靠性，用以解决信息的丢失问题、寻址问题、路径优化问题和编码与解码问题。尽管这些信息在不同的通信体系中通过一系列的协议和软硬件编码来实现，但信息的篡改问题和抵赖问题依然存在。

人类解决这一问题所采用的仍然是传统的方案——建立防伪的信任背书，类似于不断升级的货币防伪技术，尽量提高信息被篡改的成本，但这并没有从逻辑上解决问题。计算机同样借鉴了这种方式，即将信息保存在政府或有实力的企业数据库中，由政府和企业通过自己的信誉来保证不会窃取这些信息，当然也不会篡改这些信息，这就是中心化的策略。

中心化是目前解决信息信任问题的主要方式，但也是有逻辑缺陷的，信息安全仍然时时刻刻受到来自中心内部的威胁。如果中心内部有人篡改信息，将不会留下任何痕迹，同样也无法防御来自外部的黑客攻击，并且一旦信息中心被攻破，所有信息就会立刻失去保护，信息的丢失、篡改和滥用问题也就不可避免。

3．法律保障不足

信息的安全问题发生在信息存在的任何阶段，信息的传递过程和单节点存储是其最薄弱的环节。因为传递过程要穿过复杂的网络，信息被篡改和截取的机会大大增加，而单节点的存储，使黑客有更明确的攻击目标，节点一旦被攻破，信息当然也就不再安全，以备份为目的的分布式存储和灾备系统无法解决这一风险。

信道中的信息经常会被窃取和解密，尽管通信的加密和保密技术一直在进步，但信息泄露仍然不可避免。一种情况是当这些信息被破译后，破译者就可以以发送者的身份将篡改甚至伪造的信息发送给接收方，最终导致接收方的利益受损，而这些发送方根本不知情。另一种情况则是发送方发送一些信息给接收方，当接收方按信息采取行动后就进入了圈套，但当接收方事后发现并进行追查时，发送方便声称信息不是自己发送的，这便形成了信息抵赖。虽然最终由法律来解决这种问题，但法律只能约定相关责任，无法还原事实真相。

三、分布式记账技术的定义

分布式记账技术是分布在多个节点或计算机设备上的数据库，每个节点都可以复制并保存一个分类账，且每个节点都可以进行独立更新。从本质上来说，它是一个可以在多个站点、不同地理位置或者多个机构组成的网络里进行分享的资产数据库。一个网络里的参与者可以获得一个唯一、真实账本的副本。账本里区块发生任何篡改，都会牵一发而动全身，会在所有的副本中被反映出来，反应时间会在几分钟内甚至几秒钟内。这个账本里存储的资产可以是金融或法律定义上的、实体的或电子的资产。这个账本里存储的资产的安全性和准确性是通过公私钥及签名的使用去控制账本的访问权，从而实现密码学基础上的维护。根据网络中达成共识的规则，账本中的记录可以由一个、一些或所有参与者共同进行更新。

分布式记账技术解决了信任成本问题，即使是陌生人之间的交易也不一定必须依赖银行、政府、公证处等权威组织，因为数据全部存储在每个节点上。信息还可以复制更多的份数，大到黑客、任何组织和个人都无法操纵的数量级。分布式记账技术使每个使用节点都持有一份信息副本，黑客就算篡改了一处，其他节点的数据仍然存在。当需要进行信息核对时，只要发现某一处的信息与其他地方不一致，那就意味着此处的信息已经被篡改，变得不再可信。这样也解决了消费者权益、财务诚信和交易速度的问题。由此可见，分布式记账与中心化记账是完全不同的。分布式记账与中心化记账的区别如图 2.1 所示。

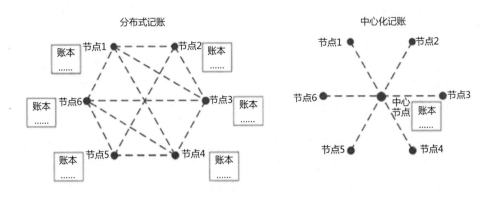

图 2.1　分布式记账与中心化记账的区别

对于分布式记账的理解，可以举个例子。王先生全家包括王先生、王太太，以及王先生的父母，王先生自己每个月勤勤恳恳工作养家，所有收入都交给王太太，由王太太一个人负责记录家庭所有收入和开支。如果王太太收到 100 元却记录只收到 10 元，那么家庭财务收支就可能混乱，这就是中心化记账存在的问题。而在分布式记账中，王先生只要再向全家每个人通报一声自己在今天上午 10 点给了王太太 100 元现金，请大家在各自的账本上记下"王先生在某天上午 10 点给了王太太 100 元"，就完成了。于是王先生全家每个人都成了一个节点，王先生家的每次交易都会被每个人（每个节点）记录下来。洗碗有报酬，谁洗了碗（工作量证明）之后都可以在公共账本上结账，但必须在前一天大家都公认的账本后面添加新的交易，其他人也会参与验证当天的交易。那么自然会有人问，能否进行恶意操作来破坏整个系统？比如，不承认别人的结果，或者伪造结果怎么办？如果王太太某天忽然说，王先生没给她 100 元，那么全家人都会斥责她。如果王太太某天洗完碗想在结账时做手脚，其他参与验证的人也会斥责她（除非她能收买超过一半的人），而一旦被发现作假就会导致她那天的碗白洗，报酬拿不到不说，很可能第二天还要继续洗碗。最后那个公认的账本也只会增加，不会减少。后续加入的家庭成员都会从最长的那个账本的金额那里继续结账。

对于区块链的理解，首先，它是一个分布式的公共账本；其次，它还有很多更加重要的价值。

四、分布式记账的应用场景

分布式记账技术产生的算法是一种强大的、具有颠覆性的创新，它有机会变革公共与私营服务的实现方式，并通过广泛的应用场景去提高生产力。分布式记账技术可以帮助政府各部门之间实现数据共享，在工商、建设、税收、知识产权保护、福利发放、发行护照、登记土地所有权等方面提高政府数据的公开性和可信性。在英国国民健康保险制度里，这项技术通过改善和验证服务的送达，以及根据精确的规则去安全地分享记录，可以改善医疗保健系统。对使用这些服务的消费者来说，这项技术根据不同的情况，可以让消费者去控制个人记录的访问权并知悉其他机构对个人记录的访问情况。

分布式记账同样也可以运用在金融领域，降低银行业数据存储硬件损坏风险、人员录入等操作性风险。分布式记账也可以保证货物供应链的运行，并从整体上确保记录和服务的正确性。分布式记账还可以运用在企业财务记账中，使企业内部各相关部门实现对财务数据的共享和共识，进而提高企业资金的使用效率。区块链的分布式账本如图 2.2 所示。

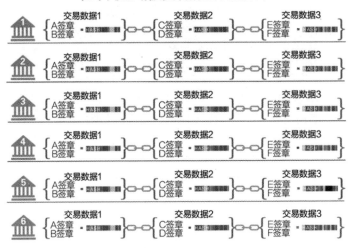

图 2.2　区块链的分布式账本

第二节　共识机制原理

区块链作为一个去中心化的分布式记账系统，在实际运行中，如何解决去中心化后，保证整个系统能有效运行、各个节点诚实记账呢？这是区块链中非常重要的一项技术——共识机制，即在没有所谓的中心化的情况下，互相不信任的个体之间能够就交易的合法性达成共识的机制。

一、共识机制的定义

区块链是比特币的底层技术，类似于一个数据库账本，由分布在不同区域的节点共同参与决策，并记载所有的交易记录，而这些决策规则的核心就是共识机制。

共识机制是指用来决定按照哪个参与节点记账，以及确保交易完成的技术手段和机制。共识机制可以在区块链技术应用的过程中有效平衡效率与安全之间的关系。通常情况下，安全措施越复杂，处理效率就越差。要想提高处理效率，就必须降低安全措施的复杂程度。

二、共识机制的重要价值

共识机制是区块链技术的核心，它使区块链这样一个去中心化的记账系统正常运行成为可能。如果说去中心化是区块链的基础，那么共识机制就是区块链的灵魂。

区块链可以用一句简洁明了的"去中心化分布式分类账本"来概括，但是在这个账本中，是如何对在几乎相同时间内产生的事物前后排序的，就涉及区块链网络的共识机制。共识机制是在一个时间段内对事物的前后顺序达成共识的一种算法，它就像一个国家的法律，维系着区块链世界的正常运转。

在区块链上，每个人都会有一份记录链上所有交易的账本，链上产生一笔新的交易时，每个人接收到这个信息的时间是不一样的。有些想要干坏事的人就有可能趁机发布一些错误的信息，这时就需要有一个人把所有人接收到的信息进行验证，最后公布正确的信息。共识机制的类型较多，常用的主要有工作量证明机制、权益证明机制和拜占庭共识算法。

三、工作量证明机制

工作量证明（Proof of Work，PoW）机制是我们熟知的一种共识机制。就如字面的解释，PoW 就是工作越多，收益越大。这里的工作就是猜数字，谁能最快地猜出这个唯一的数字，谁就能做信息公示人。PoW 机制源于比特币，简单来说就是一份证明，用来确认做过一定量的工作。通过对工作的结果进行认证来证明完成了相应的工作量，这样的方式是非常高效的。PoW 机制按劳分配，算力决定一切，谁的算力越多谁记账的概率就越大，可理解为力量型比较。

1．工作量证明机制优点

（1）完全去中心化（任何人都可以加入）。
（2）节点自由进出，容易实现。
（3）破坏系统花费的成本巨大，掌握 51%的算力对系统进行攻击所付出的代价远远大于作为一个系统的维护者和诚实参与者所得到的收益。

2．工作量证明机制缺点

（1）对节点的性能网络环境要求高。
（2）浪费资源。
（3）每秒钟最多只能做 7 笔交易，效率低下。

（4）不能确保最终一致性。

比特币本身是由分布式网络系统生成的数字货币，其发行过程不依赖于特定的中心化货币发行机构，而依赖于分布式网络节点共同参与一种称为 PoW 机制的共识过程来完成交易的验证与记录。PoW 机制的共识过程实际上就是俗称的"挖矿"，每个节点俗称"矿工"。通常是各个节点贡献自己的计算资源，来竞争解决同一个难度具有可动态变化和调整的数学问题，成功解决该数学问题的"矿工"将获得区块链的记账权，同时在当前时间段的所有比特币交易记录被打包存储在一个新的区块中，并按照时间顺序将其连接到比特币链上。

要想整个 P2P 网络维持一份相同的数据，同时保证每个参与者的公平性，整个体系的所有参与者必须有统一的协议，也就是共识算法。比特币所有的节点都遵循统一的协议规范（共识算法）。协议规范由相关的共识规则组成，这些规则可以划分为两个大的核心：工作量证明与最长链机制。所有规则（共识）的最终体现就是比特币的最长链。共识算法的目的就是保证比特币不停地在最长链条上运转，从而保证整个记账系统的一致性和可靠性。

四、权益证明机制

权益证明（Proof of Stake，PoS）机制也属于一种共识证明，它类似股权凭证和投票系统，因此也被称为"股权证明算法"。它由持有最多通证（Token）或权益的人来公示最终信息。

对于 PoW 机制，由于矿场的出现及挖矿设备性能的不断提升，算力开始集中，节点数和算力值渐渐不适配。同时，PoW 太浪费了，"矿工"持续挖矿进行的重复性哈希计算没有任何实际或者科学价值。而且还有一个更大的问题，即作恶是没有成本的，"矿工"的恶意攻击并不会对"矿工"下次记账并获取相关权益（比特币）产生任何影响。鉴于此，人们提出了 PoS 机制。

PoS 机制与 PoW 机制相比，不需要证明你在记账前做了某项工作，而需要证明你拥有某些财产。PoS 机制会根据你持有 Token 的数量和时间来分配权益，类似股票的分红制度。你持有的越多、持有的时间越长，即币龄越大，就能拿到越多的分红，也就有更大的记账权利。

1. 权益证明机制的优点

（1）节能环保，不需要计算。

（2）性能高。

（3）更加安全。

（4）人人可挖矿获得利息，不用担心算力集中导致中心化出现。

（5）避免货币紧缩。

2．权益证明机制的缺点

（1）权利可能过于集中。余额中 Token 越多的人，获得公示信息的概率越大，获得公示奖励的概率也越大，像滚雪球一样，最终造成权利集中。

（2）因为每次公示的信息的确认都是概率事件，可能不是真实的交易信息，所以理论上有攻击风险。

五、拜占庭共识算法

拜占庭共识（Practical Byzantine Fault Tolerance，PBFT）算法也称实用拜占庭容错算法，它也是一种常见的共识证明，它与之前的两种共识证明都不相同。PBFT 算法以计算为基础，也没有代币奖励，由链上所有人参与投票，当少于（n-1）/3 个节点反对时就获得公示信息的权利。

1．拜占庭共识算法背景

传说拜占庭帝国想要攻占一个强大的敌国，为此派出了 10 支军队去包围敌国。敌国虽不如拜占庭帝国强大，但也足以抵御 5 支常规拜占庭军队的同时袭击。若这 10 支军队分开包围，那么他们中的任意一支军队单独进攻都毫无胜算，除非有至少 6 支军队（一半以上的军队）同时攻击才能攻下敌国。他们分散在敌国的四周，依靠通信兵骑马相互通信来协商进攻意向及进攻时间。困扰这些将军的问题是，他们不确定自己的军队中是否有叛徒，叛徒可能擅自变更进攻意向或者进攻时间。在这种状态下，拜占庭的将军如何决策才能保证有至少 6 支军队在同一时间一起发起进攻，从而赢取战斗？

2．拜占庭将军问题的实质

拜占庭将军问题是一个协议问题，即拜占庭帝国军队的将军们必须全体一致决定是否攻击敌国。问题是这些将军在地理上是分隔开来的，并且军队中存在叛徒。叛徒可以任意行动以达到以下目标：欺骗某些将军采取进攻行动；促成一个不是所有将军都同意的决定，如当将军们不希望进攻时促成进攻行动；迷惑某些将军，使他们无法做出决定。如果叛徒达到了这些目标之一，则任何攻击行动的结果都是注定要失败的，只有完全达成一致才能获得胜利。

3．拜占庭将军问题的算法

为了取得战斗的胜利，将军们必须有一个算法来保证以下两点。

（1）所有忠诚的将军采取同一行动计划。

（2）少数叛徒不能使忠诚的将军采取不良计划。

忠诚的将军都会按照算法所说的去做，但叛徒可以做任何他们想做的事情。无论叛徒做什么，算法都必须保证上述第一个条件满足。忠诚的将军不仅应该达成协议，而且应该就合理的计划达成一致。算法的研究结果显示，当"叛变将军"少于将军总数的三分之一时，"忠诚将军"将可以做出正确的决定并达成一致。

各种计算机科学家已经概述了针对拜占庭将军问题的一些潜在解决方案，用于在区块链系统中建立共识的 PBFT 算法，就是潜在的解决方案之一。简单地说，PBFT 算法的作用如下：每个将军维持一个内部状态（持续的特定信息或状态），当将军接收消息时，他们将消息与其内部状态结合使用，以运行计算或操作。这种计算反过来告诉这个将军如何思考有关信息。在达成关于新消息的个人决定之后，这个将军再与系统中所有其他将军共享该决定，最后根据所有将军提交的全部决定，确定共识决定。

4．拜占庭将军问题与共识机制

我们将这个故事放到区块链中：故事中的将军是参与运行区块链（数据库）分布式网络的各方，他们来回进行通信的信使就是通过网络进行通信的方式；忠诚将军的集体目标是攻占敌国，即写入一个大家公认的区块记录。

在我们的故事中，有效的信息将是决定支持攻击的正确机会。对于忠诚的区块链参与者而言，他们有兴趣确保区块链（数据库）的完整性，从而确保只接受正确的信息。另一方面，叛变将军将是任何试图伪造区块链（数据库）信息的一方，他们的潜在动机有很多种：可能是试图花费他实际上并不拥有的数字货币，或者是不想履行之前已经签署和提交的智能合同中所述义务等。

区块链的力量在于它需要在一个分布式的网络中，其中可能有或者肯定有"恶意节点"，如同拜占庭将军们所处的境地，即便如此也能达成正确的共识。

5．拜占庭将军问题结论

（1）与 PoW 机制相比，PBFT 算法有以下优势。

① 效率高。PBFT 算法要求所有节点之间两两通信，因此这种通信机制要

求节点数量不能太多，通常是几十个，在这种模式下，节点达成一致的速度更快，延时更低。

② 吞吐量高。节点数量的控制，使 PBFT 算法网络不用像大型 PoW 机制网络那样受限于处理能力最低的节点，因此带来全网吞吐量的大幅提升。

③ 节能。无须使用工作量证明的耗电模式，因此更加节能环保。

（2）与 PoW 机制相比，PBFT 算法有以下劣势。

① 可扩展性及去中心化程度较弱。由于节点数量的限制，因此可扩展性较弱；同时节点需要选举或者许可，不像 PoW 机制的节点那样可以自由加入，因此去中心化程度较弱。

② 容错性较低。PoW 机制网络的容错性是 50%，也就是必须防范 51%恶意节点的攻击；而 PBFT 算法容错性只有 1/3，也就是 34%的恶意节点即可发起攻击。

六、共识机制构建机器信任

1. 商业信任的难题

现实中很多人可能遇到以下这样的经历。你来到一个珠宝店，店主殷勤地向你推销一枚 10 克拉的钻戒，并拿出一张精美的钻石证书。你会信任他吗？一张证书能够证明钻石的品质和来源吗？对此你一定充满了疑问。这时候如果你是钻石专业人员，可能通过认真查看钻石的品质、颜色等确定其真伪。但对于大多数普通客人而言，并不能确定钻石及证书的真伪，可能有一系列的求证过程。因此，无论买与不买，交易双方都因为信任不足产生交易成本。

很多人还会面临一些其他的问题：如果你是一位金融从业者，尽管目前整个金融行业投入了巨大成本构建了各种清算设施，但信任问题仍然出现在大多交易中；如果你是一位商业销售从事者，每天还是会重复着繁重的商品盘点工作；如果你是一位慈善工作从业者，你一定知道大量的行政成本花在开支的透明记录和审计上，因为必须让资助人保持信任。

你会发现，几乎所有商业问题的本质都是信任问题。尽管我们拥有了发达的基础设施，每个行业背后都有无数的人在努力和投入，但依然有大量的信任问题没有得到解决。而利用区块链技术来解决商业信任问题，降低交易成本，扩大交易机会，是商业科技领域在未来 10 年的一大命题。

2．机器信任的价值

人是善变的，但机器是不会撒谎的。区块链有望带领我们从个人信任、制度信任进入机器信任的时代。

区块链技术不可篡改的特性从根本上改变了中心化的信用创建方式，区块链技术通过数学原理而非中心化信用机构来低成本地建立信用。钻石及其证书都可以在区块链上公证，变成全球都信任的东西，当然也可以轻松辨别钻石及其证书的真伪。

机器信任其实是无须信任的信任。人类将第一次可以接近零成本建立地球上前所未有的大型合作网络，这必将是一场伟大的群众运动。

3．机器信任的实现

共识机制其实就是构建机器信任的保证，在区块链系统中的参与者们都可以核查，也会共同维持账本的更新，按照严格的规则和共识来进行修改。既然大家都严格遵守规则和共识，加上区块链去中心化、不可篡改等特性，就构建了信任的基石。区块链天然能够低成本地建立信任，构建前所未有的大型合作网络。

传统信任体系需要依靠第三方或中介才能建立起来，然而这需要很高的成本和烦琐的手续流程，我们的部分资产还会被无形地抵押出去。区块链技术打破了依靠中心的信用机制，它是机密算法、点对点传输、分布式数据存储和共识机制等计算机技术在互联网时代的创新应用。

区块链可以建立一个人人参与、多中心化的信任机制，并且在此基础上，实现数据的共享。虽然不使用区块链技术也可以实现数据的共享，但是这些共享的数据是不可信任的。例如，有 10 家机构，它们达成协议可以进行数据共享，它们各自可以把自家的数据拿出来让其他 9 家来查阅。然而，虽然可以让别人看自己的数据，但自己的数据归自己管。若自己把自己的数据篡改了，别人也无法确认。相反，如果对方把数据删改了，自己同样也无法确认。

若基于区块链技术那就不同了，共享数据的 10 方会共同拥有一个网络，任何一方都不能篡改自己已经写进去的数据。区块链网络如何运行呢？任何一个区块链网络的参与者都要参加部署成为区块链服务器的一部分，分布式地在区块链的网络中，即使该服务器发生了故障，也不用担心会因此影响整个网络的运行。

目前投入使用的区块链的交易速度达到了每秒能够处理一万笔交易。在算法升级和机器处理能力不断提高的情况下，以后区块链网络的处理速度将会越来越快。如果说互联网解决了端到端的近乎零成本的信息传递问题，那么区块链解决的就是端到端的近乎零成本的信任传递问题。

4. 零成本信任时代的到来

在数字资产交易、政府公共管理和社会治理、智能制造、物联网与互联网的应用、供应链管理及金融科技等领域，区块链技术将会得到越来越多的应用，将会产生新一轮的工业变革。工业革命以来，互联网成了人类最伟大的发明之一，人与人之间的近乎零成本的信息传递问题被完美解决。仅仅 20 余年的时间，我们的生活方式发生了翻天覆地的变化。当互联网+区块链技术可以很好地解决低成本传递信任问题的时候，区块链将要改变的就是我们几千年以来的交易模式。

区块链思维与互联网思维是一脉相承的，区块链就是互联网更高级的时代。区块链网络就是一个去中心化的、数据共享的、自组织的信任网络。

第三节　非对称加密技术原理

不同于传统的互联网,区块链能够通过加密技术手段很好地解决数据的隐私保护问题。常用的加密技术有对称加密算法、非对称加密算法和哈希加密算法。相比对称加密算法，非对称加密算法和哈希加密算法更能够保证数据的加密效果，而区块链正是采用了更加有效的加密算法。

一、对称加密算法

对称加密算法是应用较早的加密算法，技术较成熟。在对称加密算法中，数据发信方将明文（原始数据）和加密密钥一起经过特殊加密算法处理后，使其变成复杂的加密密文发送出去。收信方收到密文后，若想解读原文，则需要使用加密用过的密钥及相同算法的逆算法对密文进行解密，才能使其恢复成可读明文。在对称加密算法中，使用的密钥只有一个，发收信双方都使用这个密钥对数据进行加密和解密，这就要求收信方事先必须知道加密密钥。

对称加密算法也称私钥加密算法，是指加密和解密使用相同密钥的加密算法，有时又称传统密码算法，加密密钥能够从解密密钥中推算出来，同时解密密钥也可以从加密密钥中推算出来。在大多数的对称加密算法中，加密密钥和解密密钥是相同的，所以也称这种加密算法为秘密密钥算法或单密钥算法。它要求发信方和收信方在安全通信之前，商定一个密钥。对称加密算法的安全性依赖于密钥，泄露密钥就意味着任何人都可以对他们发送或接收的消息解密，所以密钥的保密性对通信的安全性至关重要。

恺撒密码是一种简单且广为人知的加密技术。它是一种替换加密的技术，明文中的所有字母都在字母表上向后（或向前）按照一个固定数目进行偏移后被替换成密文。例如，当偏移量是 3 的时候，所有的字母 A 将被替换成 D，B 被替换成 E，以此类推。这个加密方法是以罗马共和国时期恺撒的名字命名的，当年恺撒曾用此方法与其将军们进行联系。

恺撒密码的替换方法是排列明文字母表和密文字母表，密文字母表是将明文字母表向左或向右移动一个固定数目的位置。例如，当偏移量是左移 3 的时候（解密时的密钥就是 3），明文字母表和密文字母表如下。

明文字母表：ABCDEFGHIJKLMNOPQRSTUVWXYZ。

密文字母表：DEFGHIJKLMNOPQRSTUVWXYZABC。

使用时，加密者查找明文字母表中需要加密的消息中的每个字母所在位置，并且写下密文字母表中对应的字母；需要解密的人则根据事先已知的密钥反过来操作，得到原来的明文。例如，明文"I LOVE CHINA"加密后变为密文"L ORYH FKLQD"。

对称加密算法的特点是算法公开、计算量小、加密速度快、加密效率高。

对称加密算法的不足之处是交易双方都使用同样的密钥，安全性得不到保证。和所有利用字母表进行替换的加密技术一样，恺撒密码非常容易被破解，而且在实际应用中也无法保证通信安全。此外，每对用户每次使用对称加密算法时，都需要使用其他人不知道的唯一钥匙，这会使用户双方所拥有的钥匙数量呈几何级数增长，密钥管理成为用户的负担。对称加密算法在分布式网络系统上使用较为困难，主要是因为密钥管理困难，使用成本较高。与公开密钥加密算法比起来，对称加密算法虽能够提供加密和认证功能，却缺乏签名功能，使用范围有所缩小。对称加密算法的优点在于加密、解密的高速度和使用长密钥时的难破解性。

二、非对称加密算法

1. 非对称加密算法是一种密钥的保密方法

非对称加密算法需要两个密钥：公开密钥（简称公钥）和私有密钥（简称私钥）。公钥与私钥是一对，如果用公钥对数据进行加密，只有用对应的私钥才能解密。因为加密和解密使用的是两个不同的密钥，所以这种算法叫作非对称加密算法。非对称加密算法实现机密信息交换的基本过程如下。甲方生成一对密钥并将公钥公开，需要向甲方发送信息的其他角色（乙方）使用该密钥（甲方的公钥）对机密信息进行加密后再发送给甲方；甲方再用自己的私钥对加密后的信息进行解密。甲方想要回复乙方时正好相反，需使用乙方的公钥对机密信息进行加密；同理，乙方使用自己的私钥来进行解密。

另一方面，甲方可以使用自己的私钥对机密信息进行签名后再发送给乙方；乙方再用甲方的公钥对甲方发送回来的数据进行验签。

甲方只能用其私钥解密由其公钥加密后的任何信息。非对称加密算法的保密性比较好，消除了最终用户交换密钥的需要。

非对称加密算法的特点：算法强度复杂、安全性依赖于算法与密钥。但是，由于其算法复杂，使加密、解密速度没有对称加密算法的速度快。对称加密算法中只有一种密钥，并且是非公开的，如果要解密就得让对方知道密钥，所以保证其安全就是保证密钥的安全。而非对称加密算法有两种密钥，其中一个是公开的，这样就可以不需要像对称加密算法那样传输对方的密钥，安全性就大了很多。

2．非对称加密算法起源

密码学家 W.Diffie 和 M.Hellman 于 1976 年在 *IEEETrans.on Information* 刊物上发表了"New Directionin in Cryp to graphy"文章，提出了"非对称密码体制即公开密钥密码体制"的概念，开创了密码学研究的新方向。

3．非对称加密算法的工作原理

（1）A 要向 B 发送信息，A 和 B 都要产生一对用于非对称加密算法加密和解密的公钥和私钥。

（2）A 的私钥保密，A 的公钥告诉 B；B 的私钥保密，B 的公钥告诉 A。

（3）A 要给 B 发送信息时，A 用 B 的公钥加密信息，因为 A 知道 B 的公钥。

（4）A 将这个信息发送给 B（已经用 B 的公钥加密了信息）。

（5）B 收到这个信息后，B 用自己的私钥解密 A 的信息。其他所有收到这个报文的人都无法解密，因为只有 B 才有 B 的私钥。

4．非对称加密算法的主要应用

假设两个用户要加密交换数据，双方交换公钥，使用时一方用对方的公钥加密，另一方可用自己的私钥解密。如果企业中有 n 个用户，企业需要生成 n 对密钥，并分发 n 个公钥。假设 A 用 B 的公钥加密信息，用 A 的私钥签名，B 接到信息后，首先用 A 的公钥验证签名，确认后用自己的私钥解密信息。由于公钥是可以公开的，用户只要保管好自己的私钥即可，因此加密密钥的分发将变得十分简单。同时，由于每个用户的私钥是唯一的，其他用户除了可以通过信息发送者的公钥来验证信息的来源是否真实，还可以通过数字签名确保发送者无法否认曾发送过该信息。非对称加密算法的缺点是加解密速度远远慢于对称加密算法的速度，在某些极端情况下，甚至能比对称加密算法的速度慢 1000 倍。

非对称加密算法的一个特点是每个用户对应一个密钥对（包含公钥和私钥），它们都是随机生成的，所以各不相同。不过缺点也是很明显的：密钥存储在数据库中，如果数据库被攻破，那么密钥就泄露了。

非对称加密算法不要求通信双方事先传递密钥或有任何约定就能完成保密通信，并且密钥管理方便，可防止假冒和抵赖，因此更容易满足网络通信中的保密通信要求。

5. 非对称加密算法与对称加密算法的区别

（1）用于信息解密的密钥值与用于信息加密的密钥值不同。

（2）非对称加密算法比对称加密算法慢，但在保护通信安全方面，非对称加密算法具有对称密码算法难以企及的优势。

为说明非对称加密算法的优势，举一个对称加密算法的例子。

A 使用密钥 K 加密信息并将其发送给 B，B 收到加密的信息后，使用密钥 K 对其解密以恢复原始消息。这里存在一个问题，即 A 如何将用于加密消息的密钥值发送给 B？答案是，A 发送密钥值给 B 时必须通过独立的安全信道（没人能监听到该信道中的通信）。

这种使用独立安全信道来交换对称加密算法密钥的做法会带来更多问题。

首先，虽然有独立的安全信道，但是安全信道的带宽有限，不能直接用它发送原始消息。

其次，A 和 B 不能确定他们的密钥值可以保持多久而不泄露（不被其他人知道），以及何时交换新的密钥值。

当然，这些问题不止 A 会遇到，B 和其他每个人都会遇到，他们都需要交换密钥并处理这些密钥管理问题。如果 A 要给数百人发送信息，那么事情将更麻烦，A 必须使用不同的密钥值来加密每条信息。例如，A 要给 200 个人发送通知，那么 A 需要加密信息 200 次，即对每个接收方加密一次信息。显然，在这种情况下，使用对称加密算法来进行安全通信的成本相当大。非对称加密算法的主要优势就是使用两个而不是一个密钥值，即一个密钥值用来加密信息，另一个密钥值用来解密信息。这两个密钥值在同一个过程中生成，称为密钥对。用来加密信息的密钥称为公钥，用来解密信息的密钥称为私钥。用公钥加密的信息只能用与之对应的私钥来解密，私钥除持有者外无人知道，而公钥却可通过非安全管道来发送或在目录中发布。

A 需要通过电子邮件给 B 发送一个机密文档。首先，B 使用电子邮件将自己的公钥发送给 A。然后 A 用 B 的公钥对文档加密并通过电子邮件将加密信息发送给 B。由于任何用 B 的公钥加密的信息只能用 B 的私钥解密，因此即使窥探者知道 B 的公钥，信息也仍是安全的。B 在收到加密信息后，用自己的私钥进行解密从而恢复原始文档。

三、哈希加密算法

1．哈希加密算法的定义

哈希（Hash）加密算法是一种常用的加密算法，哈希函数（Hash Function）也称为散列函数或杂凑函数。哈希函数是一个公开函数，可以将任意长度的信息 M 映射成为一个长度较短且长度固定的值 $H（M）$，$H（M）$ 被称为哈希值、散列值、杂凑值或者消息摘要。它是一种单向密码体制，即一个从明文到密文的不可逆映射，只有加密过程，没有解密过程。

2．哈希加密算法的特点

（1）易压缩。对于任意大小的输入 x，哈希值的长度很小，在实际应用中，函数 H 产生的哈希值其长度是固定的。

（2）易计算。对于任意给定的消息，计算其哈希值比较容易。

（3）单向性。对于给定的哈希值，要找到逆向计算的哈希值是不可行的，即求哈希值的逆很困难。在给定某个哈希函数 H 和 $H（M）$ 的情况下，得出 M 在计算上是不可行的，即从哈希输出无法倒推输入的原始数值，这是哈希函数安全性的基础。

（4）抗碰撞性。理想的哈希函数是无碰撞的，但在实际算法的设计中很难做到这一点。哈希函数有两种抗碰撞性，一种是弱抗碰撞性，即对于给定的消息，要发现另一个消息，不能通过计算实现；另一种是强抗碰撞性，即对于任意一对不同的消息，也不能通过计算实现。

（5）高灵敏性。这是从比特位角度出发的，指的是 1 比特位的输入变化会造成 1/2 的比特位发生变化。信息 M 的任何改变都会导致哈希值 $H(M)$ 发生改变，即如果输入有微小不同，哈希运算后的输出一定不同。

3．哈希加密算法的应用价值

哈希加密算法可以检验信息是否相同，这样的优势可以节省重复文件传送的时间。例如，我们在工作中会使用一些软件给别人传送文件，如果有人传送了一份文件给一个人，然后又有一个人传送了相同的文件给这个人，那么这个软件在第二次传送文件时会对比两次传送的哈希值，若发现是相同的，该软件就不会再次上传文件给服务器。

除此之外，哈希加密算法还可以检验信息的拥有者是否真实。比如，我们在一个网站注册一个账号，如果网站把密码保存起来，那这个网站无论有多安全，也会有被盗取的风险。但是如果用保存密码的哈希值代替保存密码，就没有这个风险了，因为哈希值加密过程是不可逆的。

4．哈希加密算法破解难度大

从理论上说，哈希值是可以被获得的，但是对应的用户密码很难获得。

假设一个网站被攻破，黑客获得了哈希值，但只有哈希值还不能登录网站，他必须算出相应的账号、密码才可以。

计算密码的工作量是非常庞大且烦琐的，严格来讲，密码是有可能被破译的，但破译成本太大，被成功破译的概率很小，所以基本上是不用担心密码泄露的。

当然，黑客还可以采用一种物理方法，那就是猜密码。他可以随机地试密码，如果猜的密码算出的哈希值正好与真正的密码算出的哈希值相同，那么就说明这个密码猜对了。

密码的长度越长，密码越复杂，就越难猜正确。如果有一种方法能够提高猜中密码的概率，那么可以算是哈希加密算法被破解了。

例如，原本猜中密码的概率是 $1/10^{13}$，现在增加到了 $1/1000$。如果每猜一个密码需要 1 秒，按照之前的概率猜，直到地球毁灭都可能没猜中，但概率增加后，可能只需要 1 小时就足够了。在这样的情况下，哈希加密算法有被破解的可能。

第四节　智能合约技术原理

一、智能合约

1. 智能合约的含义

智能合约是一种旨在以信息化方式传播、验证或执行合同的计算机协议。在现实社会中，有完善的社会治理体系，但是在社会执行层面，依然有很大的提升空间，如执法不公、执法不严等。1995 年，计算机科学家、加密大师尼克·萨博提出了智能合约的概念，他在自己发表的文章中提到了智能合约的理念："一个智能合约是一套以数字形式定义的承诺（Promises），包括合约参与方可以在上面执行这些承诺的协议。"简单说，它就是一段计算机执行的程序，满足可准确自动执行，类似计算机中的"if... then..."命令。将现实社会中的一些双方达成的协议写成代码交由计算机自动执行，并自动返回结果，这就是人们对智能合约的最早想象。智能合约运行原理如图 2.3 所示。

图 2.3　智能合约运行原理

2. 智能合约是区块链技术最重要的特性

区块链的智能合约是条款以计算机语言而非法律语言记录的智能合同。智能合约让我们可以与真实世界的资产进行交互，当一个预先编好的条件被触发时，智能合约执行相应的合同条款。人类文明已经从"身份社会"进化到了"契约社会"，然而人性的弱点让纸质契约的约束力往往大打折扣，智能合约的出现让物理世界与虚拟世界完美结合，使计算机程序成为合约的执行者，将违约和不诚信变为零可能。

举一个例子：爷爷生前立下一份遗嘱，希望在自己去世后且孙子年满 18 周岁时将自己名下的财产转移给孙子。若将此遗嘱记录在区块链上，那么区块链就会自动检索计算其孙子的年龄，当孙子年满 18 周岁的条件成立后，区块链在政府的公共数据库等地方检索是否存在爷爷的一份遗嘱。如果这两个条件同时符合，那么这笔财产将不受任何约束地自动转移到孙子的账户中，这种转移不会受国界、外界等各种因素的制约，并且会自动强制执行。

二、以太坊智能合约应用

在以太坊所代表的加密社会里有一条通行的规则：代码即法律。

以太坊项目定位：下一代智能合约和去中心化应用。

1. 去中心化应用

一般来讲以太坊之上有三类应用。

第一类是金融应用，为用户提供更强大的用钱管理和参与合约的方法，包括电子货币、金融衍生品、对冲合约、储蓄钱包、遗嘱，甚至某些种类的全面的雇佣合约。

第二类是半金融应用，这里有金钱的存在也有非金钱的存在，一个完美的例子是为解决计算问题而设的自我强制悬赏。

第三类是在线投票和去中心化治理这样的完全的非金融应用。

目前，以太坊上已成功的应用主要包括去钱包、中心化交易所、游戏等。

2. 去中心化自治组织（DAO）

比特币的激励机制让人们见证了在没有中心节点的情况下，全世界的人们依然可以共同协作，保证比特币系统运行在正常的轨道上。

基于此，借鉴比特币根据对风险实现奖惩分配制度能合理实现经济激励，加上以太坊提供的智能合约基础平台，DAO 相信其想法会得以实现。

其中最出名的就是"The Dao"这个项目了，它在 15 天内就疯狂地筹集了 1 亿美元，但是后来因为以太坊智能合约漏洞问题，发生了"The Dao"被盗事件。

总体来说，作为区块链 2.0，以太坊开启了一个全新的加密货币时代。

在 2017 年比特币疯涨的时候，由以太坊引发的 ICO 狂潮将整个加密货币市场推向高峰，以太坊本身的价格也由 2017 年年初的 8 美元涨到了 1400 美元，涨幅达到 175 倍。

目前，以太坊因为一直受限于技术方面的原因，出现了很多竞争性项目。即使如此，在拥有如此强大的技术和社区团队面前，要颠覆以太坊也不是轻而易举的事情，与此同时我们也非常期待下一个"以太坊"。

三、智能合约的应用场景

智能合约能应用的场景非常广泛，如房屋租赁、差价合约、代币系统、储蓄钱包、作物保险、金融借贷、设立遗嘱、证券登记清算等。

智能合约可能是目前唯一能将"合约"与交易融为一体的技术。特别是在国际贸易中，最为头疼的就是贸易顺/逆差、时差和法律差异等问题。区块链现在之所以被广泛应用于跨境支付，就是因为智能合约解决了这些问题，只要开始进行交易，智能合约就被即时触发，就规定的权利与义务严密执行，保证交易的公平、安全。同时，智能合约不仅能被用于双方交易，还能被用于多方交易，精简了传统多方交易面临的手续复杂等问题。

四、智能合约带来可编程社会

随着区块链技术的进一步发展，以及其具有去中心化及去信任的功能，区块链的应用将超越金融领域。区块链 3.0 不仅将应用扩展到身份认证、审计、仲裁、投标等社会治理领域，还将囊括工业、文化、科学和艺术等领域。通过解决去信任问题，区块链技术提供了一种通用技术和全球范围内的解决方案，即不再通过第三方建立信用和共享信息资源，从而使整个领域的运行效率和整体水平得到提高。在这一应用阶段，区块链技术将所有的人和设备连接到一个全球性的网络中，科学地配置全球资源，实现价值的全球流动，推动整个社会发展进入智能互联新时代。随着区块链技术在人类经济社会各个领域的不断落地，与其说区块链是一项集成技术，不如说区块链更是一种思想，它代表了一种价值观，一种公正透明、信任协作的价值观，人类社会将沿着历史发展的路线，从最初的加密数字货币走到智能合约，再走向更有前景的可编程社会。

第三章

多类型网络构架下的区块链生态

第一节　区块链基础架构

区块链基础架构分为三大层、六小层,包括基础网络层下的数据层和网络层,中间协议层下的共识层、激励层和合约层,应用服务层下的应用层。每层分别完成一项核心功能,各层之间互相配合,实现一个去中心化的信任机制。区块链基础架构如图 3.1 所示。

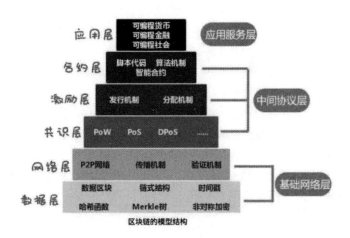

图 3.1　区块链基础架构

一、基础网络层

基础网络层是区块链系统的技术支撑,分为数据层和网络层。

1．数据层

数据层主要描述区块链技术的物理形式，是设计账本的数据结构，实际描述的是区块链究竟是由哪些部分组成的。首先建立一个起始节点——创世块，然后在同样规则下创建的规格相同的区块依次相连组成一条主链条。每个区块中包含了许多技术，如时间戳技术、哈希函数，用来确保每个区块是按时间顺序相连接的，以及交易信息不被篡改。

（1）数据区块。数据区块主要用来记录实际需要保存的数据，这些数据通过区块包装会被永久记录到区块链上，每个区块由区块头和区块主体组成。

（2）链式结构。区块链系统大约每 10 分钟会创建一个区块，其中包含这个时间段内全网范围所发生的交易。每个区块的区块头中记录了其引用的父区块的哈希值，通过这种方式一直倒推，形成了一条交易链条。

（3）时间戳。时间戳是使用数字签名技术产生的数据，签名的对象包括了原始文件信息、签名参数、签名时间等信息。时间戳系统用来产生和管理时间戳，对签名对象进行数字签名并产生时间戳，以证明原始文件在签名时间之前已经存在。

（4）哈希函数。哈希函数是区块链保证交易信息不被篡改的单向密码机制，主要原理是将任意长度的二进制值映射为较短的固定长度的二进制值，这个较短的二进制值称为哈希值。

（5）Merkle 树。Merkle 树是一种数据编码结构，在最底层，把交易信息数据分成小的数据块，有相应的哈希值和它对应。目前在计算机领域，Merkle 树大多用来进行比对及验证处理。

（6）非对称加密。非对称加密是一种密钥的保密方法。此方法需要两个密钥：公钥和私钥。公钥与私钥是一对，用公钥对数据进行加密，只有用对应的私钥才能解密。

2．网络层

网络层主要是为了实现区块链网络中节点之间的信息交流，实现记账节点的去中心化。

区块链网络本质上是一个 P2P 网络（对等网络，又称点对点网络），是没有中心服务器、依靠用户群交换信息的互联网体系。每个节点既接收信息，也产生信息。

在区块链网络中，一个节点创造新的区块后会以广播的形式通知其他节点，其他节点会对这个区块进行验证，当全区块链网络中超过 51%的用户验证通过后，这个新区块就可以被添加到主链上了。

二、中间协议层

中间协议层是连接应用和网络的桥梁，分为共识层、激励层和合约层。

1. 共识层

共识层负责调配记账节点的任务负载，能让高度分散的节点在去中心化的系统中高效地针对区块数据的有效性达成共识。

区块链中比较常用的共识机制主要有工作量证明机制、权益证明机制和拜占庭共识算法三种。

2. 激励层

激励层是制定记账节点的"薪酬体系"，主要提供一定的激励措施，鼓励节点参与区块链的安全验证工作。以比特币为例，它的奖励机制有两种：一种是系统奖励给那些创建新区块的"矿工"，刚开始每创建一个新区块，奖励"矿工"50 个比特币，该奖励大约每 4 年进行一次减半；另一种是交易费，当新创建的区块没有系统的奖励时，"矿工"的收益会由系统奖励变为收取交易手续费。

3. 合约层

合约层主要是指各种脚本代码、算法机制及智能合约等，赋予账本可编程的特性。以比特币为例，比特币是一种可编程的货币，合约层封装的脚本中规定了比特币的交易方式和过程中涉及的各种细节。

三、应用服务层

应用服务层是获得持续发展的动力所在，应用服务层封装了区块链的各种应用场景和案例。下面依次从可编程货币、可编程金融、可编程社会三个角度来简单描述一下。

（1）可编程货币：区块链 1.0 应用，是指数字货币，是一种价值的数据表现形式。

（2）可编程金融：区块链 2.0 应用，是指区块链在泛金融领域的众多应用，人们尝试将智能合约添加到区块链系统中，形成可编程金融。

（3）可编程社会：区块链 3.0 应用，是指随着区块链技术的发展，其应用能够扩展到任何有需求的领域，包括审计、公证、医疗、投票、物流等领域，进而扩展到整个社会。

区块链是价值互联网的内核，能够对互联网中每个代表价值的信息和字节进行产权确认、计量和存储。价值互联网的核心是由区块链构造的一个全球性的分布式记账系统，它不仅能够记录金融业的交易，而且几乎可以记录任何有价值的能以代码形式进行表达的事物。

四、区块链结构

1. 区块头

区块头的内容包括上一区块头的散列值、时间戳、当前 PoW 机制计算难度值、当前区块 PoW 问题的解（满足要求的随机数），以及 Merkle 根。以比特币为例，具体的数据格式为：4B（32bit）的版本字段，用来描述软件版本号；32B（256bit）的父区块头散列值；32B 的 Merkle 根；4B 的时间戳；4B 的难度目标；4B 的 Nonce（随机数，问题的解）。区块头设计是整个区块链设计中极为重要的一环。区块头包含了整个区块的信息，可以唯一标识出一个区块在链中的位置，还可以参与交易合法性的验证，同时体积小（一般不到整个区块的千分之一），为轻量级客户端的实现提供依据。

2. 区块体

区块体包含了一个区块的完整交易信息，以 Merkle 树的形式组织在一起。Merkle 树的构建过程是一个递归计算散列值的过程，交易 1 经过 SHA256 计算得到 Hash 1，同样算得 Hash 2，将 2 个散列值串联起来，再做 SHA256 计算，得到 Hash12，这样一层一层地递归计算散列值，直到最后剩下一个根，就是 Merkle 根。区块链的链式结构如图 3.2 所示。

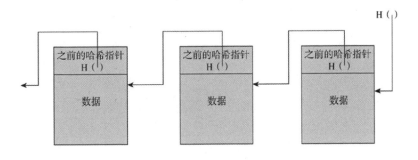

图 3.2　区块链的链式结构

3. 链式结构

除了创世区块,所有区块均通过包含上一区块头的散列值的方法构成一条区块链。同时,由于包含了时间戳,区块链还带有时序性。时间越久的区块后面所链接的区块越多,修改该区块所付出的代价也就越高。这里借用一个形象的比喻,区块链就好比地壳,越往下层,时间越久远,越稳定,不会轻易发生改变。区块链在增加新区块的时候,有很小的概率发生"分叉"现象,即同一时间挖出 2个符合要求的区块。对于"分叉"的解决方法是延长时间,等待下一个区块生成,选择长度最长的支链添加到主链,"分叉"发生的概率很小,多次"分叉"的概率基本可以忽略不计。"分叉"只是短暂的状态,最终的区块链必然是唯一确定的最长链。每个区块链都有一个特殊的头区块,不管从哪个区块开始追溯,最终都会到达这个头区块,即创世区块。比特币的创世区块,在北京时间 2009 年 1月 4 日 02:15:05 被中本聪生成,是比特币诞生的里程碑,也是数字货币的新纪元。中本聪在比特币创世区块中留下了一句话 "Chancellor on brink of second bailout for banks",这也是当天的头版文章标题。

五、区块链的技术架构分类

区块链的技术架构,按照开放程度可以划分为三个类型:私有链、联盟链、公有链。私有链和联盟链也统称为许可链,公有链称为非许可链。

第二节 私 有 链

一、私有链的来历

私有链的全称为私有区块链,是指某个区块链的写入权限仅掌握在某个人或某个组织手中,数据的访问及编写等有着十分严格的权限。自中本聪发表《比特币白皮书》以来,比特币系统人人可参与,并且去中心化记账的特点成功得到了金融行业的广泛关注。不少金融机构对比特币的底层技术区块链产生了浓厚的兴趣,纷纷开始研究区块链和金融的结合。欧美主流金融机构纷纷开始试验区块链技术,来改造自身的业务流程。但在实验区块链技术的过程中,鉴于现实世界的法律合规要求,尤其是政府对于持牌金融机构的了解客户(KYC)及反洗钱

（AML）方面的严格要求，比特币那样透明、共享的公有区块链，不能完全满足持牌金融机构或者其他一些中心化机构的合规要求。于是，现实需求催生区块链技术的发展，私有链应运而生。

在实际的研究过程中，金融行业由于对商业数据有隐私要求、对节点有准入门槛、对效率有高要求，与公有链上去中心化、效率较低的特性不太相符，于是逐渐出现了相对中心化但效率更高的私有链。

私有链应用大部分集中在企业内部，在企业年度审计等方面发挥着十分重要的作用。另外，得益于私有链运行安全的特点，私有链在某些特殊行业也有应用，如中国人民银行发行数字货币就是应用的私有链技术。

二、私有链存在的价值

1. 交易效率更高

私有链的交易速度很快，其速度可以超过其他的区块链。这是因为即使少量的节点，也具有高信任度，交易的进程不需要每个节点都来验证，所以造就了私有链独一无二的交易速度。比特币目前每秒可完成 7 笔交易，而私有链目前最高可以达到每秒 10 万笔交易，并且还有提高的空间。私有链的交易速度之快，甚至接近了常规数据库，即非区块链数据库，这显然更适应现实世界金融交易的需求。

2. 交易可以回溯

交易可以回溯这个特点对于中心化机构也很重要，在某些情况下，某些交易会因为错误或法律的问题而被要求修改、撤销。使用私有链的联盟或公司可以轻松地改变区块链的规则，恢复交易、修改余额信息等。例如，国家土地所有权登记，这是必要功能；在对某块土地拥有合法所有权的情况下，任何系统都不会被允许存在，同样，想尝试创建一个不受政府控制的土地登记处，在现实生活中不会被政府承认。

3. 交易费用更低

私有链上不必处理访问权限等烦琐进程，个人数据不会被网络上任何人获得。在私有链上完成的交易通常价格十分低廉，有时甚至免费。目前，公有链的交易费用是每笔 0.01 美元，而私有链的交易费用会降低一到两个数量级。这是因为私有链上的交易速度非常快，各个节点间不需要完全的协议，以至于它们不会为任意一个交易而工作，如此一来大大降低了交易成本。

4．分布式记账系统

私有链仍然是基于分布式网络的，并且保留了分布式记账系统的优点。

5．私有链提供了更好的隐私保护

公有链因为其透明共享总账本的设计，本身不提供隐私保护功能。比特币账户的私钥好比用户名，公钥好比账号，"矿工"挖矿就是解码公钥，因此账户是透明的。这显然不符合现有法律框架下的金融机构的要求。于是，技术再次跟上了现实世界的需求，人们开发了多重签名技术及零知识证明技术，来在私有链上进行符合现有银行保密法规的隐私保护。零知识证明技术使人们可以在不需要共享账户信息的前提下，仍然有效地运作基于区块链的分布式记账系统。

三、私有链的应用

私有链的读写权限掌握在某个组织或机构手里，由该组织或机构根据自身需求决定区块链的公开程度。在实际应用中，企业根据自己的需求选择更加适合自己用途的区块链，从而达到快捷高效的作用。私有链的应用场景一般在企业内部，如数据库管理、审计等；也有一些比较特殊的组织情况，如在政府内部的一些应用，政府的预算和执行或政府的行业统计数据，一般由政府登记，但公众有权监督。私有链的价值主要是保证安全、可追溯、不可篡改、自动执行，可以同时防范来自内部和外部的安全攻击，这个在传统的系统中是很难做到的。

目前，不少金融企业也都在实地应用区块链技术。例如，微众银行采用区块链技术提高业务的准确性和业务的清算效率，由自己内部控制私钥和全部节点。在数据清算和总结的过程中，数据的有效性得到了很大的保障。

私有链在未来行业当中也有十分广泛的应用。传统大型制造公司几乎在全国各城市都有分公司，如果采用私有链的方式，将总部链上的权限下发给各城市办事处的负责人，那么在营销过程中，各城市办事处的提货数量和分销路径就会展示出来，企业就能够有效地找到窜货地区，合理维护区域经销商的权益，各分公司的财务情况也更加透明。在这样的数据基础上来制定区域营销规划，一方面可以清晰地了解产品的流向，减少压货和资源浪费；另一方面可以增强公司内部组织的透明度，强化品牌传播。

案例：私有链代表——蚂蚁金服双链通

蚂蚁金服的新品牌双链通分别指区块链与供应链。双链通的特点可以归纳成四个：分布式底层、可延展能力、开放能力与强核身反欺诈能力。双链通在全国是首批真正使用分布式底层技术打造的网络，而非单一封闭系统的数据归集。依托底层技术，双链通平台的可延展能力十分强劲，可以在平台上生成各个类型的角色，并将线下进行中的真实贸易合作上链。同时，双链通网络的基础账户采用了银行对公账户体系，用户可绑定合作银行的对公账户完成上链，不必强制注册某个银行账户或第三方钱包产品，方便快捷还符合内部管理要求。利用企业内部强依赖，以及高频使用的银行网银体系打通了双链通的能力，双链通上用户的每个操作（如绑卡、认领、流转、融资等）都需要跳转到绑定银行网银，进行企业内部制度规定下的大额转出审批流程，并在全部流程审批完成后将审批结果与操作员签名验身结果全部上链，将操作风险降到最低，且完整地执行数字签名法规要求，降低恶意欺诈。

蚂蚁区块链是自主可控的金融级别的平台，有 3 年全球领先的专利申请；有面向金融级别高性能和安全的交易处理能力；有企业级灵活高效的基于软件和硬件的隐私保护技术；有全新的存储内核技术支持亿级账户规模；有面向企业级联盟链高互操作性、高性能、安全、异构兼容的跨链技术等。技术创新和场景支持相辅相成、交互迭代。蚂蚁区块链的跨链服务就是针对场景中的需求设计开发的，其技术领先性表现在端到端的安全体系、支持跨链权限定义、高效的 P2P 跨链组网、自由跨链编程，以及灵活异构链支持等方面。

四、私有链的发展趋势

从具体的项目及国内环境来看，私有链的发展有一定的空间。目前，随着企业与企业合作及交流的需求，不少公司内部的私有链接入外部企业协作，朝着联盟链的方向发展。而在未来，随着区块链技术应用的不断成熟，链与链之间的界限也将突破，私有链将有机会向着更加开放的方向发展，几种不同种类的区块链也能够通过协作来解决更多问题。

所有科技巨头在服务上或多或少都采用了一体化模式。这样一来，企业建立自己的私有链、行业之间建立联盟链进行互通就变得非常简单。

但是，在这个过程中难度非常大，因为不同行业的需求不同。比如金融行业，它既要保证每家企业的数据安全和私密，又要在各个企业之间建立信息互通机制，这就需要将敏感信息和其他信息独立开来，这就是联盟链的作用。百度金融区块链资产证券化（Asset Backed Securitization，ABS）使用的就是联盟链，并将参与方的信息写到区块链的方式。

总体而言，区块链技术的发展路径应该会以私有链和联盟链的方式，通过各行业的联盟解决利益问题，通过 BaaS 平台解决技术门槛问题。

第三节 联 盟 链

一、联盟链的来历

联盟链的全称为联盟区块链。在 2009 年比特币诞生后，区块链也随之出现。在区块链早期，是只有公有链的，也就是公开透明的账本。公有链有一个很大的问题——它虽然赋予了大家同等的权限，但是降低了效率。公有链可以去中心化，能够实现公开透明，只是效率相对较低。对比中心化的支付方式，如用微信付款用时三秒钟，用公有链系统则需要几个小时或者更长时间，用户可能就不会选择区块链。

公有链还有一个隐私问题，那就是在一些公开场合能够带来公信力，但是更多的时候，用户可能并不想把相关数据都展现在大家面前。因此，从用户需求的角度来折中技术方案：部分去中心化，甚至是完全的去中心化，在权限这一关键环节上做出限制，以此来换取效率的提高。依照这样的思路而设计出来的链，就是联盟链。

联盟链介于公有链和私有链之间，本质上仍属于私有链的范畴。联盟链与公有链的差别在于它只对特定的组织团体开放。因此，在联盟链中每个参与者都可以查阅和交易，但不能验证交易，或不能发布智能合约。简单来说，联盟链上的信息对每个人都是只读的，只有节点有权进行验证交易或发布智能合约，这些节点组成了一个联盟。普通用户如果想验证交易或发布智能合约，需要获得联盟的许可。因此，联盟链更类似一种分布式的数据库技术。

二、联盟链的特点

联盟链作为一个半开放的账本，只针对某个特定的组织开放，其主要特点是以相对的平等换取一定的效率。联盟链的优点是效率较高、更易商业化；缺点是不能保证绝对的公平。例如，假定一个由 15 个金融机构组成的共同体，每个机构都运行着一个节点，为了使每个区块生效，需要获得其中 10 个机构的确认（2/3的机构确认）。区块链或者允许每个人都可读取，或者只受限于参与者，或者走混合型路线，如区块链中的哈希值及其应用程序接口（Application Program Interface，API）对外公开，API 可允许外界用来进行有限次数的查询和区块链状态信息的获取，这些区块链可视为"部分去中心化"。联盟链的特点有以下几个方面。

1．部分去中心化

与公有链不一样，联盟链在某种程度上只属于联盟内部的成员所有，且很容易达成共识，因为毕竟联盟链的节点数是非常有限的。

2．可控性较强

公有链一旦形成，就不可篡改，这主要源于公有链的节点一般是海量的。比如，比特币由于节点太多，想要篡改区块数据几乎不可能。而联盟链只要所有机构中的大部分达成共识，即可对区块数据进行更改。

3．保护数据隐私

联盟链上的信息并不是所有有访问条件的人都可以访问的，只有该联盟链上的节点才可以进行读取、修改和访问等活动。联盟链中的每个节点都有属于自己的一个私钥，每个节点产生的数据信息只有该节点自己知道，如果节点与节点之间需要进行信息交换和数据交流，就必须知道对方节点的私钥。这样一来，既能够保证信息流通，又避免了节点数据隐私泄露。

4．交易处理速度很快

交易处理速度是衡量区块链性能的重要指标之一，即每秒处理事务数（Transaction Per Second，TPS）。在公有链中，一个新的区块是否能够上链，需要由区块链中所有的节点来决定，所以一笔交易的真伪至少要得到全网 51% 的节点验证才能被确定，这就导致公有链对交易的处理速度很慢。目前，最快的公有链 EOS 主网交易处理速度达到 3590 次/秒（远低于现金交易速度）。而对于联盟链来说，一个新的区块是否能够上链，只要其中几个权重较高的节点进行确定就可以了。这就意味着一笔交易不需要所有节点的确认就可以进行，大大缩短了交易处理时间。

区块链主要有四类应用方向：一是无币区块链；二是以非公开发行交易的 Token 代表区块链外的资产或权利，以改进这些资产或权利的登记和交易流程；三是以公开发行交易的 Token 作为计价单位或标的资产，但依托区块链外的法律框架的经济活动；四是用区块链构建分布式自治组织。无币区块链一般是指联盟链，由于不涉及发币，政府也给予支持，因此区块链结合实体经济可以从联盟链开始。

实际上，联盟链的应用受到了很多传统企业的高度重视，银行、保险、证券、航运、物流、汽车、政务、民生等领域均出现了联盟链的应用方案。

三、联盟链的典型代表

目前使用联盟链的群体集中在金融行业，包括银行业、保险业、证券业。未来，工商业将成为下一个重要的应用领域。之后，随着社会各界对区块链的认可程度的提高，政府系统全面采用联盟链技术提供公共服务指日可待。

1. 超级账本（Hyperledger）

Hyperledger Fabric 项目，是一个由 Linux 基金会管理，得到 IBM 大力推动的联盟链项目。它在 2015 年 12 月推出，旨在构建一个面向企业应用场景的开源分布式记账技术平台，成为跨行业的区块链技术标准。目前，该项目在 GitHub 上相当活跃，有了大量的用户，其技术框架已经较为成熟，有了众多落地项目，还有马士基、沃尔玛、英特尔等大型客户。目前，该项目在中国的客户已经超过 50 个，包括中信银行、招商银行、民生银行、百度等。使用者可以创建一个自己的交易网络（又称联盟链），在交易网络内部实现去中心化的业务数据存储与交互，维护自己的行业账本，对外提供会员制的数据权限，被授权的企业和机构能够查看自己联盟链里账本的数据（可以按照一定的业务规则进行数据公开），而且交易网络的多个账本之间又可以由相关 API 进行数据交互。这样众多的交易网络相互连接就组成了超级账本系统，超级账本运行图如图 3.3 所示。

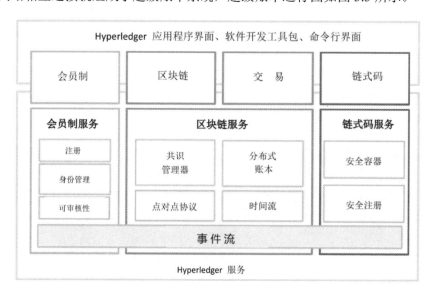

图 3.3　超级账本运行图

2. R3 联盟

R3 联盟是世界上较大的分布式账本联盟组织（一家总部位于纽约的区块链创业公司，R3 中的"R"来自 CEO 的姓，"3"表示 3 位创始人），成立日期是 2015 年 9 月 15 日，共有 9 家创始机构：Barclays Bank，巴克莱银行；Banco Bilbao Vizcaya Argentaria，西班牙对外银行；Commonwealth Bank of Australia，澳大利亚联邦银行；Credit Suisse，瑞士信贷银行；Goldman Sachs，高盛集团；J.P.Morgan Chase & Co，摩根大通；Royal Bank of Scotland，苏格兰皇家银行；State Street Corp，道富银行；UBS，瑞银集团。R3 联盟至今已吸引了 42 家巨头银行的参与。R3 联盟的产品 Corda（项目代号 Concord）同样是一套分布式账本系统，可以记录、管理、同步金融机构间的合约。它吸取了区块链设计中的几个思路，同时排除了传统区块链技术不适合银行的特点。例如，Corda 并不完全公开数据，只有参与的主体才可以看到其中的数据细节；Corda 预留了监管节点，方便监管层介入；Corda 的设计可靠性高，是工业化产品而非小作坊；Corda 的系统还明确了自身计算机代码规律和法律的关系。

3. 金链盟

2016 年 5 月，由腾讯牵头成立了金融区块链合作联盟（以下简称金链盟），这是一个由深圳市金融科技协会、深圳前海微众银行、深证通、腾讯、华为、中科院等金融机构、科技企业、学术机构等组成的非营利性组织。2017 年，金链盟推出 FISCO BCOS，这是一个国产的联盟链开源设计。目前，它的成员超过 1000 个，覆盖银行、基金、证券、保险、地方股权交易所、科技公司、学术机构等多个行业，成员几乎全部来自中国。因此，在设计监管接口时，FSICO BCOS 更适合中国企业。它的特点是侧重金融行业，并且较多考虑了监管机构的特殊性。这可能是国内发展最好、最活跃的一个联盟链项目，影响力也在不断提升。经深圳市民政局批准，金链盟以"深圳市金融区块链发展促进会"为正式名称，完成社会团体法人注册，主管单位为深圳市地方金融监督管理局。社团英文名称为 Financial Services Blockchain Consortium（Shenzhen）（简写为 FISCO），社团简称保持不变，仍为"金链盟"。

除了上面这三个联盟链的典型代表，比较著名的联盟链项目还有微软的 Coco Blockchain Framework，企业以太坊联盟（EEA）等。

四、联盟链的未来

联盟链的设计初衷是为了实现高 TPS 的企业级应用，因而要改变公有链上无须互相了解和信任的设计基础来减少验证的节点，达到节约时间、提高 TPS 的目的。联盟链采用审核上链、注入信任的方式，从而变得与传统的人为管理的方式本质上相差不多，这在某种程度上降低了分布式记账的公平公开性。因此，目前业内对联盟链的发展前景还存有争议，部分人认为公有链更有可能成为革命性的应用。但是，目前来看，公有链的项目大多以失败告终；反之，联盟链发展得如火如荼。例如，2016 年 11 月，京东"跑步鸡"项目采用区块链技术溯源每只鸡的饲养过程；2018 年 2 月，菜鸟和天猫国际达成了合作，启用区块链技术建立商品的物流全链路信息；2018 年 8 月，腾讯联手国家税务总局深圳市税务局开出全国首张"区块链电子发票"；2018 年 8 月，蚂蚁金服在杭州、台州、金华三地医院场景下开出 60 万张"区块链电子票据"；2018 年 9 月，蚂蚁金服区块链为上海华山医院区块链电子处方提供技术支持。

当前，公有链应用还不能大范围普及的原因主要是 C 端的高要求。因此，在推广的初期阶段，联盟链应该说是比较能落地的选择，毕竟 B 端的要求相对要低于 C 端，而且 B 端一直缺少好的平台体系。例如，供应链上下游企业的信任问题需要一个平台来解决，这在一定程度上使联盟链获得了较大的发展机遇与应用价值。

2020 年以后，区块链商用落地持续加速，预计未来区块链的商用化会首先在最有流转价值的领域爆发，如发票和票据，进而向其他领域延伸。

与传统的管理方式不同联盟链的核心价值一般是大型企业在一定范围内建立了可信基础。基于大型企业互相可以信任的数据去降低摩擦、提高效率，而可以信任的基础是其防篡改性，这在一定程度上也发挥了它的价值。未来，联盟链或许可以通过联盟链，中小企业有条件实现一个非常高效的协作，它们组成的商业价值和所提供的产品与服务，足以与大型企业竞争。

当然，联盟链的发展还需要监管部门的介入。

第四节　公　有　链

一、公有链的来历

公有链的全称为公有区块链，顾名思义，它是公有的、开放的区块链。在区块链中，公有链是开放程度最高的，也是去中心化属性最强的。在公有链中，数据的存储、更新、维护、操作都不再依赖于一个中心化的服务器，而是依赖于每个网络节点，这就意味着，公有链上的数据是由全球互联网上成千上万的网络节点共同记录和维护的，没有人能够擅自篡改其中的数据。公有链是指全世界任何人都可以读取、发送交易且使交易获得有效确认，也可以参与其中共识过程的区块链。

二、公有链的核心价值——机器信任

信任是社会秩序的基础，也是稳定社会关系的基本因素。缺少信任，任何社会关系都不可能持久存在。信任是增强社会成员的向心力，能够降低社会运行的成本，提高效率。社会学家尼克拉斯·卢曼（Niklas Luhmann）把信任分为人际信任与制度信任。

1. 人际信任

人际信任以"血缘社区"为基础，建立在私人关系和家族或准家族的关系上，其基础是经验性的"道德人格"，并以熟人社会的舆论场来维护。人际信任是一切信任的基础，是主观化、人格化的信任。人际信任的特性是具体的、依靠经验的，缺乏普遍性，信任感及信任程度依照对象的变化而变化。同时，人际信任的范围也极为有限，且需要大量的时间进行培育，但人际信任的内容和灵活度却是较高的。

2. 制度信任

制度信任是以契约、法规、制度作为约束的信任。制度信任不是以关系和人情为基础的，而是以正式的规章、制度和法律为保障的，如果当事人未按规章、制度和法律行事，则会受到惩罚。制度信任是一种不以人的意志为转移的社会选择。违法必罚的法律逻辑所形成的稳定行为预期，是人们产生制度信任的基础。

制度信任主导是现代社会运行的基本准则。

相比人际信任,制度信任是一种信任中介,它把人与人的信任转化为人与制度的信任。因此,制度信任是一种客观的、普遍的、抽象的、确定的、公共性的信任机制,也是以法律规范和审判制度为保障的信用体系。简单来说,制度信任不依靠具体人的信任,在制度信任的框架下,双方无须有真正意义上的"人际信任",却可以依靠共同的制度信任保证双方的行为在预期中完成。从历史上看,制度信任的出现极大地扩展了人类社会的信任范围,陌生人之间只需信任共同的制度便可完成信用活动。但制度信任需要建立社会契约和立法,其范围是在制度约束的人群内,信任内容则包含了制度所明文制定的内容。

3. 机器信任

无论是人际信任还是制度信任,都存在着成本高且风险大的问题。如何更好地解决社会信任问题,区块链利用机器运行的数据给出了新的解决方案。

公有链的信任是一种人类信任协作的新形态,它有着较为广泛的信任范围。正如宾夕法尼亚大学教授 Kevin Werbach 在其论述区块链信任的专著中所述:"为所有的使用者提供最为一般化的信任(信用)服务是公有链最为核心的价值,它使得人类首次在全球范围内达成自发性信任。"区块链信任的基础在于各方在平权、分散的网络中,能够独立地记账、验证。各个参与者在公有链无门槛、自由出入、多方持有、多方维护的公共账本上,独立地记录、验证每笔交易及合约。在共识机制的作用下,每个参与者都有可能成为会计(记账人),而在交易确认及验证机制下,每个网络(全节点)都是审计人。因此,公有链是一个全球记账、全球审计的网络。共识机制保证了记账的随机性、分散性、不可伪造性,交易确认及验证机制保证了记账的合法性,其内在的经济和博弈论原理又使记账人基于经济理性原则不会破坏整个系统。

因此,区块链信任也是一种信任中介,它把人与人之间的信任转化为人与机器的信任。对于公有链的使用者来说,他无须信任任何具体参与这个网络生态的成员,就可以完成对记账和合约计算的信任。公有链在信任范围上是全球的,任何国家和地区中素未谋面的人在不依赖制度信任的前提下即可完成可信交易。并且,只要公有链系统健康运行,非法和无效的交易就无法通过全球记账、全球审计的共识确认过程,因此也就不存在违约和失信的情况。但是目前来看,区块链信任的使用场景仍较为有限,仅能在纯粹记账和封闭性合约的领域中使用,灵活度较低。

总体来说,区块链信任创造性地扩大了信任的范围,降低了信任的成本,进一步推动了人类信任客观化的进程，为更大范围内的全球一体化协作提供了新的可能。在未来的发展中，区块链信任（机器机制）可能与制度信任互为补充，建设更为普遍和高效的全球信任体系。

三、公有链的价值

（1）从"人"的角度出发，基于共建特征，记账公共化。公有链上的所有用户都基于共识协议进行记账，每个用户都可以竞争记账权，检查交易的合法性。全体用户以一种去中心化的方式来维护公有链上数据完整可靠、不被篡改。

（2）从"数据"的角度出发，基于共有特征，账本公共化。公有链上的数据是公开透明的，任何人都可以拥有记录全部历史数据的账本，查看账本内容，同时记录在区块链上的历史数据会被永久保存。

（3）从"代码"的角度出发，基于共治特征，治理公共化。公有链的代码维护、技术升级由公共社区完成，相关决策（包括对共识协议、区块奖励等的修改）由公共社区做出，不由少数人员或机构来决定公有链的发展方向。公有链的代码必须是开源的，接受公众审查和监督，公有链的开发工作也由公众组成的自治社区来完成。

（4）从"价值"的角度出发，基于共享特性，激励公共化。公有链要持续发展，必须设计经济激励原则，使做出贡献的人可获得相应的经济奖励。系统对于诚实节点进行了激励，对于恶意节点进行了惩罚，利用依概率收敛的方式实现了全网范围内的一致性算法，从而造就了一个自发性的、永远在线的全球化服务网络。同时，公共化的激励创造了内在的价值体系，不仅保证了系统的可用性和安全性，还使其取得了从代码走向价值的突破性进展。激励的公共化是公有链最重要的特征之一，也是区块链能够吸引技术、金融等不同领域的企业家和学者的重要原因。

四、公有链系统存在的不足

（1）激励问题。为促使全节点提供资源、自发维护整个网络，公有链系统需要设计激励机制，以保证公有链系统持续健康运行。但比特币的激励机制存在一种"验证者困境"，即没有获得记账权的节点付出算力验证交易而没有任何回报。

（2）效率和安全问题。比特币平均每 10 分钟产生 1 个区块，且其 PoW 机制很难缩短区块产生时间。PoS 机制相对而言可缩短区块产生时间，但更易产生分叉，所以交易需要等更多的确认才被认为安全。有关试验得出：在交易各方假设都有 30%算力的前提下，以太坊需要 37 个区块的确认才能达到比特币 6 个区块确认的安全水平。一般认为，比特币中的区块经过 6 个确认才是足够安全的，这大概需要 1 小时，根本无法满足大多数企业的应用需求。

（3）安全风险。公有链面临的安全风险包括来自外部实体的攻击（分布式拒绝服务攻击等）和来自内部参与者的攻击（冒名攻击、共谋攻击等），以及组件的失效、算力攻击等。

（4）隐私问题。公有链上传输和存储的数据都是公开可见的，仅通过"伪匿名"的方式对交易双方进行一定的隐私保护。对于某些涉及大量商业机密和利益的业务场景来说，数据的暴露不符合业务规则和监管要求。

（5）最终确定性问题。交易的最终确定性是指特定的某笔交易是否会最终被包含进区块链中。PoW 等公有链共识机制无法提供最终确定性，只能保证一定概率的近似。例如，在比特币中，一笔交易在经过 2 小时后可达到的最终确定性为 99.999 9%，这对现有工商业应用和法律环境来说可用性较差。

联盟链、私有链、公有链之间的区别在于读写权限及去中心化的程度不同。一般情况下，去中心化的程度越高，可信度越高，而交易速度越慢。

五、公有链的典型代表及优缺点

（1）公有链的典型代表：比特币、以太坊智能合约。

公有链的验证节点遍布世界各地，所有人共同参与记账，维护区块链上的所有交易数据。

公有链能够稳定运行，得益于特定的共识机制。例如，比特币依赖 PoW 机制，以太坊目前依赖 PoS 机制等。其中，Token 能够激励所有参与节点"愿意主动合作"，共同维护链上数据的安全性。因此，公有链的运行离不开 Token。

（2）公有链的优点如下。

① 所有交易数据公开、透明。虽然公有链上所有节点是匿名（更确切一点是"非实名"）加入网络的，但任何节点都可以查看其他节点的账户余额及交易活动。

② 无法篡改。公有链是高度去中心化的分布式账本，篡改交易数据几乎不可能实现，除非篡改者控制了全网51%的算力，以及超过 5 亿元的运作资金。

（3）公有链的缺点如下。

① 低吞吐量。高度去中心化和低吞吐量是公有链不得不面对的两难境地。例如，最成熟的公有链——比特币，每秒只能处理 7 笔交易信息（按照每笔交易大小为 250B 计算），高峰期能处理的交易笔数就更少了。

② 交易速度缓慢。低吞吐量必然带来缓慢的交易速度。比特币网络极度拥堵，有时一笔交易需要几天才能处理完毕，还需要缴纳几百元的转账费。

第四章

区块链+农业创新

在我国，农业物联网、农产品供应链管理、农业大数据分析与应用等是农业信息化产业发展的重要研究方向。因此，如何抓住农业市场机遇，借助物联网、区块链、大数据等新一代信息技术，寻找农业物联网、农产品溯源、农业大数据应用解决方案，推动智慧农业创新体系建设，具有重要的理论与应用价值。

区块链技术利用去中心化协议，多方共同维护数据，保证数据安全存储与不可篡改，使数据传输与存储更加安全。本章围绕区块链赋能农业物联网、供应链、农业金融等领域展开阐述。并且，以福建省某大型茶油农场的茶油溯源为例，讲解物联网、区块链、大数据等技术在智慧农业领域的创新应用。

第一节　农业信息化创新

一、农业物联网应用

智慧农业与精细农业的迅速发展，特别是"物联网+农业"的提出，对农田监测技术的要求越来越高。针对农田系统具有的地域相对分散、环境相对简单、通信条件较差等特点，构建物联网系统，将大量的传感器节点构成监控网络，通过各种传感器采集信息，帮助农民及时发现问题，精准确定发生问题的位置。这样一来，农业将逐渐从以人力为中心、依赖于孤立机械的生产模式，转向以信息和软件为中心的生产模式，从而需要大量使用各种自动化、智能化、远程控制的生产设备。

利用如今的物联网技术，能够实现农产品生产、加工、流通和消费等信息的获取，提升农业生产、管理、交易、物流等环节的智能化程度，以较低的投入获得相应回报或更高回报，并且改善环境，高效地利用各类农业资源，取得较好的经济效益和环境效益。

农业物联网的应用对现代农业转型具有重要的意义。

首先，随着人口数量的增加，我国对农业产量的要求也在不断增加，但是农用土地面积在不断缩减，由此可能产生供给与需求的矛盾。物联网技术可以大大提高土地的使用效率，如智能温室、垂直农业都极大地提高了单位耕地面积的产能，有效节约了资源。

其次，物联网智能设备能够进行信息检测、远程控制，从而实现农业的智能化管理。也就是说，一个人可以管理几十亩甚至上百亩土地，这大大减少了人力的使用，有效降低了人力成本的投入。

再次，物联网改变了农产品的流通环节。物联网的作用不仅体现在农产品的生产环节和管理环节，还在农产品的流通环节发挥着至关重要的作用。物联网能够与外部的网络相连接，农户通过物联网不仅可以实时监测农作物的生长情况，还可以掌握外部市场的农产品需求，与消费者直接对接，从而实现按需生产，很好地解决了传统农业中由于信息不对称导致的生产过剩问题。

最后，在农产品的销售过程中，农产品绿色安全是消费者最为关注的。消费者迫切需要更安全、更健康的绿色食品，而物联网是将农作物生产信息和销售信息连接的"桥梁"，能让消费者在一定程度上掌握农作物的种植信息，从而增强农作物销售的透明度，加快农作物信息的公开化。

二、农业大数据分析

随着农业物联网的大量部署，农业不同结构的数据规模越来越大，运作的数据处理难度和处理成本也日趋上升，这促进了不同业务场景的数据融合及数据库技术的不断发展，农业大数据这个概念也应运而生。

结合农业本身的特点及农业产业链的划分，农业大数据可以分为四类：农业环境与资源大数据、农业生产大数据、农业市场大数据和农业管理大数据。农业大数据由结构化数据和非结构化数据构成，包括土地信息数据，如土地位置、地块面积、海拔高度等；环境信息数据，如气象数据、土壤水分数据、温湿度数据等；农作物信息数据，如农作物长势数据、病虫害数据等。

农业大数据的价值可以体现在以下几个方面。

（1）利用农业大数据，我们可以使用各种传感器设备采集各种农业信息，融合农业生长环境、农业生命信息、农田变量（病虫害等）、农业种植等数据，并对这些数据进行一定格式的转换，进而提取多种数据之间关联的规则特征；通过现代信息传输渠道将数据传输到数据决策中心；运用数据分析手段优化农业种植过程（如确定化肥、农药的最佳使用量等），助力精准农业的发展。

（2）农业大数据能够融合农产品市场经济数据（如农产品的质量、进出口、市场行情、生产成本等数据）和农业网络数据（如网站、论坛、博客中涉及的农产品数据），利用机器学习模型，预测农产品的需求、产量及价格等动态因素，为农产品供给侧优化提供理论依据，从而预测市场需求，实现精准生产，达到农业生产商的"供需平衡"，间接助力精准扶贫。

（3）利用农业大数据，研发农业数据审计预警模型管理模块、交易数据查询分析模块、审计证据视频图片采集模块及审计疑点分析模块，在已有知识库的基础上，导入数据分析模型，开展预测及知识库客观评价，从而发现审计疑点或审计线索，确保农业精准种植、供给侧优化、行为审计的精确性与可行性。

（4）利用农业大数据，实行产加销一体化，将农业生产资料供应，农产品生产、加工、储运、销售等环节连接成一个有机整体，并对其中的人、财、物、信息、技术等要素的流动进行组织、协调和控制，以期获得农产品价值增值。同时，打造农业产业链条，不仅有利于提高农业企业的竞争能力，增加农民收入，促进产业结构调整，还有利于农产品的标准化生产和产品质量安全追溯制度的实行。

三、区块链创新

区块链技术是新一代信息技术的典型代表，是一种全新的数据存储方式。相比传统的数据存储方式，区块链的本质属性是去中心化。

具体来说，传统的数据存储是将数据存储在一个中心管理机构，任意数据的操作都需要经过这一中心。这种方法的风险在于一旦中心机构发生被黑客攻击、服务器被毁坏等恶劣状况，就可能导致数据记录丢失或被篡改。而区块链将每个区块数据顺序相连，并存储在全球各地的参与者处，每个参与者都可获得完整的数据和平等的权限，对任意数据的操作都将即时同步至每个参与者，由相关参与者共同验证后方可成为有效数据。

区块链技术为农业发展提供了一种全新的可能，同时也将成为未来农业发展的必然趋势。"区块链+农业"是一种新型的农业发展理念，也是一种综合技术应用，其核心是在物联网、大数据等关键技术的支撑下，通过数据计算实现智慧操控、智慧生产。区块链技术不仅为农业的进一步发展保驾护航，甚至有可能重构农业体系的新秩序。

区块链技术的优势在于更加安全、信任度更高。这个优势决定了区块链技术在农业物联网、农业供应链、农业金融、农业保险、农业溯源等存在较多信息不对称、对数据安全性和完整性要求较高的领域能够得到广泛应用,解决农业领域的诸多痛点。

首先,区块链技术的分布式数据库决定了详尽完整的数据资料能够被所有的参与者获取,而且这些数据在理论上是很难进行单方面修改的。在这种制度下,链上的所有参与者享有同等地位,每个参与者都有资格进行数据的上传、审阅,不用再担心信息的垄断问题。

其次,区块链技术具有开放性,区块链上的信息会在全网公开发布,这使上传到区块链的数据可以被多方共同验证,且一旦产生就无法修改,可以随时相互验证。这样一来,农产品从种植环节、生产环节、加工环节到销售环节,每个环节的数据都可以被认定为真实记录,无法伪造。并且,数据伪造者将不再存在,农业人员不用再担心"劣币驱逐良币"的问题。

最后,基于区块链技术,农产品从种植环节、生产环节、加工环节到销售环节都加入链上的溯源体系中,这将对整个农业产业链的运转方式产生质的影响。区块链技术应用到农业具有根本的颠覆性,其把所有的环节都公布于众,为食品溯源提供了解决方案。

因此,系统掌握区块链技术的基本内涵,探索区块链技术在农业方面的创造性应用,挖掘区块链技术在农业的发展潜能是我国农业今后发展的重要任务。

四、创新思路

我国智慧农业呈现良好发展势头,但整体上还属于现代农业发展的新理念、新模式和新业态,处于概念导入期和产业链逐步形成阶段,在关键技术环节方面和制度机制建设层面面临支撑不足的问题,且缺乏统一、明确的顶层规划,资源共享困难和重复建设现象突出,在一定程度上落后于信息化整体发展水平。因此,促进智慧农业大发展,需要做好以下几方面工作:以大数据、人工智能、区块链等信息技术为支撑;重点围绕农业物联网、农业大数据、农产品溯源防伪、农业信息系统安全四方面开展研究、研发与产业化推广;打造农业生产、监测、流通与销售的智慧管理与创新应用;提高"三农"的智能化水平和效能;促进农业的和谐、可持续发展;更好地为区域经济发展、农业科技创新及产业化提供交流渠道和创新平台。一定要达成大力发展智慧农业的共识,利用好新一轮科技革命和产业变革为农业转型升级带来的强劲驱动力,牢牢抓住"互联网+"现代农业战略机遇期,加快农业技术创新和深入推动互联网与农业生产、经营、管理和服务的融合。

第二节　区块链赋能农业物联网

一、农业物联网概述

农业物联网通过运用物联网系统的温度传感器、湿度传感器、pH 值传感器等设备检测农业环境中的温度、湿度、pH 值等物理量参数，通过各种仪器仪表实时显示或作为自动控制的参变量参与到自动控制中，保障农作物有一个良好的适宜的生长环境，进而实现农作物的增产、品质提升，提高经济效益。

农业物联网系统主要由四大层面构成：感知层面、传输层面、应用层面和操作层面。

（1）感知层面。感知层面是由许多的物联网传感器构成的，这一层面是整个农业物联网系统的基础。它通过各种土壤传感器、温度传感器、气象站和视频摄像系统等实现实时监测，可以在第一时间获取农作物种植生长的环境信息，包括空气的湿度、温度、风向、风速、降雨量、光照、土壤的 pH 值及农作物的生长情况等。

（2）传输层面。传输层面主要负责农业信息的传递，上传下达是整个农业物联网系统的通信中心，也是四大层面的"桥梁"。它通过无线技术传输感知层面获取的各种农业信息，之后将获取的信息分类整合再发布下去，与应用层面、感知层面紧密联系在一起。由于物联网传输的介质不一样，无线传输方式也有所不同，主要包括 3G/4G、Wi-Fi、蓝牙、Sub-1GHZ。3G/4G 严重依赖网络；Wi-Fi和蓝牙适用于低能耗、传输距离近的农场；Sub-1GHZ 适用于不便布线布网的户外农作物种植地区。

（3）应用层面。应用层面包括农产品数据的存储分析、生产任务执行和展现操作系统，主要负责数据的分析和应用，是整个农业物联网系统的数据终端，可以远程了解、处理和分析感知层面获取的农作物生长环境和生产情况的各种信息，从而进行精准灌溉、施肥指导，建立以数据为基础的专业化农业生产管理、农作物的实时追踪、病虫害的远程监控和农作物生长环境视频监控等系统，同感知层面和传输层面共同搭建起农作物整个生长环境的远程智能管理监测体系。

（4）操作层面。操作层面主要负责生产任务执行，属于应用层面的收尾工作。当操作层面收到灌溉、施肥、打药等操作指令后就会立即执行，灌溉的水和肥料也严格根据农作物的生长所需进行适当调整。灌溉模式可以设置为自动灌溉、手动灌溉、定时灌溉、按触发条件灌溉等，并且不局限于实地操作，可以实现远程操控。

二、现存问题

尽管农业物联网对农业的发展意义非凡，但是农业物联网并没有大规模地推行到各个地区。在农业物联网深刻变革农业发展的同时也存在不少问题，主要包括以下几个方面。

1．农业物联网技术成本高

农业本身就是一个高投入、低回报的产业，经济效益不高导致农户对新技术的投入热情较低。农业物联网在感知层面需要购置许多的传感器、视频摄像等技术产品对农作物进行监测；在传输层面需要网络来传递农作物信息；在应用层面和操作层面需要重新调整灌溉、施肥流程，购置相关设备。可以说农业物联网的每个过程都是对过去传统农业的更新，所以也需要更多的资金投入。物联网是中心化管理体系，随着物联网设备的增加，数据中心的基础设施投入和维护大大增加了农户的生产成本，这也加大了农业物联网的大规模市场化推进的难度。

2．农业物联网核心技术装备不足，和技术标准不一致

我国农业物联网起步晚，基础设施建设相对较差，缺乏与农业、种植业相关的农业专用传感器设备，这给数据采集方面带来了很大难题。另外，农业应用对象较为复杂、信息量大，传感器和存储设备并没有实现标准化生产，我国也并没有建立一个统一的农业物联网标准体系，因此这方面的生产管理较为混乱。

3．农业物联网对技术要求高，难以满足发展需求

随着农业物联网的推进，农业传感器大量接入，呈几何级数上升的吞吐数据变得更加难以处理，与云数据中心进行数据对接时可能难以及时消化，从而堵塞主干网络。另外，农业数据冗杂，且对数据的精密程度要求较高，些许的数据偏差就会对农作物的生长品质、生长速度造成很大影响；传感器等设备需要长期暴露在农业生产自然环境之下，容易出现故障，进而影响正常使用。

4．农业物联网数据安全性相对较差

物联网系统互联互通，一般来说要连接几万亿个端口，器件数量较多，通过网络进行通信很容易出现信息泄露问题。虽然采取了一定的安全措施，但是物联网设备在密码学、计算、存储方面仍存在较大缺陷，这增加了网络攻击的风险，极大地威胁了农业物联网体系的安全性。

三、区块链与农业物联网结合的优势

随着区块链的快速发展，其应用场景也在增多，从最开始的数字货币到金融业都取得了不俗的成绩，区块链为农业发展中的问题提供了新的解决思路和方法，我们更加相信区块链与农业物联网的融合可以给农业带来更多的希望。例如，在 2018 年，山东渤海实业股份有限公司与美国著名大豆供应商路易达孚在进行资金交易时就运用了区块链技术，在此次交易中，双方的销售证明、信用凭证等资料都是在 ETC 平台上运行的，不仅缩短了处理时间，提高了操作效率，还保证了双方资料的真实有效。区块链与农业物联网结合的优势有以下几个方面。

（1）可以大幅度降低农业物联网的生产成本。区块链的去中心化管理相较于传统农业物联网的中心化管理有着独到的优势，将区块链技术运用到农业物联网可以有效解决机械设备的管理和维护问题。区块链成为万事万物互相连接的总账目，除了记录农业物联网采集到的农产品信息，还可以标识设备的使用情况。区块链省去了以云端控制为中心的高昂的维护费用，降低了互联网设备的后期维护成本。农业物联网的成本一旦降低，其大规模推广的道路上也就少了许多障碍。

（2）可以确保农业物联网数据的公开透明。区块链与农业物联网的结合会兼顾线上和线下，从而形成信息闭环。具体过程为农业物联网的各种传感器收集大量的农业数据，再通过应用层面进行分类汇总，最后将分析好的数据放到链上。区块链技术可以达到信息的公开透明、不可篡改，从而建立一个面向整个农业物联网系统的信任平台。在这个平台上可以满足所有农户、消费者及相关从业人员的信息知情权，从而让农户掌握实时的市场需求调整农业生产，让中间采购商了解农户种植过程的信息，让消费者可以自由选择自己信任的农产品进行购买。

（3）可以有效解决农业物联网的物流问题。区块链与农业物联网的结合可以形成一个全方位、无漏洞的实时监测系统，不但可以掌握全天候的农作物种植情况，调整种植方式，改进农作物生长环境，从而达到农产品的增产、提质、祛病虫的目的，而且能够详细地记录保存农产品从生产到物流再到交易的每个环节。也就是说，区块链与农业物联网的结合可以及时地监测农产品在物流环

节出现的产品破损、漏损情况，从而进一步降低从生产到物流再到交易整个流程的成本，解决农产品在物流方面的问题。

（4）增加数据的吞吐量，降低运作风险。将农业物联网的所有数据都集中到几个云数据库中会存在极大的运作风险，可能导致数据传输主干的瘫痪，而区块链技术可以很好地解决这个问题。区块链技术可以通过减少出块间隔、扩大每个区块容量、代理共识协议，以及并行有效出块等几种方式来增加数据库的吞吐量。如今，比特币的闪电网络、以太坊的雷电网络都在进行积极尝试。

第三节　区块链赋能农业供应链

一、农业供应链概述

农业供应链是供应链的一个具体应用场景，主要聚焦农业方面，涉及农产品的培育生产、物流运输、交易结算等众多环节，农业供应链所涉及的数据量也十分庞大。

一般来说，农业供应链可以分为以下三种模式。

第一种是以农产品批发市场为核心的农业供应链模式。在这种模式下，农产品批发市场成为连接农户和消费者的"桥梁"。这种模式的特点为市场覆盖范围小、专用性资产投资较少；信息化程度低，产品供求信息传递性差，容易出现盲目生产的现象；农产品交易环境较差，容易产生农产品的污染。

第二种是以农产品加工企业为核心的农业供应链模式。这种模式放大了农产品加工企业在供应链中的作用，加工企业接受各个经销商的订单，再根据自己的市场预期和自己的工业实力，联系农户和农场主进行农产品的预订。农户将农产品运输到加工企业，加工企业对原始农产品进行加工，再分配到各个经销商手中。这种方式实现了"订单农业"，避免了农户的盲目生产。通过加工企业的加工和创新，实现了农产品的价值提升。但农产品的订单违约率居高不下，会影响加工企业对产品的预期销售，造成产品的大量积压，同时加工企业参与到生产环节会增加农业的运营成本。

第三种是以零售企业为核心的农业供应链模式。零售企业是与消费者直接接触的一环，比较了解当下的市场情况和消费者的购买偏好，并且掌握了最终的商品交易市场，因此形成了这种供应链模式。这种模式的优势在于能够实现合同供应、自有配送，保证农产品的质量和安全；农产品的交易环境能得到很大程度的改善，降低了农产品污染风险；分工更加明确，专业化程度提高，从而降低运营费用。

二、现存问题

以上三种模式是我们对农业供应链的积极探索，它们很好地除去了传统农业的一些弊端，推进了农业的绿色健康发展。但是，我们也要认识到所有的农业供应链模式下还是存在一些问题需要我们解决的。

1．传统供应链价格虚高，经济效益低

在传统供应链里，农户生产的农产品从农场到消费者的餐桌历经了几轮批发商的倒手，这种交易由于中间流程过多、信息不流畅等，容易出现信息不对称。另外，由于中间商要赚取一定利润，就会压低从农户那里收取农产品的价格，而提高出售价格，因此消费者所支付的价格远远超过了农产品的实际价值。

目前，供应链物流专业化程度低、损耗较大且成本高，我国农产品物流主要采用各自为政的方式，采用第三方物流组织的还不多。从物流运输的形式来看，主要采用的是自然物流，缺乏连贯成型的冷链物流，在农产品运输、存储过程中缺乏保鲜技术，这就使农产品在物流环节中耗损大、成本高，造成农业资源的极大浪费。

2．农业供应链各主体间信息沟通不畅，信息化程度低

我国农产品市场中农产品的主要提供者是小型农场主和一般农户，他们普遍对网络信息认知较弱，市场意识淡薄。而中间商、农户和消费者之间也是单向联系的，缺乏规模化的经营管理。农业经营以原始种植的小规模农业化生产模式为主，这就使农业供应链的参与者们无法一起交流、分享有价值的农业信息。对消费者购买农产品的消费信息的采集、分析，以及总结得不全面、不及时，也会导致农产品的技术创新和产品创新的滞后，这不利于农业的健康持续发展。农业供应链各个主体对信息掌握的程度不同，运用信息进行运营的程度也参差不齐，这大大妨碍了农业供应链的信息化发展。

3．农业供应链内信息不对称的问题导致农产品的供需不平衡

我国农业信息化水平相对落后，农业网络不健全，很多农户甚至没有加入网络运营中，这使农业信息的收集较为滞后，农产品的生产、物流运输较为盲目，

进而导致在整个农业供应链的运营过程存在不合理现象，农产品的供需不匹配，农产品在物流运输途中产生严重损失。另外，供应链在农业参与者之间的信息不对称很容易出现"牛鞭效应"（需求变异放大现象），导致农户盲目扩大生产，中间商积压大量农产品，增加库存成本。

4. 农业供应链的运营效率较低

我国农业发展深受小农经济影响，多数地区还没能实现规模化的农业生产。我国农产品流通过程多以个体交易为主，没有统一的农业集体组织进行管理，农产品的生产规模、流通及交易环节都比较分散，而且政府和相关的农业管理部门没有进行相对完善的指导和监测，从而导致整个农业供应链运营效率较低。

另外，在传统农业供应链中，农业上下游用户的关系只是单纯的商品买卖关系，双方没有一个共同的商业目标和利益共同点，彼此之间缺乏商业信任，容易出现各自为政的现象。由于农业供应链的相对独立，农业买卖双方信息交换无法快速有效地完成，而且不同的市场参与主体为了维护自身利益会隐藏自身掌握的信息数据，使信息壁垒加重、农产品产供销脱节，最终可能导致资源利用率下降、产品竞争力难以增强。

三、区块链与农业供应链结合的优势

区块链对于解决农业供应链问题、推进农业供应链的治理具有很强的可行性。区块链能够为农业供应链建立一个可靠的、公开透明的分布式农业数据网络，这是进行农业供应链治理的一个具体可行的技术方案。2017 年，商务部办公厅与财政部办公厅共同出台的《关于开展供应链体系建设工作的通知》，强调要重点推进区块链技术的应用，促进供应链的创新升级。目前，区块链技术在农业供应链方面有着不少应用可能。

1. 区块链+农业供应链可以推进农产品供求透明化

农产品从生产到物流再到销售，从农场到餐桌整个流程涉及的所有环节都属于农业供应链的范畴。农业供应链涉及生产环节、加工环节及交易环节，期间也流转不同地点，流程之复杂，数据之庞大，给供应链的信息透明公开化带来了很大困难。通过区块链技术，农产品生产种植过程的所有信息将以分布式账本的形式上传到链上，形成一个公开透明且不可篡改的账目内容，采购商及消费者可以自由查阅再选择消费对象，大大增强了链上人员之间的信任。同时，区块链的数据分享是具有保密性质的，所有的隐私数据在法律层面归属于各自的拥有者，避免了隐私信息的泄露和窃取，杜绝了不法人员的投机行为。而且，利用区块链的智能合约技术，当发生交易时，交易款项可以直接进入交易双方的账户，无须第三方的监督和转手，这使资金流动变得更加高效透明，保障了交易双方的资金安全。

2. 区块链+农业供应链推动了信息扩散，促进了农产品的供需平衡

运用区块链技术，农业供应链中所涉及的所有信息（包括农产品价格、生产地区、生产日期等）都将被永久记录到链上并难以进行数据篡改。由于链上的数据可以被参与交易的所有人掌握，所以在整个农业供应链上形成了一个完整的信息网络，这可以确保各方参与者及时找到农业供应链系统运行中存在的问题和漏洞，进而找到有针对性的解决办法，提高农业供应链的整体效率。

区块链技术可以将农产品信息最大限度地散布给消费者、采购商，实现信息的大规模分布。与此同时，由于链上数据是由消费者、中间商、农户等多方共同记账的，每条信息或者交易都是经过所有人同步确认的，这保证了数据来源的真实性。信息的广阔分布加上真实的数据，能最大限度地减少由信息不对称问题所导致的供需不平衡，既保障了农户的最大利益，又满足了消费者的购买需求。

3. 区块链+农业供应链可以跟踪运输过程，降低农产品的物流成本

由于区块链技术能够将农产品的物流信息记录并保存在链上，消费者可以自由核实农户和卖家的真实信息，这就能够倒逼数据的标准化，提升数据真实度，改善数据质量。同时，区块链技术的应用省去了很多人力操作环节，一方面能够节约交易时间，在很大程度上减少数据使用时的失误；另一方面能够提高农产品的物流效率，降低人力成本和物流成本。

4. 区块链+农业供应链能够精准定位农业参与人群，提高运行效率

运用区块链技术，各方参与者在链上表明身份、签订协议、达成共识，朝着相同的交易成果而努力，消费者、中间商、农户之间的交流效率得到显著提升。

其中，对消费者来说，其可以提出更为具体细致的产品要求，并据此对产品分类筛选，实现更多个性化需求，使农业生产更加具有针对性。

对农户来说，其可以根据消费者提出的个性化需求，运用现代化科技来调整农作物的生产产量、生产周期、成熟时间等，还可以将自己的农产品进行相应的加工，增加产品种类，扩大销售渠道从而更好地去库存，增加经济收益。

区块链技术还可以减少农业交易纠纷。数据的真实和公开，以及时间戳这样的机制能够有效地减少交易双方的信息误差，进而构建一个和谐的交易环境，减少双方产生摩擦的可能，实现轻松举证和责任追查。

第四节　区块链赋能农业金融

一、农业金融现状概述

近年来，我国大力推行普惠金融体系，意在扶持"三农"及偏远地区的经济和金融业发展。而我国农业发展缓慢的一个重要原因就是农村金融起步晚、发展慢、农业资金保障存在问题。推进农村金融的发展是破解农村发展资金不足的关键法宝，对贫困地区经济发展、深入推进精准扶贫有着重要意义。

改革开放以来，我国农村金融经历了曲折的发展过程，也在积极重建、调整中不断发展。目前，在我国的农村金融体系下，农村金融机构可以划分为正规金融机构和非正规金融机构两类。

正规金融机构包括以下几类。

（1）政策性银行：包括中国农业发展银行和国家开发银行，主要致力于为农村和农民提供资金支持。

（2）商业性金融机构：包括中国农业银行、中国邮政储蓄银行、新型金融机构及其他商业银行。

（3）合作性金融机构：包括农村信用合作社等。它与一般的商业银行有着本质区别，农村信用合作社的运营主要是吸收社会闲散资金，再投放到农村和乡镇的企业，同时吸纳社会人员成为社员，为社员提供资金支持等服务。

（4）新型农村金融机构：由于农村发展有很大的资金需求，国家对农村金融的准入门槛也在降低，所以就出现了一批新型农村金融机构，如村镇银行、小额贷款公司等。

非正规金融机构在农村金融中也扮演着重要的角色。由于正规金融机构贷款手续复杂，抵押物要求较为严格，借款人与贷款机构之间存在着一定的信息不对称问题，农民申请贷款相对比较困难，所以非正规金融机构在某种程度上更能够满足广大农民的借贷需求，它主要包括典当行、亲友租赁、联保小组及民间合会等。

截至 2019 年 3 月末，全国银行业金融机构涉农贷款余额达 33.71 万亿元，较 2019 年年初增长 3.7%。

二、现存问题

1．农村金融服务能力不足，金融产品过于单一

目前，我国农村金融主要由农村信用合作社、中国农业银行及中国农业发展银行这三家银行组成"三驾马车"的基本框架。我国农村人口数量庞大，分布地域也很广泛，再加上三家银行自身服务能力高低、规模实力大小不同，导致农村现代化金融服务缺失，银行信贷投入难以满足农民的资金要求，很多农民的金融需求难以得到保障，严重影响农村经济的健康发展。

2．农村金融服务效率低

对于大额度的资金使用，县级的金融机构是没有审批权力的，需要上报，经过审批以后才能将资金进行放贷，这导致审批程序十分烦琐，贷款从发出申请到审批成功，再到客户手中耗时较长。一般情况下，当新型农业经营主体申请贷款时，需要提供相应的信用信息，这就需要依靠银行、保险或征信机构所记录的相应信息数据。但是，其中存在着信息不完整、数据不准确、使用成本高等问题，需要金融机构人员从其他方面去了解贷款人的实际偿贷能力，这需要花费大量的时间和人力，从而造成金融机构服务效率变低。

3．银行逐利性强，目标导向明确

在我国现存的金融体系下，存在着"强强联合，报团取暖"的现象，即大型银行倾向给较为稳健的大型企业贷款，大型企业有资金需求时一般也会寻求大型银行的帮助；小银行则较多地给小型企业及零散人员提供贷款服务。从地缘角度上看，银行营业点的设立普遍追求那些经济较为发达的城镇地区，而农村地区由于经济较为落后，企业和个人的贷款数目小、贷款期限短、利率低，而且很多是一次性贷款活动，难以形成长期的合作关系，导致以盈利为最终目标的银行不愿意接待这些客户，而将更多的精力和资金投向城镇地区，这就出现了农村金融机构的"伪完善"，看似数量不俗的金融机构却难以为农民解决实际的贷款需求，使农村金融机构的服务功能大打折扣。

4．贷款人担保不足，金融机构放贷信心低

商业银行，说到底经营的最终目的还是盈利，所以银行在处理贷款申请时会持审慎的态度去选择是否放贷。因为一旦贷款人无法按期还款，就会形成不良贷款，对银行的经济效益产生不良影响。在现实情况下，农村金融机构会出现有钱却不放贷的现象，其原因就在于银行与贷款人之间存在信息不对称的问题。城镇市民申请商业贷款时，银行会要求其出示相应的工资证明、财产证明或者进行房产等大额资产的抵押来确保贷款人有偿债能力。但是，在农村，农民依赖自己承包的土地产生收入，难以提供标准化的收入证明及财产证明，银行对贷款人的收入情况、财产情况没有充分的了解；同时，农村和农业资产价值相对较低，难以被有效识别和定价，将其进行资产抵押的认证度低。这导致银行无法衡量贷款的风险，从而缺乏放贷的信心，所以银行会选择限额贷款甚至不发放贷款。另外，农民收入主要源自农业生产，而农业生产容易受到自然灾害及虫病灾害的影响，农民收入的不确定性增加，也会影响金融机构放贷的选择。

三、区块链与农业金融结合的优势

1．农民信息上链，减少信息不对称问题

农村地缘广阔，农民的居住分布也十分零散，而且农村获取金融信息的能力较弱，农民个人信息采集和个人征信记录采集一直是影响农村金融机构资金发放的重要因素。而具有信息分布式存储和信息共享等特征的区块链，其用处正在于依靠程序算法能够自动记录海量信息，并存储在区块链网络的每台电脑上，且信息透明、篡改难度高、使用成本低。

农村金融机构通过使用区块链技术可以将传统的农村信息获取方式变成数字化电子数据采集，数据来源是由农村各个主体自行上传的，上传的信息只有在得到相应的认证以后才可以不被篡改地保存在区块链上，供具有相应链上权限的金融机构查询使用。

区块链技术还能够对采集到的数据进行自动化管理，缩短数据收集的流程，这不仅降低了金融机构进行农民信息采集、管理的时间和成本，还解决了农民个人信息采集不全、信息更新慢的问题，大大提高了农民信息采集效率。将农民信息上链保存并实时更新，当农民去银行贷款时，银行可以在链上查询其财产情况，大大减少了由于信息不对称而产生的"有钱不贷"的现象。

在实际操作中可以以村为单位，为村民进行统一的集中式家庭信息填写、确认，并建立一个村民金融信息档案，实现对村民信息的数字化、集约化管理。农

村金融机构再对村民的档案进行分类，就能很轻易地区分每个人的征信水平和偿债能力。

2017 年，中国农业银行为推动传统信贷产品的线上化改造和加强区块链技术与网络融资产品的融合，推出了农银 e 管家电商金融服务平台。这一平台应用区块链技术，将农民和农村中小企业的历史交易数据记录下来，同时将每天新产生的数据也入链登记，不断积累，逐步形成企业和农民可信、不可篡改的交易记录，从而解决农业企业贷款难的问题。

2. 区块链技术便捷支付结算业务

目前，我国农村的金融机构网点数量少、覆盖率低，难以支撑庞大的农业支付结算业务的正常运行，导致农村的支付结算出现供需不平衡问题，农村支付结算体系不完善。运用区块链技术能够有效地弥补农村支付结算体系的不足。

（1）运用区块链技术，农村支付结算的所有流程都将被准确及时地记录在分布式账目上，链上的信息可以被参与主体共享但不会被轻易篡改。建立一个农业支付结算联盟链，可以有效缓解支付结算体系内供需不平衡的情况，扩大农村金融机构的覆盖面，让更多农民享受到农村金融带来的福利。

（2）区块链技术通过使用时间戳，按照时间顺序进行排列，生成每笔买卖的交易序列号，建立支付清算的信息查询节点，可以大大简化支付清算流程，减少人工操作出现错误的可能，还能够保障支付清算数据的安全性。

（3）运用区块链技术，交易双方可以实现点对点、一对一的交易，可以跨越地域和时间的限制同时进行资金支付和结算。更重要的是这一交易环节是不需要第三方机构协作的，大大减少了支付清算的时间，节约了大笔的结算费用，提高了支付结算的效率。

2017 年 8 月，中国农业银行与趣链科技合作开发了一个基于区块链技术，名叫"e 链贷"的农业金融平台，并于同月成功完成了我国第一笔线上订单支付贷款。这一平台打造了一个农业的联盟链，主要为农民及农村的中小型企业提供线上的投融资服务，包括电子商务服务、网络支付结算业务。

3. 区块链保证农业金融信息的安全

农业金融信息是农民最为重要的隐私信息之一，农业信息的泄露和丢失不仅严重影响农民的切身利益，更事关着保管金融信息的金融机构的信誉和商业形象，金融信息的保管也是金融机构日常工作中十分重要的一个环节。然而，在传统的农村金融机构信息管理过程中，客户的金融信息泄露和丢失问题依旧存在。

区块链技术应用密码学算法可以为每个参与的农民建立一个独立的数据节点来记录、管理征信记录,同时要求参与区块链的所有节点共同维护链上的数据信息,每个参与节点也可以获得一份完整的信息备份,这在很大程度上避免了金融信息的丢失问题。与此同时,由于区块链上设立的每个数据节点都是相互独立、互不干扰的,也就是说当一个数据节点被黑客攻击或因意外而发生损坏时,其他数据节点不会受到丝毫影响和干扰,进一步保障了金融信息的安全性。

2018 年 5 月,GVE 基金会与村村乐合作,尝试解决农民征信及农民金融信息安全问题,以区块链为技术支持,使用智能合约,实行金融信息数据分享激励,旨在建立一个去中心化共享并安全的农村金融服务网络平台。

第五节　区块链溯源案例分析

一、区块链溯源框架

我们以福建省某大型茶油农场的茶油溯源为例,进行区块链溯源分析。区块链溯源应用系统架构图如图 4.1 所示。

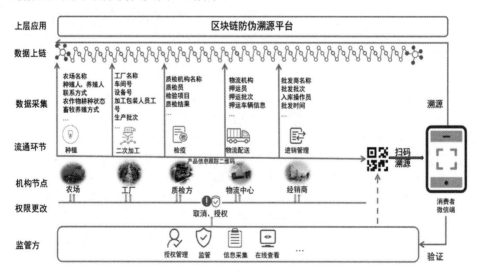

图 4.1　区块链溯源应用系统架构图

在农场源头，物联网信息采集模块能够实时检测种植过程的水文、气候环境、污染参数等指标，将其记录并上传至区块链；工厂将产品的加工流程、负责人等信息记录并上传至区块链；质检方将批次质检报告信息记录并上传至区块链；物流中心将物流方数据流转信息记录并上传至区块链；经销商（零售商）将销售信息记录并上传至区块链。以上所有流程信息共同构成溯源链，溯源链能够保证产品的每个环节不可篡改。最后通过终端软件（如小程序等），进行扫码溯源与验证。

二、功能模块设计

1. 系统整体功能模块

根据区块链溯源应用系统涉及的业务开展功能性分析，将系统划分为物联网信息采集模块、区块链溯源系统平台模块和微信小程序模块。系统整体功能模块图如图 4.2 所示。

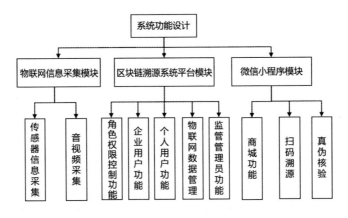

图 4.2　系统整体功能模块图

物联网信息采集模块主要负责溯源产品种植过程中的物联网设备设计、物联网设备组网、物联网设备信息采集、采集数据存储与传输，以及最终数据上链供各节点与消费者读取，添加音视频信息直播。

区块链溯源系统平台模块主要分为业务前台与区块链后台。该模块是整个系统的核心，主要供各个节点与区块链网络进行数据交易存储、数据查询，以及为小程序提供溯源接口，提供如角色权限控制功能、企业用户功能、个人用户功能、物联网数据管理和监管管理员功能。

微信小程序模块具备基本的商城功能,并且拥有对区块链防伪标签的扫码溯源功能。

2. 物联网信息采集模块

物联网信息采集模块设计图如图 4.3 所示。

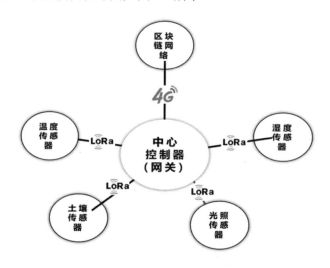

图 4.3 物联网信息采集模块设计图

物联网信息采集模块主要负责农产品在种植过程中的各项传感器信息采集与数据传输,整个模块包括中心控制器(网关)、数据采集传感器。数据采集传感器负责不同环境数据采集,通过 LoRa 通信模块与中心控制器进行数据传输,中心控制器负责将数据接入阿里云物联网平台,实时对数据进行表格存储。同时,区块链网络实时读取物联网平台数据,对物联网数据进行上链操作。

3. 区块链溯源系统平台模块

区块链溯源系统平台分为三大类用户:管理员用户、企业用户、普通用户。因此,区块链溯源系统平台需要提供一个统一登录的 Web 平台,通过权限管理模块,监管节点管理员能够对参与节点的权限、证书做授权与撤销。企业用户能够建立企业下属角色并实例化成员,为下属角色分配权限。溯源系统功能模块设计图如图 4.4 所示。

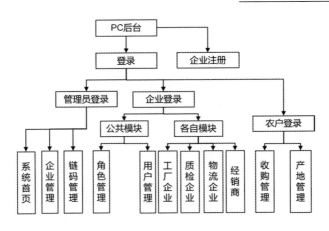

图 4.4 溯源系统功能模块设计图

4．微信小程序模块

微信小程序模块提供基本的商城功能，微信小程序商城功能模块设计图如图 4.5 所示，主要包括商品管理、购物车管理、订单管理、付款管理、商品溯源、用户管理六大功能。

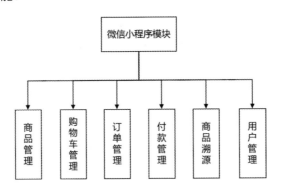

图 4.5 微信小程序商城功能模块设计图

三、区块链溯源系统业务框架

区块链溯源系统业务框架图如图 4.6 所示，将系统按层次进行划分，主要分为区块链数据存储层、业务逻辑层（链码层）、模块化溯源功能管理层及应用接口层。

图 4.6 区块链溯源系统业务框架图

区块链数据存储层主要利用区块链底层功能，包括成员服务、加密算法、智能合约和共识机制，为整个系统提供不可篡改的数据网络支撑。

业务逻辑层（链码层）将溯源逻辑以链码形式编写，并在区块链上实例化，供各方参与组织提交交易提案调用。

模块化溯源功能管理层对链码功能进行角色、功能模块化抽离，将业务进行模块化处理，设计不同组织内的溯源功能、数据管理。

应用接口层提供一系列接口服务供前端 Web 业务调用。此外，还提供外部接口供微信小程序扫码溯源查询，以及提供物联网平台接口，供区块链平台直接调用物联网监测数据。

四、系统使用展示

1. 企业进行用户注册与证书申请

在区块链网络层，不同组织之间已经建立了联盟网络，企业进行用户注册与证书申请，可以成为某个联盟组织中的一员，注册过程需要输入企业用户名、企业名称、企业用户类别、营业执照等信息，注册页面如图 4.7 所示。

图 4.7　注册页面

注册过程是向该组织的 CA 节点申请证书和密钥，并且将企业信息与组织绑定进行数据上链。

在注册 CA 证书时，需要验证 CA 注册的合法性，验证通过后，才能发放 CA 证书。用户拿着 CA 证书，对信息进行链上注册，先将文件信息，如法人身份证、企业营业执照等信息存入后台文件系统当中，并把返回的哈希值作为企业用户的注册信息。公钥和私钥如图 4.8 所示。

```
-----BEGIN PUBLIC KEY-----
MFkwEwYHKoZIzj0CAQYIKoZIzj0DAQcDQgAE95j7E0WL4xpeuvphOIK+5oZ0fGsT
HVYyFvLhyVAEzV+eevVe+6DDNUpZk70rSyNtvz2dYFmN8tVwGzeaVBfRQg==
-----END PUBLIC KEY-----
-----BEGIN PRIVATE KEY-----
MIGHAgEAMBMGByqGSM49AgEGCCqGSM49AwEHBG0wawIBAQQg8LWh5g5DVhYLgyjK
b6iP2Q6iGpff3yi48nLCdQ2nweChRANCAAT3mPsTRYvjGl66+mE4gr7mhnR8axMd
VjIW8uHJUATNX5569V77oMM1SlmTvStLI22/PZ1gWY3y1XAbN5pUF9FC
-----END PRIVATE KEY-----
```

图 4.8　公钥和私钥

注册证件存储地址，结合企业填写其他信息一起作为调用链码注册方法参数，写入区块链系统中，CA 证书如图 4.9 所示，企业进行后续的操作都以此证书作为身份认证凭证。如果注册过程中任何一方出现错误或失败，系统会进行原注册数据回滚删除。

```
{"name":"user1","mspid":"Org1MSP","roles":null,"affiliation":"","enrollmentSecret":"","enrollment":
{"signingIdentity":"eb3d33bb7ee333ebe6258ddba491cd5a90ace36c28431bd66a729d815e418453","identity":
{"certificate":"-----BEGIN CERTIFICATE-----
\nMIIB8TCCAZegAwIBAgIUcOZNtGNxA7vNUAQdwbsEq7EWj9EwCgYIKoZIzj0EAwIw
\nczELMAkGA1UEBhMCVVMxEzARBgNVBAgTCkNhbGlmb3JuaWExFjAUBgNVBAcTDVNh
\nbiBGcmFuY2lzY28xGTAXBgNVBAoTEG9yZzEuZXhhbXBsZS5jb20xHDAaBgNVBAMT
\nE2NhLm9yZzEuZXhhbXBsZS5jb20wHhcNMTkwMzEwMTQwMTAwWhcNMjAwMzA5MTQw
\nMTAwWjAQMQ4wDAYDVQQDEwV1c2VyMTBZMBMGByqGSM49AgEGCCqGSM49AwEHA0IA\nBFmQliJtYvmq+vPNu
+kyn4WpNHfamZ7FzwbbzWPEnciAPBnFEIxkztwNfBoJO0An\nO6JGeBnbzmUYrYsiPhI1xeyjbDBqMA4GA1UdDwEB/
wQEAwIHgDAMBgNVHRMBAf8E\nAjAAMB0GA1UdDgQWBBSbIhNyOFkDQqk5PZejOzUXv8WbMzArBgNVHSMEJDAigCBC
\nOaoNzXba7ri6DNpwGFHRRQTTGq0bLd3brGpXNl5JfDAKBggqhkjOPQQDAgNIADBF\nAiEA2ct2J22M9NfjnhByMDNUYk/
xFP3KM2HaaiT/sm65lwECIGtZC3q5ZPCi2aIa\njTrCU6KTfxRGslwkVVSMkIguo7Dk\n-----END CERTIFICATE-----\n"}}}
```

图 4.9　CA 证书

2．管理员监管审核

管理员在本系统中主要负责链码内容权限更新、链码函数功能管理，以及审核企业用户注册信息。管理员对企业审核页面如图 4.10 所示。

图 4.10　管理员对企业审核页面

（1）企业审核授权。

企业完成用户注册后，需要经过管理员对企业信息及法人信息进行核验并授权。

（2）链码管理与权限分配。

管理员根据链码实际功能设置链码管理模式，主要将链码函数、功能名称及对应的前端路由进行配置管理，涉及链码新增、删除及编辑，链码编辑页面如图 4.11 所示。

图 4.11 链码编辑页面

管理员针对不同企业将不同链码权限下发分配,如对工厂、企业进行授权,链码授权页面如图 4.12 所示。

图 4.12 链码授权页面

3.企业角色权限管理

(1)角色管理与权限分配。

企业完成用户注册后,会得到管理员链码授权,通过创建新的角色,并给角色分配链码功能，获得企业内部角色分配链码权限。普通用户创建页面如图 4.13 所示。

图 4.13　普通用户创建页面

角色包括农户角色、工人角色、快递员角色、质检员角色、经销员角色等。工厂企业创建好角色后完成该角色链码分配，创建该角色下的普通用户。各企业基本角色初始化完成后，且建立了相应的员工账户体系后，就开始溯源。

在管理员下发给企业用户链码权限后，企业用户将权限分配给对应的角色，即对角色进行权限分配，将角色信息、待分配的链码权限信息封装成数据集，作为一次提案提交给 Fabric 网络，网络验证完客户端节点证书及版本信息和背书策略，将更改权限提案的结果模拟执行返回给客户端，客户端再将结果附带签名发送给监管节点的排序节点进行排序、打包，并给工厂组织、质检组织、经销商组织、物流组织共同更新账本。

（2）普通用户管理。

普通用户管理主要针对企业自身创建的员工子账户进行管理，如角色切换、密码修改、信息更新与删除等操作。企业员工管理页面如图 4.14 所示。

图 4.14　企业员工管理页面

4. 普通用户业务

（1）农户模块。

农户线下与工厂进行协议签订，与工厂合作，领取相应的传感器设备。工厂授予农户一个平台子账号，农户将产地信息、传感器信息录入，完成产地申请。主要信息包括产地地址、农场名称、平均产量、传感器设备属性、摄像头设备属性、农场负责人相关信息。

产地申请完成后，农户需要向系统申请相应的收购编号，此收购编号可经客户端打印二维码，将作为后期工厂收购人员扫码收购唯一凭证。

农户需要将日常护理信息上传到区块链进行存储，如图 4.15 所示，上传数据包括种植地址、护理动作，以及相关备注信息。除了物联网平台嵌入定时数据回传机制，农户还可以根据实际天气情况手动添加传感器数据。

图 4.15　添加日常护理信息

茶籽成熟后，农户需要向工厂发起收购请求，工厂收到请求后将安排收购专员前往农场进行茶籽收购。

（2）工厂员工模块。

工厂员工主要负责茶籽的收购、茶油加工过程的信息采集及凭证上链。所以，除农户操作集中在 Web 端外，其他角色人员操作集中在移动端。

工厂员工需要登录茶油溯源 App，收购农户申请收购的茶籽。工厂员工扫描农户提供的贴在商品上的二维码，并且录入产量，回到工厂后，对茶籽进行批次组合，组合完成达到机器操作量时生成一个组合二维码，由工厂业务系统提供。工厂内部茶籽烘干、茶籽去壳及茶籽压榨均统一扫描组合二维码进行信息采集与录入，压榨信息主要包括机器编号、组合编号、拍照凭证，以及相应的监控视频，

App 部分操作界面如图 4.16 所示。经过产品加工流程后，产品批次信息生成。批次信息将对应批次二维码（见图 4.17），批次二维码为后续产品流通过程中各环节数据上链的唯一标识码。批次信息包括机器名、产品数量、工厂编号、产品类型及批次包含的组合编号信息，按照批次对产品贴上射频识别技术电子标签进行入库操作。所有操作步骤都带有简短监控视频凭证，保证每个操作步骤得到有效监控。生成批次信息界面和添加入库信息界面如图 4.18 所示。

图 4.16　App 部分操作界面

图 4.17　批次二维码

图 4.18　生成批次信息界面和添加入库信息界面

（3）质检员工模块。

质检员主要负责对工厂质检样品进行试验检测，检测完生成检测报告，质检组织会为每个质检员申请质检员账号。质检员登录系统后，每完成一个质检样品检测，需扫描随样品附带的批次二维码，将质检报告连同质检员信息，提交给区块链系统，与批次信息进行绑定。

（4）经销商员工模块。

经销组织给各大经销商下发经销员账号，供上下游经销商进行货物对接与货物流转情况信息记录。

（5）物流员工模块。

物流组织为每个快递员申请快递员账号，快递员在给大型客户进行经销转运时使用 App 将寄送货双方的信息（具体包括物流公司、收货方、出发地、目的地、运送方式、销售商、批次信息）和物流号进行绑定，对运送人和车辆进行拍照与录像凭证保存。添加物流信息界面如图 4.19 所示。

5．企业业务管理

不同类型的企业涉及不同的业务管理。例如，工厂企业对产品批次信息、产品信息、批量打印商品二维码、批次生产流转信息显示、收购情况及商品类别等信息进行管理；质检企业对该企业下的所有员工的质检报告汇总查询及展示；物流企业将物流详细信息进行汇总。

6．微信小程序扫码溯源

微信小程序模块实现了基本的购物小商城的功能，主要包括实现产品分类、产品详情页展示、物联网数据展示、购物车、扫码溯源功能和防伪验证功能，下面主要介绍微信小程序扫码溯源流程。

图 4.19　添加物流信息界面

消费者打开微信扫描产品防伪二维码,经过微信小程序将查询编号发送区块链网络,在链上将此茶油批次区块信息、茶油种植信息、加工过程信息录入。小程序溯源界面如图 4.20 所示。

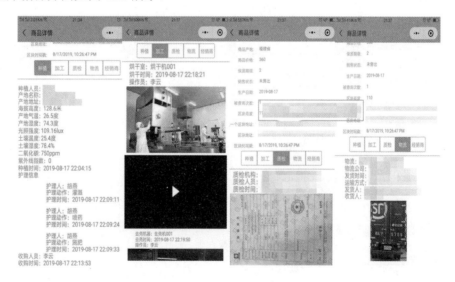

图 4.20　小程序溯源界面

质检报告、物流信息、经销情况全部溯源信息返回给微信小程序。每次扫码查询区块链网络都会统计查询次数,防止二维码造假。

第五章

区块链+工业创新

区块链+工业创新，代表着工业的发展进入了一个新的阶段。

工业创新是技术创新、营销创新和管理创新等综合性创新行为，在突出技术创新核心地位的同时，也要关注产业组织和营销管理体系的不断优化改善，区块链+工业创新，从技术的物理本质上来说，是在区块链系统数据驱动下的全新范式的智能分布式控制与分配创新。

第一节　区块链+工业创新的基本概述

当前，新一轮科技革命和产业变革席卷全球，大数据、云计算、物联网、人工智能、区块链等新技术不断涌现，数字经济正改变着人类的生产和生活方式，成为经济增长的新动能。区块链作为一项颠覆性技术，有望成为全球技术创新和模式创新的"策源地"，推动"信息互联网"向"价值互联网"变迁。

一、区块链+工业创新的基本背景

1. 区块链+工业创新是国家政策和规划的需要

我国《"十三五"国家信息化规划》中把区块链作为一项重点前沿技术，明确提出需加强区块链等新技术的创新、试验和应用，以实现抢占新一代信息技术主导权。目前，我国区块链技术持续创新，区块链产业初步形成，开始在供应链金融、征信、产品溯源、版权交易、数字身份、电子证据等领域快速应用，有望推动我国经济体系实现技术变革、组织变革和效率变革，为构建现代化经济体系做出重要贡献。

我国《"十三五"国家信息化规划》中两处提及"区块链"，强调加强区块链等新技术基础研发和前沿布局，构筑新赛场，先发主导优势。目前，我国正处于从"制造大国"提升到"制造强国"的发展阶段，国家对自主创新能力的培养及智能制造发展的重视达到前所未有的新高度，区块链+工业创新应运而生。

2. 区块链+工业创新是产业发展、新工业创新的需要

我国拥有全世界品类非常全的大工业体系，是名副其实的"制造大国"。在数字社会和时代即将到来之际，工业的重要性不但不会削减，反而会随着新技术+工业创新，重要性越来越突出。理解区块链赋能工业，就能对区块链+工业创新发展的本质有正确的认知，进而正确认识新工业。

二、区块链在工业上的创新思路与方向

区块链具有防伪造、防篡改、可追溯的技术特性，有利于解决制造业中的设备管理、数据共享、多方信任协作、安全保障等问题，对于提高工业生产效率、降低成本、提高供应链协同水平和效率，以及促进管理创新和业务创新具有重要作用。

1. 区块链在工业技术上的创新思路

（1）在网络设备互通互信方面的创新。从工业上来看，传统的工业网络需要大量设备，大量设备的费用消耗和通信量巨大。但区块链技术的出现可以解决传统工业网络的问题，在通信问题上，工业生产、采购和交易全记录在链上，可以解决不同设备之间的通信问题。

（2）在工业网络数据交易与高效流转方面的创新。在交易环节上，智能合约可以自动执行供应链的交易流程，大大提高经济运作效率。工业云、工业网络与区块链的有机融合，将会有效提高实体经济的运行效率，促进制造业的转型升级。例如，基于区块链技术研发供应链应用解决方案，能够解决供应链上存在的信息孤岛难题，释放核心企业信用到整个供应链条的多级供应商，提高全链条的融资效率，降低业务成本，丰富金融业务场景，从而提高整个供应链上资金运转效率。

（3）在工业网络企业间柔性制造、生产协作方面的创新。区块链可以使工业实现分布式制造；可以经由生产和质量数据的上链控制而实现生产的质量控制和制造成本降低；可以因为不可篡改和分布存储而保证在线数据的安全；可以实现因为工艺水平和维护情况被直接反应在链上，客户可以直接挑选而节省品牌推广成本等。所有这些可以实现工业的可信智能化，犹如身体消耗更少的能量，却能完成更多的工作，而且工艺更加精准、流程更加智慧。

2．区块链在工业营销上的创新思路

（1）工业产品可溯源，能在重塑品牌信用体系方面进行创新。目前，工业企业大部分依靠品牌主动的宣传和产品的优质体验来积累品牌信用。而这种方式的弊端在于不能提供具体直接的数据，从品牌到用户的传递过程中，产生了大量资源的浪费。

以往工业企业向用户销售优质的产品时，需要不厌其烦地跟用户去传递品牌的理念，花费巨额的广告费用将相关的品牌形象深入用户的心中，引导用户购买。运用区块链管理产品后，每个新产品都有自己的信息记录，并用分布式记账的方式存储在区块链平台上。它们将直接送达与企业合作的各种渠道，包括各种合作伙伴、代理商等。销售经理和购买者可以准确了解每个产品的各种生产参数和品质参数，这样就可以非常直观地向用户展现产品的质量，给品牌省下很多的宣传费用。

（2）工业产品广告透明性的增强与防作弊方式的创新。当前，数字营销，特别是广告领域最受人诟病的就是不透明性。巨头媒体不开放，广告代理公司等中间环节繁杂的利益关系已让广告主失去了信心。运用区块链，可以尝试打造基于区块链的受众和广告位购买，并使用智能合约来签订媒介购买合同。

重塑媒介购买后，理论上广告主可以直接与区块链上已注册的媒体签订购买合约，并圈选客户群。即使仍然使用广告代理公司，每笔交易甚至每次曝光均能够被记录在区块链上，极大地增强了透明性。广告主需要做出的改变是，购买这些项目发行的数字货币，以支付广告投放中的媒介费用。

广告反作弊战役从技术上来看是一个数据问题。判断一个广告是否作弊，需要充分了解这个广告的投放时间、设备特征、媒体信息、点击和转化特征等。这些信息都可以存储在区块链上，像物流一样被追踪。虽然要判断一个设备是否存在作弊行为、一个设备后的人是否为真的人，在数字世界里不存在绝对标准，但区块链可以辅助反作弊。

区块链作为一种不可更改的数据库，如果能够收集设备、网站、App更多的历史作弊可能性，并通过合适的机制进行共享，或许对整个广告行业反作弊事业来说，是很不错的资料档案。

（3）数据流通与数据变现所带来的营销方式和企业员工创业机会的创新。随着大数据的日益普及和工业网络、消费互联网的迅速发展，巨头通过整合、收购的方式来建立数据护城河，这也导致了巨头们之间的数据是无法通过共享流通的，这也就形成了所谓的数据孤岛。

在未来的数字社会里，工业网络中的企业间、供应链节点之间的数据共享、

数据交易及数字化营销,核心都是数据。数据对营销的作用不言而喻,从受众分析、精准定位、广告效果、反作弊,到产品改进、店铺选址等均有重要作用。

区块链技术通常与加密算法结合,作为一种去中心化的架构,高效地连接不同企业数据源。保护绝对的隐私和各企业利益,有悖互联网开放、流动的特性,抑制了营销更高效率、更大效果的发展。但区块链技术的发展将解决这个问题,迅速进入该领域。就隐私而言,区块链技术为用户提供了加密和保护数据的服务,用户甚至可以选择谁可以访问他们的信息。区块链驱动的数据市场也为数据所有者提供了按需求将数据选择性出售的方式,并为多方提供数据访问服务。

作为营销人员,比较容易切入的点,是为区块链企业提供广告营销、品牌公关等相关的第三方服务。区块链团队多为技术出身,缺乏推广经验和资源,那么寻找第三方服务机构来进行深度合作是大部分有实力的区块链企业接下来会重点考虑的事情,所以能提供营销专业化服务的机构会成为营销人员比较容易入场的创业机会。

3.区块链在工业管理上的创新思路

(1)区块链技术可帮助重资产的制造企业实现轻资产扩张。分布式智能生产网络中整个供应链上的交易流程全部由智能合约自动执行,可以解决工业生产中的账期不可控等问题,大幅提高经济运行效率。同时,区块链技术与数字化工厂技术结合,可以为每个物理世界的工业资产生成虚拟世界的"数字化双胞胎",并进行确权和流转,完成工业资产的数字化,帮助重资产的制造企业实现轻资产扩张。

(2)区块链技术可实现生产管理关系的高效协同,实现产品、资产、价值与管理的统筹。区块链技术通过多种信息化技术的集成重构,触发新型商业模式及管理思维,对于实现分散增强型生产关系的高效协同和管理,提供了供给侧结构性改革的创新思路和方法。

工业制造过程主要涉及"产品链—价值管理""价值链—业务管理""资产链—运营管理"三个过程。

① 产品链的主要目的是在更短的创新周期内推出更多样、更复杂的产品。区块链所带入的个体激励机制及协作共享可以使更多的设计者参与其中,有效的组织使工业设计更加快速。

② 价值链把供应链和制造有机结合以快速响应市场需求。区块链可以将供应链各个协作环节的商流、物流、信息流和资金流变得透明可信,从而提高整个生产过程组织的效率。

③ 资产链运营管理的目的主要是使工业产品在投产运营后可以更好地得到运营维护，提高用户黏性，延长有效使用寿命，直到报废回收。相似产品间或者同行间的数据互信共享将会大大提高整个产业的服务水平。区块链可以帮助商业网络更方便地管理共享的流程，基于区块链技术所构造的模型，商业网络中的各个参与主体之间可以更好地进行共享、互信及价值交换。

4. 区块链+工业创新的六个方向

（1）机器设备、人与企业之间的可信互通。为了实现机器设备、人与企业之间的可信互通，需要确保设备端产生、边缘侧计算、数据连接、云端储存分析、设计生产运营的全过程可信，从而触发上层的可信工业 4.0 应用、可信数据交换、合规监管等。

（2）可信数字身份。为了实现物理设备的数字孪生，除了传统设备标识，对于一些高价值的设备，还需要额外为每个设备配备一个物理级别的嵌入式的身份证书，并依次写入设备中，统一在设备出厂的时候，由国家级的设备身份认证中心颁发。所有由该设备产生的数据，在上传到云端的时候都需要由该设备的身份私钥进行签名。数据的使用方可以通过统一的工业 CA 中心来验证设备数据的身份。

（3）数据的安全保障。数据从设备端发送上来以后，经过网关、数据处理，存放在云端的账本里面。在这个过程中，数据可能被有意无意地篡改，这里需要有技术协议保障数据在进入账本前不会被篡改或者删除。

（4）工业分布式账本的形成与应用。针对工业应用特点的分布式账本，除了具有传统的难以篡改、共识、受限访问、智能合约等特点，还具备适应工业数据的账本查询能力，满足资产转移状态迁移的快速读写能力等，以达到快速溯源和资产交易的目的。

（5）可视化智能合约区块链服务通过拖拽的方式，让区块链联盟成员可以非常方便地设计相关参与者（人、设备、机构）的身份权限和规则，并且自动转化为相应的智能合约部署在区块链网络上，快速地生成协作工作的应用 App。

（6）基于可信数据的柔性监管，相关参与方的数据、过程和规则通过智能合约入链后，可以达到相关参与方的链上共享，包括跨链相关参与方的共享，实现可信共享、互惠互通。

监管机构以区块链节点的身份参与到区块链的工业网络中，合规科技监管机制以智能合约的软件程序形式介入产业联盟的区块链系统中，负责获取企业的可信生产和交易数据并进行合规性审查，通过大数据分析技术进行分析以把握整体工业行业的动态，相关参与方能以更加安全、可信、准入的方式分享数据、流程和规则。

同时，围绕工业安全，衍生出设备身份管理、设备注册管理、设备访问控制和设备状态管理的应用场景。当人、设备、机构都有了身份后，工业生产组织中就可以通过共识的智能合约及分布式账本来刻画组织相应的生产过程，使该过程更加透明，从而来提高生产组织的效率。

第二节　区块链+工业技术创新

区块链+工业创新在工业技术领域的创新，我们主要从工业生产、工业控制、工业安全及工业物联网四个方面进行阐述和分析。

一、区块链与工业生产

以客户需求为中心的市场飞速发展，为工业企业制造和服务带来了一系列新挑战。一方面，越来越多的订单在传统规模生产的基础上，增加了"单单不同"的差异化需求；另一方面，消费个性化的长尾效应推动"供给侧"生产组织模式由传统的集中控制型向分散增强型转变，即生产活动网络化、生产管理中心化。

1. 针对越来越多的差异化需求，区块链主要从两方面解决问题

一方面，工业生产线上的每个环节都是一种交易，用区块链技术把这种交易串联起来，形成一种在无中心状态下的多重安全机制，使交易变得可信、不可抵赖。在工业生产节点上，应用区块链技术对于质量的管控，包括交易的资金流、物流等，都是十分可靠的。

另一方面，区块链帮助工业设计快速发展。工业产品的设计涉及多个环节，这些环节之间由不同的参与主体所组成，其间的协作关系可能通过系统集成完成，或者通过传统的手工文件的方式完成，这些方式都会有意无意地导致一些错误和摩擦，从而降低协作设计的效率。区块链智能合约刻画协作的过程，使相关的文件上链全程透明、可溯源，从而提高协作效率。同时，对于一些可以由工业企业的外部设计者参与的设计项目，如零配件设计，完全可以组建一个更加开放

的设计联盟,通过一定的激励组织方式使外部的设计者更加积极地参与设计,从而提高整个设计的效率和质量。

2. 区块链促进工业分布式生产网络和智能生产的形成

区块链技术应用于工业的解决方案中,将供应链上下游企业生产运行过程中各参与方、各部门、各环节、产生的状态数据,以一致的、可信的方式写入区块链,生产过程监控通过区块链共享账本技术的赋能渗透分布式生产的各个环节,从区块链分布式账本中通过智能合约接口实现对供应链全过程状态数据的可信查询和追踪。

在区块链框架下,生产过程监控为上下游企业及企业内部各部门之间的统计信息一致性共享和访问控制可控提供了有力保障。基于区块链的分布式生产模式,能够更大程度降低供需关系的响应延迟,使生产厂商更靠近需求端。需求端的订单发布能够通过一致的智能合约方式来触发,从而减少了订单在需求方与各相关参与方之间来回确认的额外代价,也使各个生产环节中的参与方能够在获取一致的订单内容中,根据自身产能情况优化资源配置来更高效地完成生产任务。

通过分布式生产,订单的生产过程得以实现最大限度的并行化和自动化,从而提高了整体生产效率。并且,通过订单的全生命周期监控,需求方能够实时获取可信的来自各生产方的生产状态信息,如当前生产进度、物流配送情况等,需求方能获得更好的订单追踪溯源的体验,有望比大部分采用中心化的工业云技术效率更高、响应更快、能耗更低。生产中的跨组织数据互信全部通过区块链来完成,订单信息、操作信息和历史事务等全部记录在链上,分布式存储、不可篡改,所有产品的溯源和管理将更加安全便捷。

数字化工厂端采用中心化的工业云技术,而中间的订单信息传输和供应链清结算通过工业区块链和智能合约来完成,既保证了效率和成本,又兼顾了公平和安全。每种商品的数字化基因,全部通过智能合约与产业链上下游相连,终端用户的一个订单确认,会触发整个产业链的迅速响应,全流程可实现数据流动自动化,助推制造业的转型升级。

二、区块链与工业控制

1. 为工业设备终端提供可信身份认证

工业设备通过可信身份的私钥对该设备产生的数据进行签名和上链。数据的使用方可以通过分布式区块链联盟网络去验证设备数据的真实性。

构建基于区块链的设备身份管理体系，能够以区块链智能合约共识执行的方式建立个人实体身份到所拥有的终端设备身份之间的映射关系，以授权方式使设备端也能够验证请求方的身份是否具有访问权限，从而实现设备端与使用者之间的双向可信安全的可追溯验证。

2. 企业实现数据共享与柔性监管

区块链技术有助于各授权企业以访问可用的方式对链上其他企业开放，降低企业间信息共享的成本，解决信任问题，打通工业生产各环节的信息孤岛。同时，区块链技术可以确保数据权属，通过有偿使用方式，生态中企业可以更大范围地享受数据分析模型带来的价值。打通信息孤岛，实现产业上下游信息资源共享，将对企业把握市场动态，优化配置生产资源，避免产能过剩起到关键作用。

3. 工业物流效率的提高与改善

在工业物流各环节，如物流车、仓库、配送站点等部署区块链模组，实现联网互通，并进一步打通供应链全生产周期的自动化操作，使生产更加扁平化、定制化、智能化。利用 5G 等技术，可同时实现低时延网络实时上报数据（如温度、位置、图像等），并将数据签名可信上链，提供相应的智能合约作为查询接口，为前端应用展示可信的、安全的、全生命周期物流订单数据，实现协作方实时共享订单各环节的数据。这种全局的透明可见性，将大大提高工业物流中常见的多式联运协同效率。

三、区块链与工业安全

区块链技术在工业安全领域主要有以下几个方面的创新。

1. 生产管理系统的创新

生产管理系统专门针对企业和用户建立了一个高度灵活的个性化和数字化的产品与服务的生产模式，让企业日常管理所涉及的所有业务流程，即物流、资金流、信息流有效整合。实现企业各部门、各流程环节上的协调管理、相互制约、互相监督，确保各部门信息传递的畅通，有效避免信息孤岛的形成，减少企业重复劳动，提高管理效率，实现软性制造与个性化定制的结合。

2. 身份管理系统的创新

结合企业供应链协同关系与管理,从业人员的信息会被收集到管理系统的数据库内,包括姓名、联系方式及工作地点等,每个工作人员会通过特定账号或标记才会具有操作的权限。从业人员的操作及操作产生的数据将被储存到区块链,通过智能合约对员工的业绩进行统计,并防止对行为信息的恶意篡改,易于对供应链流程的查询和定责。

(1)接入控制。对大量工业设备产生的数据,尤其是在工业网络中进行数据源鉴权格外重要,这就需要设定不同协议下的数据接收服务。因此,每个物联网终端设备所产生的数据,均与区块链相结合,以防止设备的信息混乱和数据的篡改。对于在区块链上的设备信息和产生数据,可在所在链上进行检索。并且,可通过智能合约和标记,来区分不同协议、不同规则下的数据接收服务,有效控制流量、预防攻击,并提高接收数据的有效性。

(2)设备管理。工业设备端大量数据在工业网络中共享的同时,也产生大量的终端设备需要管理和维护。保障工业网络中设备的安全和正常运行,是工业网络得以正常运行和应用的基础。

目前,工业设备管理主要通过第三方云端管理平台进行。针对工业网络中终端设备的管理,许多优秀的云服务供应商均提供了物联网管理平台,对于物联网设备进行分级、分功能、分区域管理,对于物联网终端设备上传的数据也有直观的管理模型。此外,这些物联网管理平台均提供相应软件开发工具包(Software Development Kit,SDK)或应用程序接口,可直接登录设备端程序,实现自动上传数据。

对于采用移动通信方式的设备,相应运营商也均有对应的物联网管理平台,用来监控网络连接的强度、上行下行的速度和流量使用的统计等,可实现对设备端入网和数据量控制的管理。

(3)数据整理。对于设备端产生的大量数据,设备管理平台均有相应的数据收集平台,可对上传的数据进行直观展示和分类管理。同时,在终端也需要设计合理的设备运维框架,在物理层对数据进行有效分类和上传控制。

在数据管理上,将工业物联网与区块链相结合,有效保障了数据的安全与准确,在供应过程中可随时查询,防止数据在后期被篡改。

数据分析处理环节,可在云端直接依靠机器、大数据分析方法进行有效的分类和特征提取,产生需要的数据集和模式化的数据报表。

四、区块链与工业物联网

根据互联网数据中心统计报告预测，未来的物联网将实现 1000 亿台传感设备相连。如果由一个中心化服务器储存这么庞大的数据，那么如何解决信息安全跟节点信任会成为一个巨大的难题。区块链恰好可以在这个领域发挥作用，它采用去中心化的点对点通信模式，能够高效处理设备间的大量交易信息，显著降低安装维护大型数据中心的成本，同时还可以将计算和存储需求分散到组成物联网网络的各个设备中。这能有效地阻止网络中的任何单一节点或传输通道被黑客攻破，导致整个网络崩溃情况的发生，保护整个信息物理系统的安全。

不久的将来，信息物理系统上连接的设备数量将以数百亿台来计，它们会产生海量数据，并且要求实时通信，这会极大地增加传输成本。在区块链定义的规则下，设备被授权搜索它们自己的软件升级，确认对方的可信度，并且为资源和服务进行支付。机器可以通过区块链技术自动执行数字合约，而不再需要人为地甄别真伪，这使它们可以自我维持、自我服务，成为真正的智能设备。

随着以智能设备为基础的设施大量形成，"区块链+智能制造"快速崛起，区块链赋能智能制造产品研发与制造业商业模式创新，能有效解决产业中信任与效率问题，为用户带来新的价值体验。事实上，互联网时代是信息共享的时代，区块链时代是价值共享的时代。区块链去中心化的特点，有力支撑了"制造业服务化"和"产业共享经济"的升级，特别是基于区块链智能产品实现的数字价值通证的产出、流通和激励，可以有效推动制造业创新创业企业迅速跨越鸿沟、实现指数增长，形成以智能硬件为基础的新商业生态。同时，也有利于进一步促进资源的共享（如算力、硬盘、带宽），并将个人数据量化、价值化、资产化。

传统的"串行制造"模式，正在通过数字化工厂技术，变成"并行制造"模式。而工业区块链技术的应用，能够在多方协同生产、工业 4.0 数据安全、工业资产数字化等多个方面促进制造业的转型升级。基于工业物联网和工业 4.0 的分布式智能生产制造网络逐渐成为现实。这种全新的分布式智能制造模式，以用户创造为中心，使人人都有能力进行制造，参与到产品全生命周期当中，改变传统制造业模式。分布式智能生产网络使产品设计、生产制造由原来的以生产商为主导逐渐转向以消费者为主导，消费者能够更早、更准确地参与到产品设计和制造过程中。通过庞大的分布式网络对产品的不断完善，企业的产品更容易适应市场需求，并获得利润上的保证，企业的创新能力与研发实力均能获得大幅度提升，创新边界得以延伸。

智能设备间自动交易的能力会催生全新的商业模式，未来物联网中的每个设备都可以充当独立的商业主体，以较低的交易成本，与其他设备分享自己的能力和资源，如计算周期、带宽等。借助区块链技术赋能智能制造，将新零售和新制造有机结合，电商平台端和数字化工厂端采用中心化的工业云技术，而中间的订单信息传输和供应链清结算通过工业区块链和智能合约来完成，既保证了效率和成本，又兼顾了公平和安全。每种商品由数字化工厂提供，每个样品都有"数字化双胞胎"，并且这些"数字化双胞胎"全部通过智能合约与产业链上下游相连。同时，这会促使工业物理世界像数字世界一样个性化且高效地流动起来，给未来工业和商业的融合带来无限的想象空间。

区块链技术应用于工业物联网还有以下几个方面。

1. 工业物联网设备

工业物联网设备主要包括生产物联网设备、检测物联网设备、物流物联网设备、仓储物联网设备。在工业生产环境当中，工业物联网设备可应用于整套生产流程的管理监控，保障物流环节的高效准确，在仓储和物流环节对产品质量进行严格把关。

2. 生产物联网设备

生产物联网设备可以实现整套生产流程监控，制造流程中的物联网可以实现从原料制作过程到最终产品包装的全面生产线监控。这种对流程几乎实时的全面监控提供了建议操作调整的范围，能够更好地管理运营成本。此外，密切监控可以识别生产滞后，并消除废物和不必要的制品库存。与此同时，支持生产物联网设备的机器可以向制造商等合作伙伴或现场工程师传输操作信息，这将使运营管理人员和工厂负责人能够远程管理工厂单元并利用流程自动化和优化。此外，通过在产品或包装中使用生产物联网设备，制造商可以从多个客户那里了解产品的使用模式和处理方式。智能跟踪机制还可以跟踪运输过程中的产品劣化，以及天气、道路和其他环境变量对产品的影响。这将提供可用于重新设计产品和包装的建议，以便在客户体验和包装方面获得更好的表现。

3. 检测物联网设备

在产品质量方面，检测物联网设备从产品周期的各个阶段收集汇总产品数据和其他第三方数据。该数据涉及所用原料的组成、温度和工作环境、废物、运输等对最终产品的影响。此外，如果在最终产品中使用，物联网设备可以提供有关客户的产品使用体验数据，所有这些客户的使用数据稍后都可以进行分析，以识别和纠正产品质量问题。在生产环节中，在制造装备中使用检测物联网设备可实现基于状态的维护警报。有许多关键机床需要在特定温度和振动范围内运行，检测物联网设备可以主动监控机器并在设备偏离其规定参数时发出警报。通过确保机器的规定工作环境，制造商可以节约能源，降低成本，消除机器停机时间，并提高运营效率。

4. 物流物联网设备

物流物联网设备可以通过跟踪材料、设备和产品在供应链中的移动，来完成对实时供应链信息的访问。制造商能够收集交付信息并将其输入企业资源计划（Enterprise Resource Planning，ERP）系统或其他供应链协同关系与管理系统。通过将工厂与供应商连接起来，与供应链相关的所有各方都可以追踪材料流动和制造周期时间。这些数据将有助于制造商预测问题，减少库存和降低资本需求，从根本上优化现有供应链模型。

5. 仓储物联网设备

仓储物联网设备应用允许监控整个供应链中的所有事件。使用这些系统，可在项目层级上全局跟踪和跟踪库存，并通知用户任何与项目有关的重大偏差。这提供了库存的跨渠道可见性，并向管理人员提供对可用材料、制品和新材料到达时间的实际估计。最终，优化了供应链，降低了价值链中的共享成本。仓库及生产工厂的安全保障也是供应厂商最重视的问题之一，仓储物联网设备结合大数据分析可以提高工厂员工的整体安全保障系数，监控健康和安全的关键绩效指标，如受伤和疾病发生率、未遂事件、偶尔和长期缺勤、车辆事故，以及日常运营中的财产损坏或丢失。因此，仓储物联网设备的有效监控确保了更高的安全性，滞后指标（如果有的话）可以得到解决，健康、安全和环境问题能得到适当的补救。

第三节　区块链+工业营销创新

区块链+工业创新在工业营销领域的创新，我们以化妆品行业为例，主要从化妆品溯源平台构建、化妆品内容社区构建、化妆品数据交易平台构建，以及化妆品产品设计协作平台构建四个方面进行阐述和分析。

一、化妆品领域产品和解决方案

1. 化妆品溯源平台构建

巨大的利益空间和利润让化妆品行业成为假冒伪劣的重灾区。在代理经销的模式下，很难把控产品在市场的流通。不管是站在消费者的角度，还是站在化妆品企业的角度，遏制假冒产品泛滥、确保产品质量安全并塑造产品信任是化妆品行业必须解决的问题。

（1）现状。

① 化妆品溯源数据可被随意篡改，缺乏公信力。

② 化妆品供应链协同关系与管理不同，各方参与者形成信息孤岛，分散无序。

③ 商品出现问题后追责困难。

（2）解决方案。

① 产品质量应受到各个节点的监督。供应链的相关参与方把所有的商品信息记录到公有链上。所有节点通过共识机制进行信息确认，并获得通证奖励。

② 平台为企业构建从原料到终端消费者的商品全生命周期追溯系统。

③ 实时录入商品生产过程中各个环节的详细信息。

④ 对商品流向进行全程追踪，掌握商品流通细节，定向召回问题产品。

⑤ 在生产环节，每个产品都产生唯一的射频识别技术电子标签，每个节点贡献信息并获得通证奖励，规则由主节点制定。

⑥ 仓储、物流阶段，入库检验、存储位置和出库确认，每个环节都有相应的读写器，记录相应的信息。

⑦ 门店环节。每个门店作为一个主节点，记录产品的状态和信息，节点可以根据消费者的消费情况给予其相应的通证奖励，消费者也可以成为子节点，查询所有产品信息和账单数据，但是要支付一定的通证。

（3）通过区块链技术的创新融合，工业企业将获得的优势如下。

① 将全流程的关键业务数据上链，可有效提升产品防伪、防窜货等能力。

② 提高企业对供应链的掌控力，对问题化妆品可快速实现责任认定和商品召回。

③ 可以进行化妆品真伪鉴定，建立消费者对化妆品品质的信任。

④ 提高上下游企业协同能力和工作效率，有效避免人工错误。

（4）区块链+化妆品防伪溯源的实际价值。

原有的传统化妆品供应链领域，信息散落在化妆品供应商各家的自由系统中，流通环节存在信息重复验证、效率低下、信息消耗成本高等问题。

建立区块链+化妆品防伪溯源可对化妆品生产各环节的信息进行区块记录，保证信息真实可靠，不可篡改，从而保证化妆品全程信息可溯源，保障化妆品质量。

2. 化妆品内容社区构建

传统的化妆品营销在很大程度上无法准确满足消费者需求，投资回报率过低，消费者又时常担心隐私数据泄露，因此经常和企业站在对立面。化妆品内容社区可以很容易解决这个问题。

（1）现状。

① 消费场景逐渐由线下转移到线上。

② 消费者消费习惯倾向多样化，想寻找适合自己的化妆品，但很难分辨网络中信息的真伪，担心隐私信息泄露。

③ 企业获取和识别精准用户数据困难，且难以衡量营销投资回报率。

（2）解决方案。

① 在企业和消费者之间构建一个可保护数据隐私的化妆品内容社区。

② 企业通过通证激励机制，鼓励消费者分享用户体验，收集用户数据并进行精准分类，进行大数据分析洞察。

③ 分析用户数据，精准投放广告，连通个性化电商，进行产品销售。

④ 通过化妆品内容社区构建一个公开透明的化妆品分享内容平台。

⑤ 用户可在社区中发帖、发视频，社区将为分享内容的用户给予通证激励。

⑥ 当用户与其他用户互动时，同样可以获得通证激励。

⑦ 以上的用户行为均记载在区块链中，并进行加密、脱敏处理，企业可获得海量数据，但不会泄露用户的隐私信息。

⑧ 企业经过大数据分析，制定精准投放策略、电商销售策略。

（3）通过区块链技术的创新融合，工业企业将获得的优势如下。

① 用户可在化妆品内容社区中查阅可信真实的化妆品内容信息。

② 用户通过分享内容等行为获得收入，提高了用户黏性。

③ 企业可通过平台中消费者行为评估产品，打通内容社区和电商，拓宽销售渠道。

④ 企业通过分析用户数据，向更精准的用户进行营销内容推送，降低投放成本。

（4）区块链+化妆品内容社区的实际价值。

原有的化妆品企业用户数据分散，不易收集和分析，导致企业难以触达精准用户，浪费营销费用，投资回报率低下。

用区块链重建信任，依靠化妆品内容社区，完成了消费者和企业在消费者知情且自愿的前提下的信息有效流通。消费者将得益于内容产出、信息获取及贴心产品获取。企业得到了真实的用户数据，实现精准营销。

3. 化妆品数据交易平台构建

化妆品行业用户数据庞杂，企业大多无法满足于自身已有的用户数据，需要向外界购买数据。在数据交易过程中容易出现数据确权、数据隐私等问题，区块链的出现大大提高了数据交易的安全性和效率。

（1）现状。

① 数据交易过程中数据确权和权益保护难，用户隐私和数据价值被掠夺，数据质量无法保障。

② 中心化数据交易平台缺乏中立性，交易安全堪忧。

③ 数据交易暂未形成统一的技术和定价标准。

（2）解决方案。

① 建立去中心化的化妆品数据交易平台，实现点对点方式的交易。

② 购买的数据由数据提供方用数据购买方的公钥加密传输，只有购买方的私钥才能解密。

③ 用户的个人数据完全由用户所有，用户完全掌握私钥。

④ 平台上的数据签名唯一，如果数据购买方进行数据转售，收益会记入初始数据提供方。

⑤ 建立基于智能合约和社区共识的数据评分机制。

化妆品数据交易平台构建示意图如图 5.1 所示。

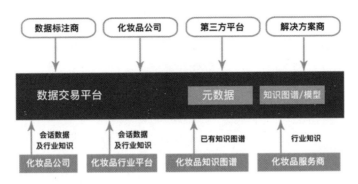

图 5.1 化妆品数据交易平台构建示意图

（3）通过区块链技术的创新融合，工业企业将获得的优势如下。

① 通过智能合约，数据透明且公开定价。

② 让化妆品数据交易每步操作都留下时间戳，准确记录数据产生、交换、转移的过程，保障数据安全和数据隐私。

③ 方便化妆品数据交易的确权、追溯、管理与访问使用。

4．化妆品产品设计协作平台构建

化妆品企业，尤其是龙头企业对于产品创意和设计，以及对于全球创意者、设计者都有需求。但由于信任机制，以及参与者隐私保护、竞业限制等，创意者、设计者与化妆品企业间的合作很难达成。

化妆品产品设计协作平台的构建，由企业发起产品创意和设计需求，并明确产品标准，放入区块链平台，写入智能合约。全球的参与者可通过平台，利用 KYC 认证机制，在满足匿名隐私保护需求的同时，参与创意和设计的协作或制作，完成后提交平台，根据智能合约预先设定的标准，由平台自动执行通证的发放。

同时，平台根据双方或多方的协作结果，以及互相反馈，生成平台的信用评价结果，供交易多方参考。

化妆品产品设计协作平台构建示意图如图 5.2 所示。

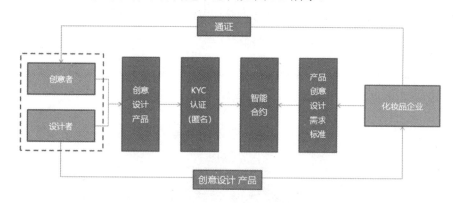

图 5.2　化妆品产品设计协作平台构建示意图

二、区块链技术给工业企业的数字营销带来创新

除上述化妆品行业的示例外，区块链技术还给工业企业的数字营销带来了三大创新。

1．开创机器信任的创新

区块链的核心优势在于通过数据的安全和透明建立起来的信任机制，以及这种信任机制带来的效率提升。从区块链技术的本质来看，其核心在于利用密码学原理，同时对数据库的结构进行创新，生成一个记录时间先后的、不可篡改的、分布式的、可信任的、安全性高的数据库。在营销过程中，不需要评估人与人之间的信任问题。区块链可解决信息追踪与防伪问题，能最大限度减少数据造假现象。区块链能在无须信任单个节点的同时创建整个网络的信任共识，给数字营销带来更高的信任度。目前，在电商平台上购买商品，商品比比皆是，但无法搞清楚这些商品的真伪。如果借助区块链技术，我们就可以准确验证一个公司的商品制造地；这种商品在哪个工厂、哪条生产线上生产；这种商品的材料是哪里来的等，这将大大提升公司的诚信度并且加快生产流程。

2018 年 11 月 21 日，全球首个区块链广告为古井贡酒广告成功上链。随着广告上链，古井贡酒也推动了白酒溯源应用，将白酒生产、销售、购买的各个节点上链，区块链的分布式、不可篡改的特性保证古井贡酒的货真价实。随着区块链应用的逐步推广，我国白酒市场也将朝着数据化、透明化迈进。

2．价值传递上的营销创新

区块链最大的优势之一就是它将数据的价值还给了营销的对象。许多公司都能够从消费者那里获取数据。从天猫等电商平台到携程等旅游服务平台，营销方千方百计获取消费者的电话、邮箱、住址等信息，并从消费者平常浏览的商品页面推测消费者的喜好和购买力水平等，从而有针对性地对消费者进行个性化营销。但是，从消费者的角度来看，这是一种信息入侵行为，意味着营销方可以通过获取，甚至出售他人的个人信息来谋取利益。

区块链正在改变这种状况，因为区块链可以消除公司从消费者那里获取数据的能力。例如，用户想要使用某个 App，就必须同意这个 App 有权获取他们的信息，使用过后用户的信息就会保留在 App 里，但是区块链去中心化的特点，让 App 无法保存用户的数据，在用户使用完 App 后，数据会立即返回给用户。这对于数字营销而言是革命性的，营销方将无法为了营销而窥探用户的数据，免费的数据抢购时代会结束。

3．智能合约在营销创新上的应用

区块链的智能合约是条款以计算机语言而非法律语言记录的智能合同。人类文明已经从身份社会进化到了契约社会,而区块链有望带领人类从契约社会过渡到智能合约的社会。因为区块链的存储模式就是去中心化节点的存储,所以大大降低了文件内容的不透明性。而且每个数据的存储是以数据链进行前后关联的,每次数据的关联性更强,数据追溯性更强。而以规范程序的形式完成的智能合约增强了合作双方关于合约的权益性保障。

比如,某款酒的营销,可在这款酒的供应链工作流程中,通过区块链技术增加供应链透明度。

(1)酒厂家首先将酒产品分给经销商,酒产品带有酒的商标设计和品牌设计的二维码。

(2)经销商把其中一部分酒产品转让给下一个经销商时,会附带产品二维码。

(3)若有人试图复制二维码,系统将会发现,并可以跟踪到复制者,并对侵犯商品权、造假者进行惩罚。

再比如,某公司尝试利用区块链技术开发创新的"区块链+合伙代理"的平台管理模式,颠覆传统的营销代理做法,以"合伙代理加盟的社交圈营销"创新社交电商的营销模式。基于区块链技术与微信营销、社群营销的特点,创建以消费者和代理商为核心的"线上与线下充分融合""线上线下一站式"的大数据服务的智慧销售共享平台,致力于打造生产商、代理商、消费者共享共赢的新零售智慧服务生态圈。

此外,在数字营销中利用区块链做传播,营销传播的成本将更加低廉。通常来说,营销人员需要通过很多中间人或者中间商发布广告,而区块链可以免去这些中间环节,建立一个从市场营销人员直接到用户的链条,用户可以在区块链中签署广告协议以接受喜欢的、有针对性的广告。这样,广告的投入成本可以直接流向用户,免去中间商的费用,大大降低营销传播的广告支出。

区块链作为当今具有颠覆性的技术,将引领新一代的营销革命,对数字营销行业造成颠覆性的、不可逆的改变,这不仅会对营销人员、消费者造成巨大的影响,还会对未来各种企业的营销造成巨大的影响。

第四节　区块链+工业管理创新

区块链+工业创新在工业管理领域的创新,主要从产业组织化、产品全生命周期管理控制、高效协作联盟、命运共同体、供应协作关系管理五个方面进行阐述和分析。

一、区块链技术促进组织间合作协同创新

19 世纪最典型的工业管理创新模式是企业；20 世纪最典型的工业管理创新模式是与外界充分交流的企业研究开发部门；21 世纪的工业管理创新模式则是网络化合作系统。像新型喷气式航空发动机、电子电话交换机、大型计算机系统等成套工程产品，均需要由上万个零件构成（如数控机床是集计算机、机械、电子、液压、气动、光学、检测等技术为一身的合成产品，必须通过组织间合作创新，最终产品制造者同零件生产商合作才能实现产品的升级）。

工业 4.0 基本实现了人、机、物的全面互联，是信息技术与工业技术深度融合的产物。区块链结合物联网设备，可从数据采集源头保证真实性；区块链的不可篡改性可以杜绝人为的恶意修改数据，保证数据真实可溯源；区块链能够实现让链上数据对符合条件的数据需求方透明可见。同时，可以利用人工智能进行数据分析与学习，优化软硬件性能。

分层共识架构等区块链技术提供高扩展性和跨链原子操作机制等设计，成为高性能、对上层应用友好、开放和可定制的区块链技术，可融合公有链、联盟链和私有链一起为工业 4.0 各层平台提供服务。在基本架构的层面上解决了现有其他区块链性能差、局限于交易导向、数据类型受限、去中心化不佳和价值孤岛等致命问题。

信用成本太高，导致产业链无法进行，多方协同生产当中一定需要区块链技术这个润滑剂。区块链+工业 4.0 包括多方协同生产、供应链清结算，以及工业资产数字化、数据安全与采集等方面。

在供应链清结算中，工业生产当中有欠账、三角债的问题，只要有一个人不付钱，后面的人就都收不到钱，供应链清结算未来由智能合约管理。工业生产当中有个特点，那就是工业企业普遍信息化水平都很低，所以要给这些工业企业提供结合数字化工厂技术的一整套智能合约，这些都是由不同的系统集成商开发的。这些合约，信息化水平比较低的工业企业也可以接入。

数据采集权属确定与可信身份鉴定、可信传输中的信源识别及智能边缘计算的信用激励机制等都可通过专有业务的独立子链来运行，并通过跨链引擎实现互操作。为了更灵活支持国密和商密标准，系统的加密算法模块将与其他结构采用弱耦合、可插拔的机制进行开发。

智能制造的基础"设备数据采集"，目前存在的数据所有权问题、数据完整性验证问题，都可以用区块链技术进行解决。区块链技术解决的这种工业 4.0 中的应用痛点，极有可能在设备数据采集（设备上云）领域和软件即服务（Software as a Service，SaaS）领域起到颠覆性的作用，而设备数据采集正是智能制造、工

业 4.0 和新制造的基础。

在设备数据采集领域中，区块链技术不仅可以解决数据所有性和安全性问题，还可以解决设备使用厂利用设备的运行行为向设备及周边制造厂商"挖取"设备的衍生价值（如服务、耗材等）问题、解决设备及设备周边制造厂商安全获取设备大数据问题、设备及周边制造厂商也解决了定向推送价值广告的问题。这些问题将伴随着区块链等技术应用在设备数据采集领域等方面，并将逐渐被解决。

大数据管理平台中以专有身份子链集实现统一的实名/匿名身份管理，进行鉴权和柔性监管，可对收集的各类数据的流转和访问鉴权通过智能合约进行管理，也可通过工业分布式账本的应用促进大数据分析成果的互信互享。

在各过程控制、追溯环节及供应链环节应用区块链技术，参与追溯的机构或部门都是分布式自治组织，且一切交易都是以智能合约的方式进行的，所有节点的数据透明且无法篡改，质量不达标者将被剔除出网络，进而极大地提高生产效率。

二、区块链技术可形成管理共享的可信体系

工业 4.0 管理需要在工业安全、生产信用、产品追溯、检验检测、质量标准和质量保险等方面实现所有信息可信、不可篡改、不可抵赖，全程可监控、可溯源，为行业和政府提供弱监管入口。其实施的技术层面上面临异构业务数据兼容、快速灵活适应业务定制、高性能、高可扩展性、低运维成本、高可靠性等挑战；业务层面上面临企业互联的激励机制平等互利、企业数据资产安全和权益保障、业务高定制度和快速变化的矛盾、管理高效和柔性监管权衡的挑战。

区块链技术通过并行计算与分布式数据存储的一致性保证数据的可靠性；通过分布式工作量证明算法提供区块数据安全性保障；通过系统共识脚本和子链自定义共识脚本的分层共识机制提供子链业务兼容性和灵活性支持；通过智能合约虚拟机运行智能合约；通过一定的锁定机制和跨链引擎实现跨链互操作等，增加工业网络中各节点、各企业的协作操作。

通过区块链技术形成管理共享可信体系，改革产业生产组织模式可以发挥巨大的潜力和效能。20 世纪 70 年代以来，西方发达国家的生产组织方式发生了某种根本性变革，其实质是通过寻求和应用战略联盟、外包、供应链协同关系与管理、虚拟和集群化等新的组织形式，提高资源的外部整合能力，以获取新的竞争优势。其中，企业网络化是对这一系列组织创新的理论概括。目前，以标准模块为基础的制造模式正在全球各产业迅速推开。近年来，世界研发组织"模块化外包"的趋势日益明显，仅在意大利都灵就有 100 多家专业汽车设计公司，世界多

家著名汽车巨头公司都与之有合作。工业发展到工业4.0时代，已经远远超出了生产制造本身，它更多地表现为企业在可能的最大生态影响范围内精准控制成本，按需、快速、个性化地完成定制生产，并逐步增强市场竞争能力。区块链技术将加快这种进程，尤其是在一定的区域或国家范围内。

上述的这种模块化主要分为两个层面：一个是基于产品制造层面的模块化，它造就了"柔性制造""成组加工"等生产方式的产生；另一个是基于产业价值链整合层面的模块化，它造就了标准模块化制造网络。区块链技术的出现，将这种模块化作为产业组织的一种更加全新的模式，置身于标准模块化制造网络中的企业可以形成双向动态的选择过程和多对多的产品生产格局，这使产业的"柔性"与"敏捷性"大大增加，使产品的创新速度倍增。

三、区块链技术与工业4.0将促进更多的工业网络中"命运共同体"的出现

区块链技术的应用将更有助于发挥工业4.0的高度协同、信息共享和平台资源整合与融合、柔性监管，进而使"细微化"生产单元之间的协作程度更快速、更精准，更好地实现快速生产组织、库存削减、物流联运、风险管控、质量控制等产业链上下游的生产协同和信息共享。面对产业生态的复杂化及多样化，平台内外的企业都能够积极参与进来，成为其中的"润滑剂"和"催化剂"。柔性监管使监管部门更容易以某种节点的身份获得审阅权限介入，非常方便地实施柔性监管。区块链技术应用于工业4.0，可以形成核心企业内（设计、生产、销售、服务、回收的上下游的数据共享价值链）、工业企业间（生产运维经验分享的价值链）、相关平台间的互信共享和价值交换。通过各类相关的数据可信共享来全面提高工业企业在网络化生产时代的设计、生产、销售和服务的水平。

目前，数字资产交易存在很大的问题，区块链技术将解决工业4.0中数字资产化、确权及相关交易互联的问题。

区块链技术保证在工业4.0的相关平台用户或企业生产链用户在产品安全、生产信用、产品追溯、检验检测、质量标准等方面的测试工艺过程及结果，实现所有信息可信、不可篡改，全程可监控、可溯源，在业务上满足平台用户互联的激励机制平等互利、数据资产安全和权益保障、业务和数据链的价值可传递、成果共享等要求，创建新型的"命运共同体"全程管理一体化和新模式。

四、区块链与供应链协同关系与管理的变革和创新

供应链协同关系与管理通过自身强大的数据驱动能力，能快速判断出需要使

用的原材料，进行合理的配料，同时也能跟踪好相应的生产进度，当产品生产好之后，对于库存和物流的跟踪也是比较到位的。而对于一些重要的订单，会进行科学的、有效的精细化管理，会制订相应的采购计划、定额收料、定额领料等，在最大限度确保订单进程的同时，也能控制好成本。

正如区块链可以用来保证公司内部工作流程的完整性一样，它也可以用于供应链。

在供应链协同关系与管理中，关键在于将企业内部供应链与外部的供应商和用户集成起来，形成一个集成化的供应链。而与供应商和用户建立良好的合作伙伴关系，即所谓的供应链合作关系，是集成化供应链协同关系与管理的关键。

为了适应供应链协同关系与管理的优化，必须从与生产产品有关的第一层供应商开始，环环相扣，直到货物到达最终用户手中，真正按链的特性改造企业业务流程，使企业在各个节点都具有处理物流和信息流的自组织和自适应能力。要形成贯穿供应链的分布数据库的信息集成，从而集中协调不同企业的关键数据。关键数据是指订货预测、库存状态、缺货情况、生产计划、运输安排、在途物资等数据。

通过采集供应链上供应商、生产商、分销商、零售商、最终客户等各种信息，实现供应链的分布数据库信息集成，达到共享采购订单的电子接收与发送、多位置库存控制、批量和系列号跟踪、周期盘点等。

公司可以利用区块链来消除交易纠纷，保证项目的共识。由于所有供应链参与者可以查看相同的分类账，因此对有形资产的所有权链没有任何误解。对于供应商来说，区块链获得的透明度远远超出了通常的预期。

区块链技术的贡献体现在信息存储方面。通过各参与方维护同一套多节点、分布式且具有访问控制能力的区块链网络来记录买方、卖方、物流方的物流状态信息，以实现可信、安全和可追溯的数据录入，和基于身份认证机制的访问控制下的数据共享。

各参与方将订单等信息的全生命周期查询功能按需实现为智能合约，在数据拥有方开放访问权限的情况下，通过调用智能合约接口，以身份可验证、访问可控的方式来实现可信可控的参与方之间的数据交换。

首先，通过引入区块链技术来实现供应链事务的多角度、多维度和多粒度可视化，能够避免供应链上下游参与方之间形成的信息孤岛和不对称。通过分布式记账方式避免供应链参与方的单点故障风险，保证了该框架下的供应链服务的健壮性。

其次，智能合约对单据数据进行入链的过程减少了对方信息录入不一致的情况，同时也降低了交易双方各自录入的交易数据被篡改的风险，从而在发生商业纠纷时能够从同一份账本中读取相关数据，为进行公平的仲裁提供了保障，并且提高了纠纷处理的效率，减少了核对的时间和人力成本。

再次，区块链技术通过基于身份的访问控制可以实现基于身份规则的数据可见性控制，监管机构能够通过合法身份调用各参与方的智能合约，获取与供应链上下游交易订单的全生命周期信息相关的宏观和微观视图，实现柔性监管。

最后，区块链去中心化的一致性账本实现了各参与方之间交易内容对相关参与方可见，同时又使其他处于该供应链的参与方能够通过保存不透露事务内容的摘要的方式，对事务的无篡改性进行鉴定，避免暗箱交易、虚假交易等风险。

在供应链金融方面，工业网络的核心龙头企业将不再作为核心节点来进行信贷关系的建立。运用区块链技术，可以使供应链网络上的各类企业，通过各种可信的交易数据与金融机构建立信任关系，金融融资成本形成普遍降低态势，信贷安全风险也会随之降低。

在品牌价值塑造方面，随着社会化营销的发展，消费者、厂家、经销商之间的互动更加频繁，通过消费行为、销售通道等数据的有效获取，品牌能够传递更多价值至消费者终端，品牌价值也能够得到良性提升。

在企业内部生产制造方面，运用区块链技术能够对企业制造资产进行数字化标识，同时运用资产上链等技术，实现企业在物流、生产、仓储等环节的优化。区块链技术的不可篡改等特性，与物联网等技术天然适配，能够进一步降低生产制造环节的数据收集制度约束对人的依赖，防止无效或偏差数据发生，更多地依靠机器采集的数据，可形成生产优化决策分析，实现机器信任体系的建立。

在消费者方面，区块链技术和工业 4.0 相关平台的综合运用，将有机会进一步满足消费者对产品追溯的需求。通过区块链技术的质量溯源手段、物流追踪手段，每个消费者都能准确地知晓产品从哪里来，到哪里去。工业 4.0 的平台化服务，则能为消费者提供从厂到端的个性化制造服务，基于个性数据提供更为精准的产品服务。

面向全价值网络的供应链协同关系与管理系统服务方案以创造客户价值为核心，构建供应商、客户、第三方物流、服务商等高效协同及资源共享的全价值网络的供应链系统生态体系，可通过线上标准化、平台化及智能化的供应链服务，实现价值链的有效传输，打造工业企业及合作伙伴共赢商链。

下面介绍几种供应链协同关系与管理的模型与案例。

1. 仓储物流管理

仓储物流管理是以物联网、云计算、大数据为技术支撑，以物流产业自动化为基础设施,以智能化业务运营、信息系辅助决策和相关核心配套资源为基础,通过流通各环节、各企业的信息系统交互集成,实现物流全过程可自动感知识别、可追踪溯源、可实时应对、可智能化决策的物流业务形态。云物流是物流业转型升级的必由之路,在一系列政策、技术、商业模式等背景的驱动下,其发展演变的主要过程由最粗放型的物流,到系统化物流,再到电子可视化物流,最终到云智能物流。

2．研发数据支持

研发数据支持能够为用户在云端访问和分析数据提供便利,支持收集并处理历史数据,为企业拓展市场及第三方托管提供数据支持。系统为大数据和数据分析领域搭建了一个平台,同时为技术型研究人员提供了强大的资料库。企业可将其与自己的应用集成,进而为企业带来更多宝贵的数据报告。无论用于何种场合,这些数据集均可在系统平台上获取。

3．产品生产模型

产品生产模型结合物联网设备,实时监控产品生产过程中的数据指标,如温度、湿度、用料及其他生产指标信息,运用大数据技术,将数据采集、预处理、统计、分析、挖掘,最终导出用户最关心的有效关键数据,并且结合区块链技术,将数据上链,保证数据安全、可靠、可信。

应用案例分析如下。

(1)在产品生产工厂,针对某款产品,进行每秒钟超过3000次的数据读取。通过这些数据分析,工厂管理人员可以提前知道哪些产品线出现了问题并有针对性地采取措施,避免产品生产出现问题。例如,机器过热导致产品线温度升高,管理人员可以及时发现并采取措施。

(2)在高成本用料产品生产过程中,针对某高成本用料,实时监控并收集数据,运用先进的人工智能算法预测用料的用时用量,从而实现人工智能自动化入料,节省人力成本,降低发生问题的风险。

(3)在产品生产完成阶段,对完成产品进行数据收集,通过人工智能算法(如图像识别)对比大量成功产品参数与设计参数,在产品完工瞬间完成产品质检过程。

4．产品流转模型

融合物联网与区块链技术,可对商品进行追踪和数据交换。识别追踪过程无须人为干预,可实现全自动化。系统通过分析代理商发货数据生成真实商品流向,并将流向数据自动上传至区块链,防止供应商修改。报告同时帮助企业快速盘点库存,记录商品进出库情况,提高补货效率,保证供应商仓库货品充足,提高商品转化率。

5. 供应链模型

供应链模型结合物联网设备,实时监控产品在运输供应阶段的一系列有效数据,如运输时长、节点停留时间、节点交接速率、节点流量等。运用先进的人工智能算法(寻路系统),找出用户最需要的、最有效的供应链以供选择。同时,模型能够提供供应链的可视化分析视图平台,帮助用户制定更科学、更合理的决策。

应用案例分析如下。

用户需要用冷库运输产品,整体运输时间不超过两周。通过模型分析进行筛选与预测,为用户提供多条符合标准的可供选择的供应链,并在发生突发情况时通知用户,为其选择新的路线。因此,用户不必担心运输中由于线路选择导致的问题。

6. 客户模型

客户模型结合物联网设备,对企业运营的全业务进行针对性的监控、预警、跟踪。客户模型在第一时间自动捕捉市场变化,再以最快捷的方式推送给指定负责人,使用户在最短时间获知市场行情。客户模型可以预测客户行为,发现行为趋势,并找出存在缺陷的环节,从而帮助公司及时采取措施,留住客户。同时,客户模型提供客户的可视化分析视图平台,帮助用户制定更科学、更合理的决策。

7. 风险管理模型

风险管理模型结合物联网设备,实时监控产品整个生命周期的任一时间点的所有数据。通过先进的人工智能算法监控并预测产品整个生命周期,降低整个过程的风险概率。

应用案例分析如下。

(1)在某产品的生产过程中,机床过热导致温度超标,模型及时发出警报通知管理人员,并对生产环境进行降温控制,成功阻止了产品报废的风险。

(2)在某产品的运输过程中,由于运输商没有按要求使用达标的冷库,产品未处在低温环境下,从而导致产品质量下降,甚至产品报废。风险管理模型记录实时温度与时间并联络用户，使用户可以第一时间掌握自己产品的现状。由于整个数据上链，数据无法被篡改覆盖，所以运输商无法作假或不承认过失，这便于之后追责。

最后，由于涉及场景较为复杂，我国区块链在工业领域，尤其是在制造业领域的应用和创新尚处于起步阶段。目前，区块链在工业领域落地还面临一些困难：①缺乏可规模化推广的区块链典型创新应用；②节点规模、性能、容错性三者之间难以平衡；③跨链系统互联仍存在障碍；④链上数据与链下信息一致性难以保障；⑤缺少统一的区块链技术应用标准；⑥网络基础设施还有待进一步完善。

如果用一句话来形容区块链+工业创新，那就是：区块链方兴未艾，工业创新大有可为。

区块链不仅仅是一项技术，"区块链+"也不仅仅是"技术+"，它们更是商业模式、组织形态，甚至思维方式的全方位变革。区块链+工业创新，将大数据、云计算、区块链、人工智能等新技术融合运用，充分发挥区块链在促进数据共享、优化业务流程、降低运营成本、提升协同效率、建设可信体系等方面的作用。借助由区块链重构的价值互联网，以及实体工业体系的工业智能化、效率化转型，带动我国工业体系发展和建设步入更高的阶段。

我国国内部分企业已经开始探索区块链在制造业、工业领域的应用落地，目前主要应用场景包括产品防伪溯源、产品全生命周期管理、供应链协同关系与管理、协同制造等。但是，从总体上看，由于涉及场景较为复杂，目前区块链在制造业、工业领域的应用还处于起步阶段。同时，面对多场景、多领域背景下的技术整合、商业再造，区块链+工业创新还有一段极具挑战性的路要走。

第六章

区块链+智能制造

全球经济已经进入供应链时代,企业与企业之间的竞争开始转化为企业所处的供应链与供应链之间的竞争。在智能制造的环境下,打造智慧、高效的供应链,是制造企业在市场竞争中获得优势的关键。智慧供应链的创新发展,将从根本上改变现代企业的运作方式,推动整个制造业重构与迭代。

第一节　区块链创新供应链

目前,智能制造成为制造业创新升级的突破口和主攻方向。随着生产、物流、信息等要素不断趋于智能化,整个制造业供应链也朝着更加智慧的方向迈进,成为制造企业实现智能制造的重要引擎,支撑企业打造核心竞争力。

一、传统供应链管理还存在着困境与挑战

1. 缺乏供应链管理战略意识和信任机制

一些中小企业对供应链管理认识不足,习惯各自为战,过于强化自身局部利益。除此之外,供应链管理活动大多局限在内部,供应链成员之间难以形成价值链,合作多为松散联系,缺乏有效协同和约束机制。

尽管供应链管理需要链上企业广泛合作,不过由于社会诚信体系建设尚不健全,链上企业间信任机制脆弱,只能依靠核心企业的权威进行强制管控,这样容易造成链上中小企业权益和自主权受限,抑制中小企业发展。另外,中小企业自身经营规模和能力有限,可信度较低,也增加了链上企业诚信管理的难度。

2．中小企业信息资源整合利用能力偏低，信息共享协作滞后

供应链运作过程是物流、商流和信息流的统一，涉及若干生产、运输、销售等企业及广大用户，具有跨地域、跨时空协作的特点，对信息共享依赖程度高，需要运用现代信息技术对供应链整合。但是，中小企业普遍信息化建设较为落后，互联互通性差，难以有效地实现信息交流共享和保障供应链系统流畅运作。

3．企业规模、多元化、市场覆盖扩大，造成供应链管理难度同步增加

如果供应链上下游跨度大（如美的集团涉及的上下游企业可能有几万家之多），核心企业对供应链整体管控的难度就会相应加大，进而造成效率下降和管理成本飙升。互联网时代催生了全球分工细化，产品生产供应周期呈现复杂化、碎片化、定制化、分散化的特点，供应链不断延长，链上企业不断增加，信息不对称导致无效成本和寻租投机乱象发生，传统供应链管理技术难以实现实时、高效和穿透。

4．信息追溯能力不足，虚假套利信息链上飞

由于供应链上的企业属于独立市场主体，企业之间只是发生买卖关系、利益关系，容易存在难以验证真伪的信息不对称，出现原料、零配件等供应品和终端产品价格失真，导致假冒伪劣商品冒头，甚至出现洗钱等非法活动。

5．链上实时、完整、有效、真实的数据获取和处理难度大

由于供应链上的企业只基于某种原料、某个零配件、某项服务等发生业务关系，企业之间信息系统彼此独立、分散，甚至可能因为商业机密的缘故导致系统之间不能互联互通，对原料、采购、生产、物流、销售等各种信息无法共享和统一处置，造成信息失真，大数据、长数据价值被闲置，导致交易、支付和审计成本增加。

智慧供应链已经是企业智能制造新的核心与关键点。目前，我国的供应链行业向智能、绿色、高效转型升级的干劲不可谓不大，然而供应链行业的转型大多各自为政，从自身的小系统、小领域出发。要想实现供应链行业的深度变革还需要多方协同合作，从供应链的角度出发，加大改革力度。

2017年，国务院办公厅《关于积极推进供应链创新与应用的指导意见》提出，研究利用区块链、人工智能等新兴技术，建立基于供应链的信用评价机制。这是国务院首次就供应链创新发展出台指导性文件，其立意高远，着眼于推动国

家经济社会发展，全面提升我国供应链发展水平，为智慧供应链的发展乃至智能制造指明方向。

二、区块链+供应链管理的五大意义和优势

1. 区块链信息难以篡改的特点，有利于供应链的防伪溯源

供应链运作通常都涉及若干利益方之间的合作。链条长了之后，无论是实物的质量损毁，还是信息的质量下降，难免会产生问题。因此，必须在必要的节点进行监控，以及在必要的时候进行追溯。但是监控和追溯的信息往往是缺失的，即使不缺失也存在被篡改或隐匿的可能。

因此，区块链信息难以篡改的特点就可以发挥很大的作用。一切信息都在链条中留待查证，如果有人故意输入了虚假的信息，也会被节点中各方接收到。这使造假成本变高了，因为造假证据将被永久记录。所以，区块链特别适合多方协作（如跨境交易等）中的信息防伪溯源。

2. 区块链各个节点的信息完全一致，可削弱供应链的"牛鞭效应"

"牛鞭效应"有很多成因，最关键的是信息的不对称。各级供应商因为不能看到全局的信息，只能根据相邻一级客户的情况进行需求预测。

在区块链中，因为所有节点存储的数据信息都是相同的，所以能够有效地消除信息不对称。最上游供应商和终端客户所看到的市场需求或库存水平完全一致，大家可以做出更加精准的全局判断，而不用在日常运作中加上过多的保险系数，这样可以有效地降低各级库存水平，从而降低供应链的成本和改善质量指标。库存水平低了可以减少对企业资金的占用，还能降低库存时间过长所带来的货物损毁风险。

3. 区块链节点的数据自动更新，有利于实现信息流的精益

精益生产的理念最初由日本汽车企业提出，目前已经扩展到物流运输、服务运作、研发管理等领域。精益管理有很多实用的工具，运用可视化工具可以识别出企业运作中的"浪费"（所有不为客户创造价值的操作），如多余的库存、不必要的运输环节等，并且相应地加以优化。精益管理的关键在于，要加快实物流和信息流的响应速度，让供应链真正"流"起来。

如果能够有效运用区块链技术，各个节点之间的信息实现同步更新，则有可能使供应链的响应速度达到最快。实物流的生产加工时间不可能无限压缩（由物

理特性决定），但是信息流所占用的时间可以接近于零。供应链响应速度快了之后，向客户的交付时间会变短，库存也会降低，从而库存货物的质量问题也会减少。所以，信息的自动更新对于成本、质量和交付都有好处。

4. 区块链的智能合约运作，可以减少相关的人力投入

智能合约的运作可以在每个节点内部自动生成新的数据。智能合约是一个计算机协议，可以用来数字化地验证和执行一个合同的内容。或者说，它是一个在计算机系统上存储的合约，在满足一定条件的情况下，可以被自动执行。

区块链因其信息难以被篡改、可供追溯的特点，特别适合在"信任缺失"情况下的金钱交易和信息交换，如跨境供应链运作。只要各方事先确认了货物通关的规则（写成计算机代码），就可以用算法来自动确认通关，而不必担心造假问题，因为造假的证据会永远被记录，被抓到则有被列入黑名单的风险。所以，智能的算法执行取代了纯人工的确认过程，可以有效地节省人力成本。

5. 区块链运作不需要中介参与，可以降低信任成本

区块链的这一点优势和上一点密切相关，只不过上一点主要说的是"无人化"，而这里说的是"去中介化"。

在传统的供应链运作中，我们为了解决信任问题，往往会在第三方平台上进行交易，如银行支付渠道、支付宝等，为此我们不得不向平台支付相应的费用，这就是所谓的信任成本。如果区块链本身可以消除我们的信任焦虑，则网络中任何两方都可以进行直接合作，做到"没有中间商赚差价"。

三、应用区块链技术于供应链管理的主要优势

1. 区块链可以提高透明度，并降低整个供应链的成本和风险

区块链能实现信息实时更新，消除第三方。区块链可以搭建一个包含供应商、制造商、分销商、零售商、物流等所有供应链环节的一个平台。在这个平台上所有企业结成联盟，将物流、信息流、资金流都记录在链条上，实时跟踪监管供应链所有动态，并实现协同化工作，使整个供应链达到透明化、可视化，每笔交易虽有多个参与者，但无须第三方中介机构，也能够查看相同的交易记录，验证身份并确认交易。

2．区块链可以打通信息孤岛，并链接数字信息构建智慧供应链

当前，制造业普遍存在信息不对称、资源不共享、互动不通畅、响应不迅速、交易费用高昂、企业自主核心技术较弱等问题，严重制约了制造业的发展。利用区块链技术，可以有效采集和分析原本在孤立的系统中存在的传感器和生产活动中产生的信息，帮助企业发现问题、追踪问题、解决问题、优化系统，提高生产制造过程的智能化管理水平。区块链使所有参与者共享交易整个周期的账本信息，过去模糊的信息现在都清晰可见。同时，区块链是分类账公开发行的，分类账是分散式的结构特点，任何一方都不拥有分类账的所有权，也不能按自己的意愿来随意操控数据。这就使对商品生产的全过程进行溯源变得十分容易。

当区块链结合供应链，利用区块链技术打造出的供应链信息平台将使供应链变得更加透明，更加容易实现大规模的数据协同、信息化协同。区块链+供应链优化前后对比如表 6.1 所示。

表 6.1　区块链+供应链优化前后对比

比较的内容	目前体验	优化后
数据收集方式	多种数据收集方式，点对点集成，格式不统一	统一使用分散式应用程序进行数据共享，区块链平台提供统一接口
数据实时性	手工上传，数据无实时性	业务发生时同步共享数据
数据准确性	需要人工校对数据	合约逻辑控制，增强准确性
数据可信度	中心化、可篡改、难追溯、数据不可信，需要引入对账环节	共识统一分布式账本，数据不可篡改，数据历史全程可追溯

总之，智能制造是一个比较宽泛的概念，应当包含智能制造技术和智能制造系统。通过人与智能机器的合作共事，去扩大、延伸和部分取代人类专家在制造过程中的脑力劳动，把制造自动化的概念更新，使柔性化、智能化和高度集成化具体展现出来。包括智慧供应链、人工智能、物联网、区块链等新技术在内，无一不在帮助制造业进行智能化升级。

第二节 区块链+供应链管理系统

一、项目技术路线的可行性

1. 供应链协同与区块链双链融合后解决了供应链协同的核心问题——信任、共享与高效协同

购买原材料、生产产品、管理库存、运输、贸易是广为人知的经济活动。随着复杂科技特别是信息技术的发展，经济活动在不断往数字化方向发展，以降低生产力成本、提高生产效率。如今，在以用户为中心的快速变化的全球化时代，公司不再仅仅依靠自身能力，而是开始与供应链上的伙伴协作以快速应对市场变化，提高竞争优势，构建供应链生态网络。

这种协同通常发生于存在长期合作关系的供应链主体之间，双方或多方基于彼此之间的信任关系进行信息共享，为各方主体的业务安排及操作带来便利，提高整个供应链的承载能力和运转效率，分享收益的同时共担风险。因此，信任是供应链协同的基础与前提，而供应链长链条、跨区域、高复杂度的特点决定了通过信息资源共享实现高透明度、高协同度的重要性。同时，信任与信息资源共享是协同目标制定与执行、激励机制安排、决策同步及协同绩效管理等具体协同实现的重要基础。

2. 区块链对于供应链协同的主要影响

几十年前，互联网成为一种史无前例的高度颠覆性技术，改变了以往信息传播的方式。信息数据化彻底改变了许多大型成熟企业的基础，商业互联网的广泛采用带来供应链信息与价值网络的重组。而区块链作为一种分布式记账技术，被认为是在互联网之上重塑生产关系的新技术革命。

区块链连接供应链协同各方主体。供应链主体地理位置分散，以及难以交互的管理系统，提高了协同的门槛和复杂度，极易导致供应链协同中的脱节。区块链作为分布式记账技术，天然契合供应链协同主体分散、复杂的特点，可以将供应链主体连接到一起，为协同实现提供高效的基础平台或工具。

区块链为供应链主体带来安全可靠的协同环境。区别于传统的基于中心化主体进行信息资源共享的协同管理模式，基于区块链的分布式记账技术可以极大提

高协同环境的安全性与可靠度，有效解决供应链协同中的网络攻击及不道德、欺诈等问题。同时，区块链的智能合约以代码形式存在，不仅可以实现合约条款的自动验证和自动执行，还可以在信任、时间、成本、效率、风险控制方面给供应链协同带来重要影响。

区块链强化供应链协同各方之间的信任关系。共享信息的可靠性及数据管理的安全性极大地影响了供应链协同的效率。区块链基于分布式、节点间账本数据共享、数据可追溯不可篡改等特点，带来基于可信数据的全新信任体系，为信息共享与协同合作提供了基础性信任工具，强化了供应链协同主体之间的信任关系。区块链不仅改变了传统供应链协同主体信息单向传递的模式，让信息的收集、验证、存储变得更加可信，而且在信息传递及使用上更加扁平，在信息共享上更加便利。对于多节点、高复杂度的供应链协同，区块链具有从信任基础到实现手段上的符合性，可以为供应链协同带来更高的信息透明度和可视度。

3. 现阶段区块链在供应链协同领域的主要应用方向

（1）数据共享与信息可视化。目前，供应链企业中心化系统（如 ERP 系统）只能在企业内部范围内管理供应链信息，无法有效收集、管理供应链链条产生的每份数据。而基于区块链建立统一供应链协同平台，可以分布式地记录产品在供应链中的流程，从原材料采购到最终产品销售的完整产品数字足迹，所有信息可以即时触达供应链网络中各方主体，而无须通过可能影响信息质量和透明度的中间方，为产品和供应链流程带来更高的可视性和可控度，避免信息错误传递和不必要协调。供应链协同伙伴可以及时发现问题，及时了解供应链网络运转情况，做出提高供应链协同效率的更好决策。同时，基于透明可视化的共享账本进行供应链流程的整合，可以进一步降低协同复杂度，优化决策同步流程，真正实现供应链协同绩效提高。

（2）去中介化与数据安全。区块链作为分布式共享账本，为去除复杂中间环节提供了基础。数据的完整性、一致性及可用性由整个网络保证，而非依赖中心化中介。区块链非常适合复杂流程中的协同，如国际贸易被认为是供应链实践中最复杂的环节，涉及工厂、内陆运输、港口码头、海关商检、承运人、发货人、收件人及保险公司、银行等大量的供应链利益相关者，大多数流程基于纸张单证，极易导致延迟，并极大阻碍了货物的流动。区块链可以帮助实现纸质文件的数字化，并在网络参与方之间实时建立点到点的共享记录。存储和共享的数据是防篡改且防操纵的，数据的安全与准确性由此得以保证，完整的交易历史通过各节点服务器存储且可以验证，从而去除了复杂的纸质单证的背靠背传输及不必要的沟通等中间环节，极大地提高了信息、资金、货物的协同流动效率。

（3）自动执行与高效协同。供应链的复杂度导致各环节出现错误与不一致的情况频繁发生，其中涉及单证问题、运输问题、价格条款及产品标准，且极难跟踪供应链协同各方达成的共同目标执行情况和任务进度。而基于区块链的智能合约可以实现条款自动验证和自动执行，判断基础是基于区块链上的公共记录，而非任何一方单独控制的数据，因此具备较高的可信度，并将极大提高协同效率。

供应链协同伙伴可以将激励机制、履约安排、风险指标侦测等转化为合约代码。当新的记录输入时，智能合约自动检测相关条款是否满足，如提单、装箱单、运单、收货证明上的各项数据一致性及合约条款符合度，进而触发对应的合约条款。而区块链与物联网结合，将进一步提高数据源的可靠性及数据收集效率。将区块链上记录的可信数据与 AI 结合，可以智能化跟踪库存、预测需求、检测供应链环境、预测风险，解决大量供应链协同问题，降低交易摩擦，提高协同效率。

二、区块链+供应链协同的应用创新

1. 区块链+供应链协同是专门建立的一条产品溯源链

利用区块链技术天然的防篡改、可溯源的特性，结合防伪标签技术提出了产品溯源防伪的区块链解决方案，构建多方确认、不可篡改的共享数据信息及全流程交易记录，提供消费者及监管部分查询验真和审计。同时对不同数据进行隔离共享，在保证企业数据的商业隐私前提下，建立透明高效的供应链协同。

传统的溯源系统一般都是使用中心化账本模式，由各个市场参与者分散孤立地记录和保存，容易造成数据不能互通的信息孤岛局面。在这一局面下，市场参与者为了维护各自利益，随时有可能篡改账本数据，产品追溯信息的真实性大打折扣，导致政府监管和追责困难重重。

因此，将区块链技术引入追溯体系，利用区块链去中心化的特点，解决产品追溯和流通方面的问题。供应链中各企业主体共同运营，链上资源共治共享，信息互联互通，各主体都可以参与补充和维护产品数据。

在实现数据共享的同时，区块链还可以通过数据加密、智能合约、通道数据隔离保护企业数据隐私及数据安全，实现产品追溯数据"谁产生，谁所有"，未经所有方授权，其他各方不得泄露。

区块链的追溯体系既有助于企业降本增效，又有助于各监管部门统筹协调，基于此，能够构建一个事前预防、事中控制、事后奖惩和随机抽查相结合的高效监管体系。

2. 将区块链技术引入供应链管理系统，同时与国家正在大力推动的工业互联网标识解析系统形成联动，符合国家政策方向与要求

在工业互联网标识解析对象中，企业应涵盖设计、采购、生产、销售、物流、售后等若干环节的应用系统和数据，可通过外部网关连接至工厂外部网络，实现工厂内系统的远程控制和管理。

企业应依据国家标准《智能制造 对象标识要求》（GB/T 37695—2019），注册全球唯一的标识节点，建立并维护应用标识解析系统，实现与通用标识解析系统的分层级联部署，通过接收通用标识解析系统发送的标识解析请求，实现对所查询标识对象的信息返回，完成标识解析过程。以下标识解析在企业生产及供应链各环节的应用中引入了区块链技术，可实现各环节信息的存证，以及使用评测、监控、警示、处理的功能。

（1）需求设计环节。在设计环节，CAD/CAE/CAPP/CAM 系统通常把产品图形文件、工艺路线、数控程序等工业设计对象信息发送至物资采购环节、生产环节和销售环节的 ERP、SCM/DNC/MES，以及个性化定制或电子商务平台系统中，因而需要在智能制造范畴内为各类工业设计对象进行标识解析应用。

（2）物资采购环节及供需智能匹配。在物资采购环节，采购物资可分为核心物料和非核心物料。核心物料应保证一物一码，非核心物料可进行批次赋码，制造企业在内部编码注册时应予以区分和明确。

供应商 SCM、WMS 系统基于标识解析体系，可从制造商 ERP、MES 系统中获取该供应商采购物资的单品（批次）编码，通过蚀刻、喷涂、标签粘贴等方式进行编码承载。供应商应维护本企业内部某一采购物资编码与制造商对该采购物资编码之间的关联关系，完成全球唯一标识节点注册。供应商还应维护该采购物资信息，供用户进行标识解析、查询。

（3）生产制造环节。在生产制造环节，制造商通过建设智能工厂或者提供智能设备租赁等方式，提供生产制造服务。

制造商通过使用标识解析系统，可实现以下几点。①能够为用户提供各类制造过程中的产品信息追溯。②实现智能工厂或设备各类工作状态参数的实时监测和远程运维管理。③在销售物流环节，用户登录制造商销售系统或电子商务平台，购买各类制造产品。用户识别制造产品所贴附的条码、二维码、RFID 等标识编码，连接至标识解析系统，获得该制造产品的销售、物流信息等。

（4）售后维修环节及智能运维。在售后维修环节，用户可选择通过制造商平台或第三方平台提交各类制造产品的维修申请服务，并通过进行产品标识解析查询，获取该产品的售后维修信息。

第三节 工业互联网+区块链平台架构

本案例基于工业互联网平台-区块链的供应链管理系统，是在 COSMOPlat 工业互联网平台的基础上，利用区块链技术搭建工业互联网-区块链 BaaS 平台，充分利用 BaaS 平台的基础资源构建供应链管理平台。供应链管理平台包括两大平台和一个接口设计平台。两大平台指区块链技术开发平台和运营平台，一个接口设计平台指管理平台接入设计。区块链 BaaS 平台是基础，为供应链管理平台提供资源、监控运维和部署管理。供应链管理平台是关键，其区块链技术开发平台和运营平台为两大支撑。区块链技术开发平台为供应链管理平台提供共识算法、数据管理及国密算法支持等链上数据的存储及管理服务，为供应链管理平台的分布式数据管理提供服务；运营平台为供应链中用户及开发者围绕工业研发定制的可持续生态建立奠定基础。基于工业互联网平台-区块链的供应链管理系统架构如图 6.1 所示。

图 6.1 基于工业互联网平台-区块链的供应链管理系统架构

区块链 BaaS 平台支持 ChainSQL、Fabric 和 Hyperchain 三种主流区块链底层框架，提供节点部署、资源管理、监控管理、运维管理和应用管理五方面的功能。用户或开发者可在平台上完成工业供应链管理平台的部署、监控、运维及资源管理的全流程管理，实现供应链管理平台的快速搭建、可视化监控和管理。

区块链技术开发平台包括国密算法、高效共识、有害信息处理、数据权限控制和穿透式查询检索五大模块。平台为用户提供了链上数据管理工具，方便使用，提高了工业供应链平台的研发效率。

运营平台包括用户及开发者社区和用户及开发者运营平台两个核心模块。开发者可在社区进行交流和学习，用户及开发者可在运营中心查看自己的运营情况，形成良好的工业供应链生态。

管理平台接入设计为平台应用提供数据标准化设计和轻量网关接入设计，实现工业供应链各主体数据的标准化接入及网关的快速接入，为供应链各主体接入提供便利。

本案例包括 BaaS 管理平台、区块链底层技术、供应链协同系统和开发者社区四大部分。

一、BaaS 管理平台

BaaS 管理平台为具备节点部署、资源管理、监控管理、运维管理和应用管理于一体的综合性管理平台，可实现业务系统的数据防篡改、数据可追溯，以及数据全生命周期的可审计性功能。区块链数据库在企业应用和底层数据库系统中间，通过将数据库的操作以交易的方式在区块链网络上达成共识，然后存储在区块链节点的链式账本和本地数据库上，实现多个数据中心同时提供服务功能，进而实现不同网络之间的信息共享关联。

BaaS 管理平台旨在构建高效、安全、智能、可扩展的企业级区块链架构体系，提供创新的一键部署、多链技术及多区块链框架支持，实现不同企业区块链网络的快速搭建、可视化维护、多链连接及扩展。同时，支持多模式 Docker、Kubernetes、Swarm、虚拟机的底层容器支撑，通过和企业现有 CA 系统平滑集成，为区块链网络提供可靠的接入安全认证，以及提供多业务信道和可编程链码调用资源，为业务运维提供定制化智能合约，方便应用业务系统的无缝接入，降低企业部署区块链成本的同时也方便业务系统的快速开发。工业互联网+区块链 BaaS 管理平台架构图如图 6.2 所示。

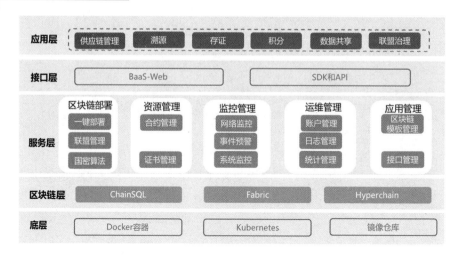

图 6.2　工业互联网+区块链 BaaS 管理平台架构图

1. BaaS 管理平台各层的具体结构内容

（1）底层。提供区块链框架部署环境，可使用 Docker 容器、Kubernetes、镜像仓库进行区块链节点的部署。支持对接 PaaS 云平台、IaaS 云平台及本地物理机等多种类型服务资源，实现对服务集群资源的灵活调度、弹性扩容。

（2）区块链层。支持部署多种区块链服务框架，如 ChainSQL、Fabric、Hyperchain 三种框架及区块链部署，给用户提供多样区块链选择。

（3）服务层。基于区块链层及 BaaS 服务，提供区块链部署、资源管理、监控管理、运维管理和应用管理。在区块链部署方面，平台提供一键部署区块链网络，联盟之间组网，在加密上支持国密算法，所有的接口具备开放性。在资源管理方面，提供智能合约的本地部署、在线部署、调用、在线编译、升级服务；对于区块链 CA 证书和用户证书提供兼容接入，可以直接安装已经封装开发的应用在区块链上，同时支持 SDK 的封装功能。在监控管理和运维管理方面，对于链上的数据进行实时预警处理，对链上信息进行可视化监控运维，对系统操作日志和节点日志进行分析审计，部署区块链节点的资源可以动态增删及灵活扩展。在应用管理方面，可以通过区块链模板实现不同接口管理。

（4）接口层。基于区块链服务层提供 BaaS-Web 平台连接接口，以及 SDK 和 API 接口。

（5）应用层。支持比较典型的应用场景，如供应链管理、溯源、存证、积分、数据共享及联盟治理业务场景。

（6）平台支持 ChainSQL、Fabric 和 Hyperchain 底层框架。

2. 平台总体技术路线

（1）平台对 Fabric 底层框架支持资源管理、区块链管理、组织管理、节点管理、通道管理、智能合约、接入管理和监控运维等功能。

资源管理指添加部署区块链节点的资源信息，可供全局使用；区块链管理指联盟发起方或联盟方网络创建 Fabric 框架，并对其进行管理的过程；组织管理指添加组织信息；节点管理指添加网络节点，并且启动后可添加组织节点并对其进行部署；通道管理支持创建不同的业务通道，对账本进行隔离；智能合约支持添加不同业务的合约，并对其进行部署、升级及调用；接入管理对申请加入联盟的成员通过生成身份信息或接入认证通过的身份信息的方式对成员的加入进行管理；监控运维为平台提供可视化展示链上区块、交易、通道、合约、节点信息，支持查询链上所有交易和区块详情信息，支持可视化展示网络拓扑图信息。

（2）平台对 ChainSQL 底层框架支持资源管理、区块链管理、节点管理、接入管理、日志管理和监控功能。

资源管理支持添加部署区块链节点资源信息，以供全局使用，包括合约管理和证书管理，支持合约的安装、部署、调用及升级。区块链管理针对基于 ChainSQL 底层框架的联盟发起或联盟方网络，并对搭建的网络进行管理。节点管理支持添加验证节点或非验证节点，联盟发起方必须添加 3 个验证且全量节点启动链，联盟方只需要启动节点加入即可共享账本，节点间为平等关系，不存在组织概念。接入管理对申请加入联盟链的联盟方生成密钥，并通过激活的方式，实现联盟方的加入。日志管理支持用户操作日志和系统日志的管理。监控功能支持可视化展示链上区块、交易、节点信息，并可进行可视化搜索；支持查询链上所有交易和区块详情信息；支持可视化监控各个节点的运行状态；支持对 TPS 信息进行监控，及时发现异常信息；支持事件预警；支持对节点、网络、交易及区块等异常信息的预警，及时对异常情况进行响应。

（3）平台对 Hyperchain 框架支持联盟创建、链监控、节点管理、资源管理、日志管理、系统预警、合约管理和监控管理等功能。

联盟创建为系统配置部署参数，在服务器启动节点、部署区块链网络下，完成 Hyperchain 联盟链的创建；链监控提供多维度的可视化监控，包括对节点运行状态、链上交易和资源占用情况等指标的监控；节点管理指支持机构内新增节点，区块链发起人一键部署新增节点，节点新增后同步所有区块；资源管理指展示区块链服务器资源信息和配置信息；日志管理支持日志实时查看和分析、日志下载；系统预警指对区块链、节点、资源、业务的异常情况进行捕捉并推送通知；

合约管理支持 Solidity 和 JAVA 智能合约的可视化管理，包括合约的创建、编辑、部署、更新；监控管理指提供交易数、节点数、最新交易和最新区块等信息查询。

二、区块链底层技术

区块链底层技术支持不同模块组件的直接插拔启用，具有保密性、灵活性、可扩展性。通过国密算法与共识算法机制维护系统数据的安全性与准确性；通过角色授权机制与身份认证机制，安全地实现用户管理与授权；通过共识验证机制可有效地识别系统内链上随机生成的有害信息，并能准确地对有害信息进行处理；通过权限管理控制可实现在权限级别内对链上数据的穿透式查询检索。区块链底层技术引擎以可插拔的形式提供多种类型的底层区块链技术平台支持，包括Hyperchain、ChainSQL、Fabric 等。

Hyperchain 联盟链平台针对企业、政府机构和产业联盟的区块链技术需求，提供企业级的区块链网络解决方案。支持企业基于现有云平台快速部署、扩展和配置管理区块链网络，对区块链网络的运行状态进行实时可视化监控，是符合China-Ledger 技术规范的区块链核心系统平台。Hyperchain 具有验证节点授权机制、多级加密机制、共识机制、图灵完备的高性能智能合约执行引擎、数据管理等核心特性，是一个功能完善、性能高效的联盟链基础技术平台。在面向企业和产业联盟需求的应用场景中，Hyperchain 能够为数字资产清算、数据可信存证和去中介交易等去中心化应用，提供优质的底层区块链支撑技术平台和便捷可靠的一体化解决方案。

1. 链上安全（国密算法、共识）

Hyperchain 采用了可插拔的加密机制，通过 ECDH 密钥协商技术对传输层数据加密，保证交换双方可以在不共享任何秘密的情况下协商出一个密钥，然后根据该密钥对称加密进行安全的网络数据传输通信。Hyperchain 通过椭圆曲线数字签名算法（ECDSA）或国密算法对交易进行签名，防止消息被恶意篡改。Hyperchain 实现了不同安全等级的哈希算法选项，安全等级由低到高分别为SHA2-256、SHA3-256、SHA2-384、SHA3-384，它们都可以保证为消息生成体积小、不可逆的数字指纹。

Fabric 支持国密算法 SM2、SM3、SM4，提供提交交易、背书签名、验证背书、生成区块和 TLS 等加解密功能。通过 SM2 非对称加密算法实现数据签名、验签和加解密对称密钥；通过 SM3 哈希密码算法实现数据摘要的生成；通过对称密钥 SM4 对称算法实现数据内容的加密；通过基于国密算法的 TLS 技术，提供验证身份、防止数据被窃取、验证数据完整性等功能，实现数据传输安全。

ChainSQL 支持国密算法，提供密钥管理、信息校对、操作加密与授权等加解密功能。通过 SM2 非对称加密算法实现密钥管理功能，包括密钥生成、密钥传输和签名认证；通过 SM3 哈希加密算法实现信息校对功能，有效防止数据篡改；通过 SM4 对称算法实现操作加密与授权功能，保证数据操作的安全。

2. 链上共识

Hyperchain 采用可插拔的共识机制，可以针对区块链的不同应用场景提供优化的共识算法。目前，Hyperchain 共识模块在实现了 PBFT 算法的改进版本高鲁棒性拜占庭容错（Robust Byzantine Fault-Tolerant，RBFT）算法之后，TPS 可达到 1 万笔，系统延时 300ms。该算法基于 Allen-Clement 等人在 2009 年提出的 Aardvark 算法进行改进，在保证 BFT 系统强一致性的前提下，提升了系统的整体交易吞吐能力及系统稳定性。除此之外，该算法还引入了原生高性能智能合约引擎沙箱 Solidity/Java、硬件加速 GPU/FPGA 和自适应共识机制，保证了 Hyperchain 的高性能。

Fabric 支持 PBFT 算法，独立为共识节点提供交易排序和共识服务，并基于此实现多通道结构。Fabric 设计了共识模块的接口，可以根据不同的业务调用不同的共识机制以满足实际应用需求，从而实现更为灵活的业务适应性，在业务隔离、安全性等方面支持更强的配置功能和策略管理功能，进一步增强系统的灵活性和适应性。

ChainSQL 支持 PPCA 共识机制，适用于私有链和联盟链，也可用于公有链架构，具有较高吞吐量、低区块生成时间和较高拜占庭容错等性能。区块的产生过程就是所有网络节点 PPCA 共识的过程，通过共识机制保证共性技术数据信息获取的完整性和真实性。

3. 链上授权（基于角色的底层区块链数据权限控制）

Hyperchain 采用的是基于 CA 的权限控制与准入机制，同时支持国密算法。Hyperchain 平台在国密算法标准下，利用 SM3 哈希加密算法对消息进行消息摘要，利用 SM2 非对称加密算法对消息进行签名。

Fabric 支持对系统的操作建立分角色授权体系，不同的角色对于系统的操作权限不同，需通过 PIN 码、系统用户名、系统口令和序列号的身份认证才可有对应的权限，从而保证了配置文件和日志文件的安全。

ChainSQL 支持对数据表操作建立权限体系，默认只有创建该表的用户才有此表的增删改查权限，不同用户之间对同一张表的具体操作权限由该表的创建者授予，并支持多次授权，重新授权会覆盖之前的权限。同时，用户在建表时可以对增删改查权限分别进行条件设置，只有满足条件的记录方可被操作。

4. 链上有害信息处理

Hyperchain 支持合约级别的有害信息处理，可以根据监管需要对有害信息进行逻辑屏蔽处理。

ChainSQL 支持对链上有害信息的验证机制，提供多节点共识有害信息，并对有害信息进行交叉验证，对链上的有害信息识别验证后进行处理，保护了链上数据信息的真实性和有效性。

5. 链上数据检索

Hyperchain 引入了一个专用于合约数据可视化的服务 Radar。Radar 能够在区块链正常运行的同时将区块链中合约的状态变量的信息导入关系型数据库中，使合约状态可视化、可监控。关系型数据库中的数据总是和已经提交到区块链中的数据保持最终一致性，实现穿透式数据查询。

此外，Radar 还支持合约的动态升级，在合约升级之后，用户只需要重新在 Radar 服务中重新绑定合约新的源码信息即可。但为了保证数据的完整性及连续性，被删除或者被替换掉的字段仍然会保留在关系型数据库中。

ChainSQL 支持在用户权限范围内，可对链上授权数据进行穿透式查询检索。在查询检索链上数据时并非通过多层级检索以及缓存下载数据库表才能查询详细数据，用户可直接获取并查询在链上的任何数据，以加快用户查询检索速度。

三、供应链协同系统

1. 供应链协同的目标

供应链协同的目标：在业务上，使供应链在满足客户实时变动的需求过程中，实现更准确、更快速、更优质的响应；在管理上，使供应链的运作更具可见性及自我调整性；在信息传递上，更准确、更实时、更具深度，最大便利地管理跨企业的运作。

协同整个模型的目标，就是从信息的事后反映，到事中可见，到及时响应，一直到最后的自我更正，最后上升至前驱的响应行为。

客户的信息需求决定软件架构的思考模式，我们可以归纳为三个层次的信息需求，即信息准确性需求、信息及时性需求、信息深度性需求。

供应链软件构架模型的目标就是要建立从信息的事后反映，到事中可见，到及时响应，一直到最后的自我更正的层阶结构。

供应链协同的三个层次模型图例如图 6.3 所示。

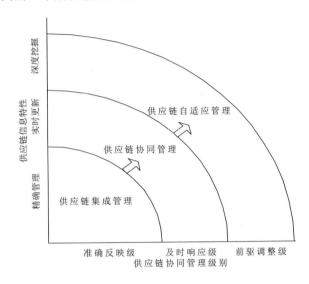

图 6.3　供应链协同的三个层次模型图例

1）准确反映级

（1）部门业务流程的准确反映。

（2）部门业务流程的可见反映。

（3）准确反馈、总结和统计分析。

此级别建立在使用者对信息准确性的需求基础上。

当商业实体关系变得彼此交错的时候，信息质量、可见反映是进行下面两个层次运作的必需条件。只有集成准确的信息反映才有可能进行及时的响应及自适应级的处理甚至预先处理。订单、计划、采购、库存，以及发运的可视性信息是整个供应链网络协同和监测的关键，关系型数据库、标准的 TCP/IP 协议、B/S 结构的管理软件、无线技术都能够很大地推动信息的准确反映。

2）及时响应级

（1）协同过程的可见性。

（2）事件的规则化实时响应。

此级别建立在使用者对信息及时性的需求基础上，打破了组织信息壁垒，信息能够准确地传达，供应链上的信息快速响应就是必要的进步，对过程中信息不断反映的事件状况是业务绩效的关键指标。

以订单（包含销售订单、采购订单及运输订单等的总称）为引导线索，跨不同业务职能部门的可视化管理，包括订单的预测和生成、订单计划和协调、订单的执行（采购指令、运输指令、出入库或收付款指令），一直到订单完成后的归集，同时包括在各个阶段的异常事件规则化响应和处理。异常事件主要有以下几种情况。

订单的中止：是指计划期间和执行过程中的中止，前者进行强行下达中止或者拒绝指令即可；后者进行冻结并记录相关处理。

拖期：由于内部制造、采购，或委外拖期及运输指令的延期执行造成，或因需求方的需求推后。

异常指令：包含处理退货、换货、赔款等异常情况。

非正常完成：执行过程中出现缺货、品次不够等情况。

3）前驱调整级

（1）协作关系的自动响应，同时提出前驱性风险信息。

（2）自我调整或更正响应。

此级别建立在使用者对信息深度的需求基础上。由于外部市场对业务的变动性影响之大，以至于基于长时间跨期、推式的生产规则变得难以生成必要的准确信息。管理变动性要求对必要的深度信息进行快速有效的传递，并要求跨越组织的界限，基于 Internet 的供应链管理、业务范围的扩展，跨越企业的边界，进而进入供应链网络伙伴的经营。

前驱调整级包含对业务流程的处理方式和规则，通过协调的、并行的、一致的执行，实现业务环节间的连锁响应。提供智能的处理响应办法，对于客户的需求进行 24 小时的实时响应，自动分析跨部门的资源约束，做出各部门协同指令。

协同机制建立在网络集市或移动商务的层次上，自适应是其主要特点。

2. 供应链协同系统定位和管理框架

从国内"863 计划"及自然科学基金研究结果来看，进一步地缩短供应链的响应时间是下一步竞争的主要途径和方法。在实现机制上面有着不同的阐述，包括协同的供应链网络、客户大量生产的模式等。就公司的开发及调研的结果来看，客户不但从时间的竞争上看经营，而且对于基本的各项经营指标极为重视，并且存在着对于各种类似于 ISO9000 系列认证的实际操作的要求（不是流于认证的形式和结果，而是切切实实地执行）。所以，供应链软件构架的核心思想应依靠协同思想，建立标准流程机制，体现客户快速反应的效果。

在现有的竞争模式下，以及我国用户信息需求的多重层次的情况下，可以考虑进行供应链在软件设计上的跨越式探索。

（1）反映我国现有的供应链运行模式（单一企业内部供应链和外部协同的共存）。

（2）引导用户协作模式的规范化（不规范协作流程的规范化）。

（3）导入先进的流程思想，进行吸收和改造（如协同式供应链库存管理、合作性策略模式等）。

供应链在协同供应链的设计上可以考虑"五角"的扩张思维，即首先实现内部供应链的高效协同和集成，其中包含计划、采购、制造、销售和服务五个角度的集成运作，帮助客户实现无缝的部门间协作，抛弃"甩过墙不管"的局部利益最大化、总体利益难优化的现象。建立有效的协同机制和实时监控体制，而后在此基础上建立协同中心的思想，总领整个内部供应链的集成和协同。

那么，顺延软件构架的未来发展趋势，必然将管理的触角延伸至企业外围。供应链协同体现在供应链的各个阶段上面和不同的层次基础上面，它涉及用户、分销商（区域分销和地区分销）、制造商、OEM、外协商、供应商和物流伙伴（3LP、4LP）多重关系的交易往复，以及彼此之间建立协同关系。但是对于跨企业的资源协同存在着实现的巨大难度。因此，有效建立供应协同平台就成为一个联系各个利益主体交流、可视的载体。

协同平台也随着供应链管理集成和信息需求的不断拓展而扩展，从企业内部走到企业外部，直至网络交互中心，所以供应链协同中心的概念和定位，就表现在企业内部协同的集中和优化之后，外部的共同协同平台的存在。协同中心在整个软件系统中必须是集成的、高于事务管理之上的信息中心和规划中心，同时更是供应链执行的枢纽与资源调配中心。此外，不同于纯粹的供应链规划和整体优化或高级排程，供应链协同中心注重实际的商业运作，主要包括监控产品收益增长和总收益、发运过程评价、订单执行速度、全球可视的库存水平、供应链流程集成等。所以，供应链协同中心在集成扩展企业内所有层次的预警机制基础上，前馈地报告供应链运作绩效，及时地便利底层协同业务的开展和快速响应。

3. 供应链协同的业务领域及职能

1）供应链协同过程管理及解决方法

供应链基本流程如图 6.4 所示，体现了供应链产品端到端的产品生命过程：

从需求最终到服务支持。这几个流程是彼此紧密结合且相互影响的,每个流程都对供应链协同有着不同的驱动和要求。

计划	采购	制造	销售	发运	服务
需求	采购 库存	制造 质检	订单 需求	物流 分销	服务 支持

图 6.4　供应链基本流程

供应链协同解决方法如表 6.2 所示。

表 6.2　供应链协同解决方法

功　能	关 注 行 业	市 场 压 力	协同解决方法
预测、计划、补给	制造、建筑、高科技、服装、医药、化工、零售、分销、仓储/运输	需求信息的不断变动,使系统内的信息很难进行及时通告和反馈 库存的积压 客户流失	协同计划和预测、补给,从而共享各级计划 共享预测信息 在共同建立预测的基础上建立共同承诺和风险分担 共享 PoS 需求信息和生产、库存信息 建立例外或者预警基础上的订单直接生成机制(自动化订单) 多伙伴之间的促销计划协同
设计	制造、建筑、高科技、服装	新产品上市的时间压力 质量成本及客户化配置必须全方面提升	协同新产品定义 最终顾客信息的直接收集 协同设计 企业之间的测试、质量信息的反馈 共享的、可视化的产品数据
采购/库存	制造、建筑、高科技、服装、医药、化工、零售、分销、仓储/运输、政府	由于交易伙伴之间的信息不畅导致的高额库存成本压力 供应商能力 质量、运输、成本的压力 库存可用量的压力	自动 RFQ(报价请求)及还盘机制 供应商绩效的评估、监控及建立记分卡机制 建立全球战略采购及网络采购职能部门 协同预测和供应商能力管理 建立供应商库存管理机制

续表

功　　能	关 注 行 业	市 场 压 力	协同解决方法
制造	制造、建筑、高科技、服装、医药、化工、零售、分销、仓储/运输	成本、质量、排产能力约束 低成本实现客户化 厂房等大型固定资产的资本成本 优化使用设备的需求 停工的高成本	委外加工（外包） 虚拟工厂的可视化（对于委外生产过程） 协同的供应能力管理 延迟制造的存在（以 ATO 订单组装代替 MTF 预测生产） 小批量制作
订单管理	制造、建筑、高科技、服装、医药、化工、零售、分销、仓储/运输、政府	客户实时订货的需求：客户能够实时查询、配置，确定商品可用量、订货，并能实时确定订单状态 产品、服务客户化 客户要求的快速处理的需求 交货期承诺 更高收益	客户下单，产品配置与订单下达 电子订货 供应链内部的实时 ATP 或者 CTP 订单的自动优化和决策 订单的全程管理 支持退货管理
分销渠道	服装、制造、高科技、零售、连锁	渠道管理的复杂性，多节点，多细分市场的特点	基于角色（批发商、分销商及零售商）的渠道管理门户 不同企业的共同促销计划
发运	制造、建筑、高科技、服装、医药、化工、零售、分销、仓储/运输、政府	客户承诺的准时实现 运输成本的压力 客户对全过程的参与要求 客户化大量生产和延迟的运作要求	在途库存状态可视 支持进出口 协同的运输计划和执行
服务/支持	制造、建筑、高科技、服装、医药、化工、零售、分销、仓储/运输、政府	客户服务的要求及时有效 24 小时的服务 整体解决方案的需求 端到端的服务 高效的服务可靠性	客户下单、对产品信息的介入、问题解决 在线支持 呼叫中心 生命周期管理
质量	制造、建筑、高科技、服装、医药、化工、零售、分销、仓储/运输、政府	高质量不再是竞争的优势而是根本 上市时间的缩短和成本的压力	及时完整地共享产品和服务质量信息 制造设计及伙伴的客户反馈信息共享 影响产品质量的流程绩效的共享 产品、流程、服务质量的补偿协同计划的制定

2）协同中心的角色

供应链管理协同中心提供工作流基础之上的实体部门运作的综合信息汇总分析，提供企业级的工作进度分析，并就供应链的运作进行多方面、多层次分析，包括关键多相关指标的综合显示、关键单项指标的多维度对比分析，同时向必要对象进行发布。协同中心在物理上是核心企业的决策信息提供者，在逻辑上是整个供应链信息加工中心、资金加工中心（扩展地看协同中心的功能，具有决策和智能的角色）。

3）业务领域

协同中心的存在，为供应链企业提供实体间信息共享建立基础，从全局角度出发，优化供应链中的物流、信息流和资金流，同时将供应商的供应商和用户的用户纳入供应链系统。业务领域包括以下内容。

（1）为决策者提供各种决策信息，其中包含各个职能部门的业务汇总、各个流程的处理分析、各种类型的事件及预警的综合分析、供应商与下游伙伴的资源及能力报告等。

（2）为供应链和核心企业提供供应链的整体优化策略，关注时间、质量、成本、服务的运行状态。

（3）分析预警节点和异常节点发生率及原因、瓶颈，并就单一触发引起的多个触发状态分析处理（从触发的角度进行供应链关联及原因分析）。

（4）进行企业级的考评，建立层阶的、相互联系的指标体系，为决策者进行深入剖析创造条件。

（5）重大业务的领导操作平台。

4）业务领域的功能

通过监控，决定行动的机制实现供应链执行管理，业务领域具有评测、监控、警示、模拟、处理的功能。

（1）从战略层次上监控、考核评价供应链运作的状况，属于核心组成部分。构筑供应链高级计划与排产（APS）框架，建立横跨供应链的资源优化系统。供应链协同中心密切注视业务进展状况和相关成本分析，通过供应链全程监控的技术实现方式，消除业务管理的盲点。

（2）提供并执行行业业绩考核标准，以对业务的改进提供有力的支持。关注供应链成本的构成与分析。供应链管理总成本包括物料采购成本、订单管理成本、库存持有成本、与供应链相关的财务和计划成本，以及供应链管理信息系统成本。订单管理成本和物料采购成本大约占整个供应链管理总成本的 2/3，订单管理成本与面向顾客的供应链端相关，而物料采购成本则与面向供货商的一端相关。由于这些成本表现在属于不同组织的供应链系统之间的接口点，所以它们构成整个供应链管理费用的一大部分也是合理的。在一个供应链中，与订单管理和物料采购成本几乎同样重要的是库存持有成本。通过供应链全程监控的技术实现方式，消除业务管理的盲点。这样企业供应链中的盲点不复存在，供应链透明度大大提高。

4. 供应链企业间协同创新

自经济全球化以来，我国企业就面临着不断扩大的全球竞争，创新能力成为影响企业竞争力的关键因素。经济形势的深刻变化，使创新的内容也必须发生变化。过去那种引进消化的创新模式已不能应对市场多样化的需要，而企业之间的"强强联合""弱弱联合""强弱联合"的协同创新模式成为当前创新的一个热点，并显示出了它的理论价值与实践价值，我们国家也适时将协同创新提高到战略的高度。

当前总体经济协同创新是如此，作为市场竞争一种非常重要的模式——供应链也是如此。有专家称当前经济的竞争就是供应链之间的竞争，在决定企业成败的创新方面，供应链要想在众多竞争对手中脱颖而出，其内部节点企业不仅要完成各自的创新任务，还必须团结、协作、互助，实行协同创新，从而达到"1+1+1+1+1>5"的高效创新结果。

供应链企业在协同创新的过程中，有一个十分关键的环节，那便是知识共享。有效而充分的知识共享，有利于知识互补、优化、重组，从而产生边缘知识或交叉知识，促进知识创新、技术创新、管理创新等创新行为的发生。在某种程度上，可以说知识共享就是协同创新的缩影或代名词，它在供应链企业间协同创新过程中处于举足轻重的地位。但现实中有一个不容忽视的问题，那就是供应链中供应商、制造商、销售商、物流运输商及客户等各节点极有可能发生消极共享、搭便车、利益分配不均等无视商业道德的行为，从而导致供应链企业间存在不信任的问题而不敢放开知识的共享，阻碍协同创新的发生。

构建基于知识共享的供应链企业协同创新模型对供应链企业间知识共享能否有效实现，基于此是否能促进协同创新进行了分析，并得出了以下结论。

（1）供应链中几乎所有的企业都希望自己可以不用付出、不担风险而坐享其成，从别处获得知识资源、获得收益。

（2）当供应链企业在协同创新中面临必须进行知识共享的正式场合时，总是犹豫再三，总是要充分考虑此次知识合作是否可靠、合作企业信誉是否良好、之前是否有过道德缺失的先例。若合作企业信誉不佳，则企业极有可能选择不进行知识共享，或者只将少数非核心知识共享出来，此时协同创新的可能性就小；若合作企业之前没有不良行为，由模型可知有效的知识共享是有利于企业利益的，此种情况下企业是极愿意进行知识共享的，进而有可能实现协同创新。

由此可见，供应链企业间协同创新之所以总是不能很顺利，原因是企业之间在进行知识共享时存在信任、道德规范及利益约束问题。为此，本书从知识共享角度针对促进供应链企业间的协同创新提出以下建议。

建立完善的供应链企业协同创新合作伙伴的评估选择机制。从源头上说，要规避知识共享过程中出现的不道德行为，选择的协同创新合作伙伴应当是有真诚意愿的。所以，供应链企业在协同创新之初评估合作伙伴的时候，可以先进行一段时间的试合作，以观察合作伙伴在人力、财力、物力及时间等方面的投入来了解其是否具有诚意，加强评估合作伙伴在其他协同或合作中的信誉表现。一般来说，信誉高的企业有不道德行为的可能性小，而对于信誉低的企业，与其进行协同创新要慎之又慎。通过这几个方面，尽可能地了解清楚该企业是否有意向进行善意的协同创新，从而加大协同创新的成功率。

建立供应链协同创新企业间知识共享激励机制。用成功的案例鼓励供应链企业进行充分的知识共享，表明在知识共享进行有效的情况下，协同创新成功的概率及收益状况；对进行了有效知识共享的企业，通过科学的方法鉴定其所共享知识的量有多少，对其进行相应的或更多的价值补偿；另外，在成功实现了协同创新的情形下，合理分配共有收益，也会刺激供应链企业在以后的协同创新合作中更完全地进行知识共享。

建立供应链协同创新企业间知识共享不利惩罚机制。当有供应链协同创新企业在知识共享过程中失信不共享自有知识或有所保留时，根据其相应所欠缺的知识共享量，进行加倍的惩罚。另外，可以建立一个声誉信息记录系统，一旦企业在协同创新时出现知识共享不道德的情况，就将其记录到声誉信息记录系统，使所有企业与个人均能查询及访问其劣迹，使其在以后的发展和合作中步履艰难，甚至遭到业界的谴责与唾弃，使其承受巨大的无形损失，以此来警戒所有未失信的企业及震慑所有有机会主义行为倾向的企业。

建立供应链协同创新企业进行知识共享的技术平台。知识共享需要一定的技术支持。随着计算机技术和网络技术的发展，数据仓库、文件管理系统、数据挖掘、网络技术、群件技术、计算机支持的协同工作等众多的技术都被应用到供应链协同创新企业间的知识共享中来，为供应链企业进行有效充分的知识共享进而协同创新提供方便、快捷的平台及充分的技术支持。

5. 基于工业互联网平台+区块链的供应链管理整体架构

基于区块链的供应链协同还处于早期探索阶段，并未形成统一、公认和经过实践检验的应用架构，仍存在着多样性。根据链和应用的对应关系不同，可以分为三类，即单链单应用架构、单链多应用架构、多链多应用架构。根据运营主体、协同方式不同，可以分为核心企业主导架构、第三方平台架构、联盟式协同架构。

1）单链单应用架构

单链单应用架构通过供应链协同的重要参与方共同提供区块链节点、组建许可链（联盟链），提供分布式共享账本，而上层的应用仍为单一应用。在这种架构下，供应链的各个参与方实际上仍在同一个应用系统中完成操作；区块链起到分布式、可信数据和操作存证的作用。

2）单链多应用架构

单链多应用架构与单链单应用架构仍然通过参与方共同组建区块链网络，但根据参与方的角色不同，提供不同的应用系统供用户使用。不同参与方在各自的应用中操作，写入自己的区块链节点，通过区块链网络的共识机制，实现数据共享。在这种架构下，区块链除了分布式、可信数据和操作存证，还提供了多方数据基于区块链的数据共享能力。同时，还允许参与方改造企业现有信息系统，与区块链网络对接，实现用户在企业内部系统操作、与外部其他企业的业务协同。

3）多链多应用架构

多链多应用架构是最为复杂的一种情况。在供应链生态中，不同参与方分别参与到不同的区块链网络中，某些参与方同时参与多个区块链网络，不同区块链网络之间通过跨链交换和共享数据，从而实现更大范围的数据共享和基于数据的业务协同。在这种架构下，不同参与方多采用不同的业务应用。多链模式的出现是由于不同参与方所参与的供应链不完全相同，不同供应链的参与方由于数据隔离、业务协调等问题难以构建一个单一网络。

四、开发者社区

针对开发者，对应的社区服务是必备的，那为什么社区服务对于开发者而言是必备的呢？学程序开发的人员都知道，当我们去开发一个项目时是需要学习很多技术的。比如需要上一个服务器搭建体系，当某个社区提供资料教学如何直接在服务器上搭建，那么这个时候开发者往往就会选择这个开发者社区，而不是选择未提供相关资料的社区。因此，一个面向开发者提供的社区服务质量高低会直接影响到这个产品的竞争力。

供应链区块链开发者社区，是为了让更多人更好地参与到供应链区块链产品生态中，所以供应链区块链开发者社区的目的是尽量提供官方所能提供的资源，来更好地支持和培养供应链区块链参与者。供应链区块链开发者社区作为基础设施，提供给开发者信息资源及获取信息能力；作为社区平台，其连接各方角色并降低他们之间的合作成本和壁垒。供应链区块链开发者社区规划如图 6.5 所示。

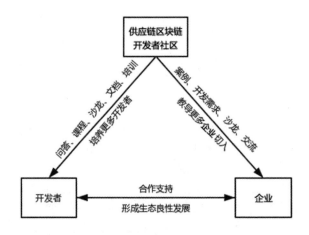

图 6.5　供应链区块链开发者社区规划

供应链区块链开发者社区的整体功能包括文档管理、用户管理、论坛、培训认证、问答、帮助服务，并为开发者提供交流学习平台，提升开发者的专业技能水平，如图 6.6 所示。

图 6.6　供应链区块链开发者社区的整体功能

供应链区块链开发者社区运营平台包括身份认证、在线客服、需求管理、企业配置、合作伙伴、用户设置、内容审核、账户查封等服务，提升用户或开发者的活跃度，过滤无用的内容。

第四节 区块链+智能制造发展趋势

在工业制造中,上下游企业在业务合作流转过程中存在生产数据与订单数据采集、共享和查询中的安全性、实时性和便捷性问题。结合区块链分布式、可溯源的特性,使用物联网设备在生产制造、线上签约、产品设计、制造、交付等环节实现各关系方的协作同步及数据透明化,为双方在合作中互相增信,同时提高工作效率。

区块链在行业应用中有其自身的价值:为企业的渠道商提供了统一的数据共享方式和统一的数据接口方案,操作方便,可扩展性强,能保证交易数据在业务发生时实时上链共享,提高数据实时性。并且,此方案结合了区块链的数据可追溯性、不可篡改性,用来保证每件商品在渠道销售全程可追溯,提高数据的准确性,减少后期的人工校对数据,同时结合共识特性,保证各节点账本一致性,以减少财务结算前的对账环节。

由于渠道销售过程中存在各种敏感信息,此方案也利用了区块链平台的隐私保护的特性,对敏感、隐私数据进行加密保护,在实现数据共享、高效协同的同时,保护各参与方的隐私安全。

区块链技术的引入实现了代工厂、企业及供应商三方实时信息共享,增强了整体业务流程的透明度,降低了供应链各参与方发生业务纠纷的风险,实现业务流程自动化运转,进而提高整体供应链的运营效率,实现多方协同共赢。同时,区块链技术的优化省略了中间人的参与,实现了多方数据实时共享传递,提升了效率,并降低了运营成本,开启了供应链协同网络向联盟化、生态化迈进的进程。

(1)数据确权。由于区块链的分布式账本特性,各个参与者同时记录、共享账本数据。在供应链信息流中使用区块链技术,可使信息在上下游企业之间公开。由此,需求变动等信息可实时反映给链上的各个主体。

(2)多方共识的分布式存储使数据更加透明化,使企业与企业在交易过程中互相增信,在没有第三方或政府机构做背书的情况下也能够协同合作,减少因信任问题造成成本增加的问题。

(3)联盟内统一的交易信息存储和达成共识的智能合约,实现产品在各个流程过程中的信息数据标准化、规范化,便于整个供应链的管理。

(4)平台中的业务数据一经上链便不可篡改,结合区块链一溯到底的特性,同时结合相应的时间戳，实现产品在合同流程、产品生产、物流等业务中数据可追溯、履约等各业务数据节点的跟进。加强用户之间的相互信任，在出现问题时可及时追溯参与各方的履约责任关系。

（5）增强协作信任关系，降低上下游企业间的信任成本。结合区块链技术，供应链上下游企业之间的交易信息流都运行在区块链上，区块链不可篡改的特性保证了信息流的真实有效，解决了危化品供应链流程中数据流程信息数据不可信、多方不信任的问题。具体如下：①帮助生产商进行供应链管理，提供包括建立商品数字身份、生命周期数据管理等功能；②帮助生产商进行内部流程优化，使各个业务部门进行实时数据互通共享；③生产商供应链中的合作伙伴，通过扫码向商品的数字身份中添加签名信息；④提供物联网设备数据接入功能，允许认证后的物联网设备自动进行数据签名、数据上传。

以上海持云企业管理有限公司为例，上海持云企业管理有限公司是一家集互联网、物联网、云计算、区块链等技术于一体的创新型科技企业。

2008年起，上海持云企业管理有限公司从制造业管理者的角度、以IT架构师的身份，经过自有实体产业检验并优化，改造传统ERP，从PLM到SCM到MES到APS到BI，实现全面打通的制造业SaaS云应用——乐管理平台。从信息化、网络化、数字化入手，为企业提供基于开放式云架构、一站式集成、低成本、易用、实用的管理平台，以及智能工厂综合解决方案。

现在，乐管理平台的销售出库数据系统通过上海域乎信息技术有限公司的一键上链服务器提供的API，上传数据到蚂蚁的合约链上，调用链上原生存证接口进行存储，返回哈希后再通过上链服务器转发，显示在乐管理系统中。该系统通过此方式和区块链进行通信，接下来，还会增加链上数据查询、权限控制等功能模块。这样可以实现多相关方关键信息实时同步，实现供应链关键要素上链存证。运用了区块链技术的乐管理平台的车间看板如图6.7所示。

基于工业互联网+区块链的分布式生产管理平台，可通过将供应链上下游企业生产运行过程中各参与方、各部门、各环节产生的状态数据，以一致的、可信的方式写入区块链，生产过程监控通过区块链共享账本技术的赋能渗透到生产的各个环节，从区块链分布式账本中通过智能合约接口实现对供应链全过程状态数据的可信查询和追踪。

在工业互联网+区块链框架下，生产过程监控为上下游企业及企业内部各部门之间的统计信息一致性共享和访问控制可控提供了有力保障。基于区块链的生产模式，能够在很大程度上降低供需关系的响应延迟，使生产商更靠近需求端，需求端的订单发布能够通过一致的智能合约方式来触发，从而减少了订单在需求方与各相关参与方之间来回确认的额外代价，也使各个生产环节中的参与方能够在获取一致的订单内容中，根据自身产能情况优化资源配置以便更高效地完成生产任务。

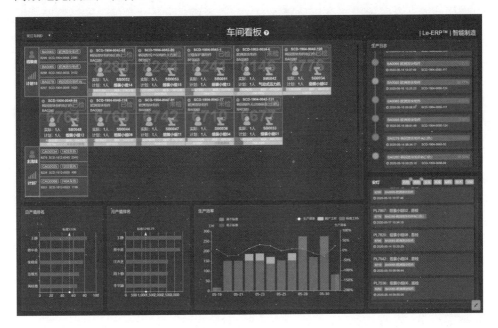

图 6.7　运用了区块链技术的乐管理平台的车间看板

从实施的效果来看，通过分布式生产，订单的生产过程得以实现最大限度的并行化和自动化，从而加快了整体生产效率。并且通过订单的全生命周期监控，需求方能够实时获取可信的来自各生产方的生产状态信息，如当前生产进度、物流配送情况等，使需求方获得更好的订单追踪溯源的体验。

通过区块链提供智能合约查询接口来查询各生产商可公开的聚集信息，能够使需求提供方第一时间选择更可靠的生产承接方，从而保护需求提供方的根本利益，规避潜在的订单交付风险。

展望未来，区块链作为第四次工业革命的核心技术之一，正在开启一个全新的商业领域。当各大企业纷纷投身区块链业务，并先后在供应链协同、工业产品追溯等领域进行落地，这预示着区块链技术已经进入了快速发展时期，而区块链被广大企业正确认识的同时，也是区块链落地阶段的开始。日益成熟的区块链技术，包括加密技术、密钥存储、隐私保护、共识协议等技术也让算法安全性、协议安全性、实用安全性、实现安全性和系统安全性得到整体加强，隐私保护技术的增强使信息在供应链各参与方中得以安全传递，提升数据和信息可信度。而区块链在供应链协同领域思维模式的发展也逐步被实践者捕捉到，越来越多的实践者意识到，现阶段的重要突破口将集中在区块链协同生态化、联盟化。实现创新思维模式的变革，积极共享信息和资源，打造价值共同体，实现供应链协同领域各方协同互惠共赢，最终实现长期收益。

此外，供应链的发展已经逐步向智能化、数字化转型。区块链、人工智能和物联网等先进技术正在赋能供应链。其中，区块链技术在供应链协同领域的多方协同、可信加密的特点，成为供应链升级转型的必要技术支撑。同时，区块链技术和 5G、人工智能、物联网技术相结合，给供应链协同领域带来的颠覆性影响也是不可估量的，而这些技术的融合，必将改变供应链协同领域价值传递的方式。

未来，5G 网络大范围商业化应用后可以大幅提升数据传输速度，减少网络拥堵，为更多供应链协同应用场景的落地提供坚实的基础。物联网技术进一步发展后，链下数据的观测、采集、处理、传输、更新都将实现自动化，真实性和准确性都将得到有力保证，从而推动区块链在供应链协同领域的应用场景得到扩展，进一步助力企业完成供应链智能升级、数字转型，推动行业供应链协同发展。未来 3～5 年，随着区块链技术的成熟，区块链将成为城市、产业新的 IT 基础设施。"区块链+智能制造""区块链+物流"等"区块链+"产业形态将成为下一阶段业务发展的主要形态，即形成以信任为中心"协作、共赢"的产业协同业务模式。

第七章

区块链+物流

物流是国民经济发展的动脉，是我国第三产业中生产性服务业的重要组成部分。改革开放以来，我国物流业发展势头迅猛，成为世界上物流市场规模较大的国家。近年来，物流业由追求速度与规模增长逐渐转变为追求效益质量增长，加快行业转型与业务升级，而实现传统物流向现代物流转变的核心正是技术创新。区块链被认为是可广泛应用的前沿技术，将区块链技术应用于物流业，不仅能够弥补物流业在信息技术、物资安全、运作自动化等方面的不足，还能积极推动区块链技术在产品生产与物流追溯、供应链信息传递与共享、电子运单与智能合约等领域的应用创新。

第一节　区块链创新物流发展

一、物流业发展迅速

物流业由运输业、仓储业、通信业、配送业等多种产业整合而成。改革开放以来，我国已经成为全球极具影响力的物流大国。根据中华人民共和国商务部统计，2018 年我国社会物流总额为 283.1 万亿元，比 2017 年增长 11.9%；社会物流总费用为 13.3 万亿元，占 GDP 比重为 14.8%。物流效率和行业运行质量得到了稳步提升。

二、物流业存在的问题

我国物流市场大而不强，存在成本高、效率低、诚信和人才等软实力较弱及传统运作模式难以为继等问题，这些问题制约着我国物流业朝快速、高质量的方向发展。下面从宏观、微观两个角度来说明物流业面临的主要问题。

1. 宏观角度

首先，我国幅员辽阔，区域发展尚不均衡，一些地区基础设施建设滞后，导致产销衔接不顺、配送困难，不仅难以满足国民对物流服务的有效需求，还使物流企业难以将业务进行全方位扩张。若产销和配送问题不能得到有效解决，则可能形成"不均衡—难发展—进一步不均衡"的恶性循环，更加激化两极矛盾。

其次，国内物流业的管理涉及多个部门和行业，因此组织管理及协调工作需要各个部门和行业的互相配合。然而，目前尚未有统一的物流发展主管部门，物流业的管理和治理呈多元化的分散方式，而且在物流管理运作过程中，管理权限被部门和层次分割的现象极为突出，各部门间缺乏联动互动机制，从而造成管理权力和责任的交叉和重复，极大地削弱了整个物流业的管理和治理能力。

最后，与国际先进水平相比，我国物流信息化建设相对缓慢，信息资源缺乏统筹开发，致使信息共享率低、更新速度慢，而且信息安全水平也相对落后。由于物流信息的泄露，以及不法分子对物流渠道的不正当利用，会直接对公共安全、社会安全，甚至对国家安全造成较为严重的潜在威胁，因此开放式公共物流信息平台的建立，对物流相关信息快速反应管理能力的加强，以及信息共享、一体化服务的实现刻不容缓。

2. 微观角度

我国大部分的物流企业均属于中小型企业，其本身就面临着融资难、融资贵的发展难题，而物流资金结算周期长、资金占用情况严重的特点，使物流企业面临资金不足的局势更加恶化。而且，我国的第三方物流企业多由功能单一的运输企业、仓储企业转型而来，综合化程度较低，在管理、技术及服务范围上整体水平不高。因此，第三方物流收入规模占物流成本比重相对发达国家较小，物流业配送效益较低，需要优化物流运作模式以降本增效，并创新出适应综合化、一体化物流服务的管理水平。

很多物流企业对信息化的重要性认识不足，大多采取机会主义行为，只为争取眼前的利益，而不以积极共享信息的方式来应对信息不对称问题。即一家公司仅在意自己所掌握的用户信息所带来的经济效益，担心若将信息共享，会导致自身竞争力下降、效益降低，从而忽视他人通过共享的方式为自己所带来的信息效益。正是由于这种认知，造成各方信息沟通不畅，以至于各方均会对相同的信息进行重复性储存与管理，从而导致库存和运力等资源的浪费，不能发挥"信息流"主导"物品流"的作用，因而形成了物流行业效率低、成本高和物流企业盈利不足的局面。中国物流与采购联合会的统计数据显示，我国的物流成本主要由运输成本、保管成本与管理成本三部分构成。2018 年，这三部分成本的占比分别为47.6%、36.8%、15.6%，物流成本在 GDP 中所占比重远高于欧美发达国家，其中物流管理成本更是比美国的物流管理成本高出两倍还多。这些数据均显示出我国对物流行的信息化、智能化管理有待进一步改进。

三、区块链创新物流发展

区块链与物流的融合存在天然的契机，国内外学术界、业界对两者的"联姻"尤为看好。下面主要从主体角度、客体角度、流程角度与环境角度来进行两者结合的可行性分析。

1. 主体角度

区块链技术特别适合跨域、多方合作的产品，尤其适用于信用成本比较高的场景，而物流业就是典型的例子。物流业涉及交易双方、物流公司、金融中介机构、第三方服务平台，甚至有些还涉及海关、政府等多方主体，这会造成信息因被离散地保存在各个环节的系统内而存在不透明、不流畅的情况，进而影响货物运输的效率。而且，由于物流各主体间交易复杂，存在着推脱责任等不良行为发生的可能，当各主体间出现责任纠纷时，举证和追责会因信息的不透明及证据的真假难以判断而不易实现。

区块链技术能够将传统单方维护的、仅涉及自己业务的多个孤立数据库整合在一起，分布式地存储在多方共同维护的多个节点上，任何一方在没有经过其他参与者同意的情况下，不得随意更改数据，从而实现了可信的多方间的信息共享和监督，可以有效减少重复申报与查验，提高物流效率。由于时间戳和 Merkle 树等技术的支持，链上的信息能够被快速地追溯历史，从而对明确各主体责任产生积极影响，而且引入区块链这一去信任机制，还能够降低缺乏信任时的机会成本，有利于互不了解、互不信任的多方实现可信、对等的价值传输。

此外，区块链技术使链条中的商品可追溯、不可篡改，从而固定了商品的唯一所有权，并借助区块链的基础平台，使资金快速有效地进入物流行业，如应收账款保理业务和仓单抵押融资业务等，能够有效解决物流供应链上小微企业的信用等级偏低，以及其拥有的质押物、抵押物不足导致的融资难问题。

2. 客体角度

物流最直观的作用就是将货物安全快速地发送到其所属的主体手中，因此货物的安全是物流业首先应该关注的重点。超载、超速及驾驶报废车辆无疑会威胁到人身和财产的安全,加之冷链物流运输过程中的信息化和智能化还处于较低水平,也会造成运输途中的资源浪费。同时,危险物品的储存和运输更需要采取安全防护措施。不法分子利用物流业涉及区域广、主体多、业务量大,以及具有较强流动性和非特定性的特点,通过物流渠道进行非法物品的转移等,这些问题需要物流业运用区块链技术加以解决。

区块链能够实现对货物由发送至接收的全面监控,通过共同竞争记账的方式,将货物运输过程中涉及的人、物和运送工具等信息实时上传至区块链节点,各节点均可对相关信息进行随性查验,一旦发现问题,就能运用区块链不可篡改等技术特性实时、准确、有效地监管货物在整个物流中的流向和状态,在快速实施解决方案的同时,找到造成的责任主体并及时对受害人进行赔偿,进而有效保障货物的安全和所有人的利益,也有利于监管部门进行事前监管。

需要注意的是,货物要送到真正的消费者手中。货物派送时,误送、错送的情况时有发生,且货物署名常被匿名,快递员为提高派送效率选择代签、替签的情况也经常发生,这非但不利于货物的管理,还使物流业的服务水平难以提高。若能够将区块链的非对称加密算法和数字签名技术应用于物流到达作业中,则可以杜绝伪造签名、冒领包裹等问题,大幅降低货物物流安全风险,在保证收货主体隐私安全的同时不仅有利于国家实名制的执行,还有利于客户对于物流服务水平满意度的提高。

3. 流程角度

流程角度主要针对物流业各环节的运作效率进行说明。

(1)传统物流的整体流程烦琐,且多为人工操作,不仅耗时还易发生操作失误。而区块链的高透明、安全和智能合约等特性,实现了物流的智能化运作,能够有效提高物流的交易量和对账水平。

(2)物流业需要针对买卖双方、物流公司及派件员等各方实时更新数据信息,且数据必须保证真实准确,而区块链技术所支撑的数据库安全透明、冗余备份,各节点数据完整真实,且区块间是平等的,节点间的并联关系使单一区块的损坏不能影响系统整体的安全性,从而区块链技术和物流业在数据处理上存在应用可行性。

(3)无效运输、不合理运输等问题目前尚未解决,过度包装和循环物流发展滞后,造成资源的浪费和利用效率低下。利用智能合约预先设定好一系列程序,区块链将自动按照链上分析出的数据信息进行分类,选择出适合运送该货物的车型及装车方式,合理地进行车辆调度和配载以解决车内容积或载重过剩的问题。

完成货物分类和车辆装载准备后，区块链再自动形成包括货物捆扎紧固、摆放位置和装车作业的具体详细方案，及时更新并自主决定运输路线和日程安排后进行发送作业。接着，承运人按照区块链技术形成的规划安排完成各节点配送。由于链上各节点能够相互联系、加强协作，共同配送得以实现，进而有助于货物运输运作过程中的高效运转。

4．环境角度

在人们越来越追求高服务水平的大环境下，我国针对公司及个人的信用评级制度尚未建立，然而信用又是保障正常经济交往的必要条件。通常而言，消费主体希望能够对消费品进行追溯和控制，这样不仅可以维护消费者的合法权益，为消费者选择商品提供对比来源，而且可以有效防止劣质产品的生产，对于生产者来说，更有利于其注重产品质量和创新。

由于区块链具有信息共享和不可篡改的特性，各方参与者不需要中介机构便可真正了解对方的资信、运营情况，且区块链的智能合约能够使资金到期自动划转，有效降低因违约等产生的信用风险，从而使交易双方在无须相互认识、无须担保的情况下实现资源的优化配置。

此外，我国物流的国际化能力亟待提升。目前，由于国内物流标准化水平低、效率低等严重影响跨境物流的发展，我国进出口所需的物流服务在很大程度上需要依赖国外物流企业。区块链开放的数据记录系统，可以实现商品的溯源，并依托点对点传输机制，减少重复申报与查验，提高通关的效率，实现物流资源的有效整合。

四、区块链创新物流实践

区块链技术应用于物流行业，是现代物流发展的新风口。区块链技术的应用，有利于扩大现代物流规模，创新传统物流运输模式，提高物流的智能化和安全性程度，快速解决当今物流业所面临的痛点以实现物流的降本增效，提高物流业面向国内外的服务水平，为国内经济的可持续发展提供重要保障。为使区块链和物流业高效融合，目前国内外都在积极努力组建区块链与物流业可行性发展的组织联盟。

1．国外区块链物流实践

2016年11月初，欧洲鹿特丹港与荷兰国家应用科学研究院、荷兰银行、代尔夫特理工大学、德斯海姆应用科学大学鲜花交易中心等16家企业/院校共同组建了区块链物流研究联盟，旨在探索区块链技术在物流业的应用，计划在未来两年内，设计、开发和实施一个全新的基于区块链技术的信息基础设施，用来链接运营数据、资金流和合约，这可以看作是区块链问世以来第一个与物流有关的区块链联盟。自那时起，鹿特丹港确实不遗余力地开展区块链试验项目，在港口自动化、智慧港口建设和技术创新等方面形成了先发优势，为港口的"软实力"建设再添筹码。

2016年12月，中国物流与采购联合会区块链分会在深圳宣布挂牌成立，由区块链技术企业、物流企业及金融企业联合发起，是目前唯一一个有中国政府背景的区块链分会，主要目的在于推广区块链技术在物流领域中的实际应用，开展区块链技术与业务培训，规范区块链技术在物流与供应链领域的产业化发展，构建物流供应链企业信用评价机制。

2. 国内互联网巨头布局区块链物流

国内的互联网巨头、电商行业的翘楚，以及快递行业的领先企业都于2017年前后开始加入区块链技术研发或产品部署的行列。

腾讯早在2016年就已布局区块链，并于2018年3月，携手中国物流与采购联合会共同签署了战略合作协议，推出区块供应链联盟及运单平台。

2017年，阿里巴巴联合普华永道打造可追溯的跨境食品供应链。2018年2月，天猫国际与菜鸟物流针对跨境电子商务业务全面启用区块链技术，实现对跨境进口商品信息的全面跟踪。

京东在2017年发布区块链防伪追溯开放平台，面向京东生态内的品牌商免费开放。2018年2月加入全球区块链货运联盟，成为国内首个加入的快递物流企业。京东表示将利用区块链优化供应链流程，加强跨境物流和通信，促进快递物流业内技术合作。

第二节　区块链技术在港口物流的应用

一、港口及港口物流的概述

港口是水陆交通的重要枢纽，是国内外贸易物资的集散地，在发展现代物流中扮演着不可替代的角色。在完善现代物流体系的进程中，港口物流应运而生。

港口物流的定义是凭借港口优越的地理位置和依托先进的软硬件环境,增强对港口周边物流活动的辐射能力,同时以临港产业为基础,以信息技术为支持,以优化港口资源整合为目标,发展具有涵盖物流产业链所有环节特点的港口综合服务体系。

随着现代物流运作全球化的不断深入,尤其是在我国对外贸易活动日益频繁的背景下,港口物流愈加显示出其优势和影响力:其一,具备完善的物流服务功能,是港口能否成为国际物流网络中的重要节点,以及提高国际竞争力的充分条件;其二,港口物流不仅可以突出港口对货物的集、存、配的优势,还能够为货物提供衍生的增值服务,从而扩大物流规模,促进港口及港口城市的经济发展;其三,港口物流业务的完成需要多个主体的共同配合,这种协作形式不仅能为不同机构间形成长期合作关系提供机会,还会使各个企业所奉行的经营管理理念发生碰撞,形成良性循环互动,进而达到互利共赢的效果;其四,港口物流通过对港口传统的信息分散化管理模式进行优化改进,建立智能一体化的信息服务系统,在为客户提供更为优质的服务的同时,实现了国家对资源的合理化配置。

二、港口物流所面临的问题

在全球化贸易中,通过港口海运完成运输的比例高达 80%,从这一数据可以推测出,港口物流已经发展成一个比较完善、成熟的运作体系。然而,目前这一体系在成本控制、信息传递和责任明确等方面还存在着阻碍其发展的明显问题。

1. 成本方面

事实上,在每笔交易完成之前,货物的存储、提取、运输和关检等流程都需要借助大量的纸质化信息来完成,这不仅会因为文件存在延迟递交的可能性造成交易执行的不顺畅,而且曾有数据表明,在国际贸易中的每笔交易所需要的文件和管理成本可占实际运输成本的 1/5,从而带来高成本、低收益的结果。为了实现服务水平的快速高质,以及企业间无纸化的电子数据交换(Electronic Data Interchange,EDI),世界各国均有 EDI 服务商专门提供此类服务。EDI 能够使文档处理速度至少提高 50%,人工操作失误消除 40%。同时,随着电子化处理流程所耗费时间的减少,企业的库存量也会有所下降。

2. 信息方面

目前,有一个问题开始"困扰"港口物流,那就是信息孤岛。以 EDI 为例,不同的 EDI 均有一套适合自己的数据记录系统，这会造成该 EDI 制定与其他机构不尽相同的数据交换格式和标准，而且基于信息优势所带来的好处，各主体本身不愿意主动对外开放信息，最终导致各机构所拥有的数据信息被孤立，难以进行便利的交互沟通，即使经过一番波折可以实现信息间的互传，也可能产生一些数据安全等方面的问题。如此，买卖双方、货/船代理商、金融机构等多个主体间涉及更为复杂的信息传递，其实现的困难程度不言而喻。

3. 责任方面

有关责任制度的问题，具体是指寻找事故责任人、举证及理赔等过程中的低效无果。根据上述内容可知，港口物流目前具有涉及主体多、区域广和业务繁杂的特点，这无疑会对追偿理赔业务增加难度。当货物在运输过程中出现问题时，找出"罪魁祸首"是首先应做的事，"犯罪证据"是给其"定罪"必不可少的条件，这就需要保险公司对此次运输中所牵扯到的所有主体进行调查。然而，各种相关信息被分散在各家保险机构或互联网平台，调查机构对这些资料进行整合需要耗费大量的成本，而且并不能保证所获得信息的真实性，即便信息是真实的也存在数据泄露的风险。

三、区块链改进港口物流

1. 替代 EDI

区块链将逐渐替代 EDI，最直接的好处就是能够减少支付给 EDI 服务商的费用。此外，区块链的智能合约是一种嵌入式程序化合约，它能够在各参与方毫无信任的背景下设定好格式实现自动化交易。将智能合约应用于港口物流的所有业务流程中，通过利用计算机代码使单证文字数字化，有效消除了贸易过程中产生的大量单证，并且，基于其执行交易合同的自动化，大幅度减少清关和货物运输所使用的时间和错误的发生。这意味着在注重业务处理质量与效率的同时实现无纸化的绿色环保。

2. 共享信息

针对非对称信息和信息透明化程度不高的问题，区块链是最优解。区块链的应用使港口物流链上的所有主体成为平等节点，各节点均掌握着链上所存储的全部信息，通过区块链的共识算法和时间戳等技术来确保上传信息的真实性和及时性，从而完善港口物流供应链信息系统，最终更好地管理包括危险品和高价值品在内的所有货物的运输安全，并进一步防范洗钱、走私等非法活动的展开。

3．明确责任

基于区块链的可追溯性，可使针对货物运输事故前后而采取的预防和理赔办法得以顺利实现。在货物运输过程中所产生的出入库、包装、流通等所有信息都会以哈希值的形式上链，各参与者依据各自的权限级别对货物享有不同的查询、管理权力，这不仅能够保证信息的可信性，还能保护好企业的隐私安全。当可能导致事故发生的某些不安全因素产生时，如货物运输途中数据显示非正常，基于区块链的信息共享平台，相关管理人员能够及时了解这些安全隐患，通过联系运输负责人，采取立即查验、更改等一系列措施阻止发生严重的不良后果。一旦发生事故，保险公司就可以通过追溯可靠的运输数据，界定各相关主体所应承担的责任，降低审核难度，减少资金和时间成本，提高理赔处理效率，减轻受害人的经济损失。

4．其他

区块链技术应用于港口物流的优势不止于此，区块链技术还可以自行优化港口物流的运输路线。以集装箱智能化运输为例，将区块链应用于集装箱运输的所有环节，基于集装箱运输数据能被真实存储和实时更新，配以利用时间戳技术追踪集装箱历史运输信息，智能合约可以自主决定与更新集装箱的运输路线和优化日程安排，从而提高运输效率。而且，通过区块链 P2P 协议，可以实现船公司直接和对接人联系，进而更加简化集装箱运输流程。

此外，区块链还可以创新出更加便利的金融服务模式，即将资产化的航运资源以数字形式储存上链，就单个航次便可以通过重资产分拆、众筹融资等流程实现多次易主和交易，而且还不会影响到此次航运，使交易、融资更加灵活，资产的追踪和管理更加便捷。研究表明，区块链技术在应用过程中通过合理使用能够有效缩短结算周期，对于整个航运市场来说，每年可以有效节约 100 亿～200 亿美元的相关成本，这样能够使全球贸易可能性增长 15% 以上。而这笔节省的费用来源于区块链产业的相关市场空间，对现代航运业市场有极大的刺激作用。

四、区块链技术在港口物流的应用案例

当前，我国港口集装箱运输业务发展较快，吞吐量居于世界第一，集装箱行业已经发展成一个非常成熟的传统行业。中华人民共和国交通运输部公布 2019年全年港口货物、集装箱吞吐量，全国港口完成货物吞吐量为 1 395 083 万吨，

同比增长 8.8%。集装箱吞吐量为 26 107 万标准箱,同比增长 4.4%。然而,集装箱运输系统中的信息化、智能化还处于较低水平,且运输过程中各流程难以实现流水线工作,各环节不能进行高效低成本衔接,因此该行业仍存在较大的发展提升空间。

1. 共享集装箱

传统意义上,共享集装箱表现为同一个集装箱能够提供给不同的货主使用,或者不同货主所使用的不同集装箱能够共舱。然而,这种共享模式只局限在针对拥有集装箱所有权的航运企业自身的不同客户中。换句话说,航运企业才是集装箱运输中的主导者,集装箱共享是在用箱人服从航运企业安排的基础上实现的,因此用箱人很难真正对运输成本进行控制。

基于区块链原理的集装箱共享模式,是指在无须中间机构的情况下,将用箱条件、支付规则等条款写入智能合约中,集装箱所有人与用箱人通过点对点的形式完成集装箱使用权转移和费用支付的共享运作体系,其流程如图 7.1 所示。

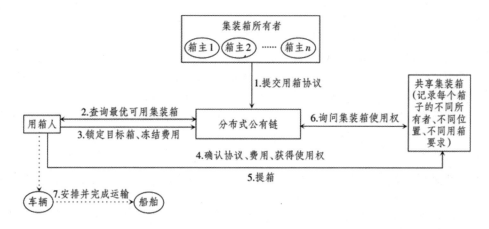

图 7.1　基于区块链原理的集装箱共享模式流程

相较于传统集装箱运作机制,基于区块链原理的集装箱共享模式的优势有以下几点。

(1)共享集装箱不仅可以来源于航运企业、租箱公司过剩的集装箱,也可以来源于货主闲置的自有箱及社会资本的投入,这为实现资源的优化配置提供了新途径。

(2)基于区块链信息平台,集装箱的流转数据被真实、安全地记录在链,为共享集装箱提供了追踪功能，从而实现了对远洋运输共享集装箱的高质量管理。

（3）由于共享集装箱不再与航运企业绑定而具有独立性，用箱人对舱位也无须提前预订，因此用箱人的用箱方式更为灵活。

（4）集装箱所有人可以对集装箱设置使用条件，可以约束和控制集装箱的使用，一旦出现箱损，智能合约就可根据条款自动判定赔偿，并进行资金的自动划转。

（5）信用积分的形成。根据用箱情况、还箱是否准时、所装货物是否符合要求、是否归还至指定地点等因素，用箱人在使用完成后均会得到一定的信用积分，只有达到一定信用积分水平的用箱人才能继续使用。这样不仅能规范集装箱的使用行为，还能将信用积分不佳的用箱人淘汰，从而优化集装箱共享系统。在这种共享模式下，所有的集装箱所有人和用箱人都能在系统中随时查询集装箱的实时状态，双方均可以根据自身需求做出最优选择，在保证各方利益合理分配的前提下实现集装箱的高效利用。

2. 智能集装箱运营管理平台

相较于传统集装箱物流的数据独立、流程固定、功能明确、用户有限的封闭式系统，基于区块链技术的智能集装箱运营管理平台能够实现集装箱的高效流转、自动化运行，并能够防止单个平台形成垄断。

智能集装箱运营管理平台通过区块链技术联结航运界中货代公司、船运公司、货车公司等多个实体，将订单、合同及票据等数据加密存储在分布式账本中，实现订单在各个实体间的自动化流转，简化集装箱海运手续，减少出错的可能性。区块链提供溯源和监管入口，从货物的发出、仓储、陆上运输、海上运输到最后的堆场提单，将货物及集装箱的运输轨迹完整地记录在系统中，真正意义上实现了对货物的本源追溯和透明监管，并针对性地设置各参与者的权限级别，使货物运输信息从始至终均能使不同权限的参与者不同程度地了解，避免不法分子利用集装箱走私犯罪。通过区块链应用实现线上的资源整合，物流企业可以迅速加入区块链连接起来的物流网络平台，并在上面发布自己的资源；货主可以通过平台整合运输中所需要的各项资源，充分调动各家公司提供的设备来完成货运。

平台应用区块链技术的相关指标也取得了重要突破。智能集装箱运营管理平台同时支持百万量级的查询请求数。系统对于查询能够做到快速响应，即使集装箱数量超过 100 万标准箱，查询某一集装箱所处位置、箱内温度和湿度、碰撞等信息所用时间也不会超过 0.5 秒。系统能够保持实时数据同步，系统所有数据每 5 秒上报一次，用户可以实时了解物品信息，一旦上报数据发生异常，系统会立即报警。智能集装箱运营管理平台体系下各个分节点的数据也能做到快速同步，同步时间控制在秒级以内。为了提高区块链上数据的写入能力，可以在区块链上开发一层适配器，适配器会在订单数量达到预设值时，将多条订单信息一次性记录到区块链上，这样可以很大程度解决区块链写入效率不高的问题，以满足行业较高吞吐量的需求。

3. 试验案例

2016 年，全球最大的集装箱航运巨头马士基与 IBM 针对区块链技术开展合作，期望通过该技术实现供应链程序的数字化，进而管理和追踪全球数以万计的集装箱，并于 2017 年宣布成功完成首次区块链试验。该试验船舶将货物从鹿特丹港运输到新泽西州纽瓦克港，耗时两周（期间经过美国海关和其他机构审核）。在测试过程中，按照 Hyperledger Fabric 的最低要求运行了 4 个激活节点，每家参与方都获得定制凭证以查看运输过程中所要求的运输数据。区块链技术可以确保参与方在可信环境下进行信息交互，通过共识算法检验和自动化执行，减少日常文书的纸质化浪费，加快交易及运输速度。2018 年 1 月，马士基与 IBM 宣布成立合资企业，联合推出区块链跨境供应链项目，旨在帮助托运商、港口、海关、银行和其他供应链中的参与方跟踪货运信息，用防篡改的数字记录方式替代纸质档案。

2019 年 4 月 17 日，天津口岸区块链验证试点项目正式上线试运行，这是区块链技术首次与跨境贸易各业务环节应用系统进行结合。同年 4 月 23 日，由辽宁港口集团设计研发的"区块链电子放货平台"在大连口岸正式上线并开放试用，成为国际上将区块链技术应用于港口提货场景中的首次尝试。通过建立区块链电子放货联盟链，该平台将货主、船公司、码头等每个提货单的关系人串联起来，从根本上解决相关各方间的信任问题，既保证了信息传递的即时性，也提高了信息共享的可靠性。

第三节　区块链技术在航空物流的应用

一、航空物流概述

航空物流是依托机场、空港等基础设施和发达的交通信息网络，将围绕运送物的仓储、装卸、加工、配送等流程进行有机结合，形成完整的运输供应链，以满足客户需求的一种多功能、一体化的综合性服务。相较于其他方式，航空物流一般适用于距离目的地远且时间紧迫的货物运输，具有迅捷、准时的特点，交货期的大大缩短对于加快物流资金结算与周转起到了极大的促进作用。所以说，航空物流是国家经济发展的基础，是全球国际化联通的主要力量。

近年来，各电商平台的迅猛发展，以及对进口生鲜商品需求的快速上升，为传统航空物流创造了巨大的发展机遇，但同时也对航空物流的时效性和服务品质提出了更高的要求。而且，随着供给侧结构性改革及推进供应链创新与应用等多项政策的提出，航空物流也需要加快实现与上下游制造企业、商贸企业的深度合作，为客户提供从原料生产至送货上门中所有环节结合成有机整体的高质量一站式物流服务，并将这一目标的完成提上日程。

二、区块链技术与航空物流相契合

航空物流的参与主体多、信息来源广、数据量大、业务链条长，因而实现跨区域、多主体、全流程的多维共享协作，既非常关键又迫切需要。区块链技术的加密链式区块结构可以实现参与方所有上传数据的验证与存储，共识算法能够使数据实时更新于各分布节点上，智能合约允许数据可编程，在去中心、去信任的条件下实现任务执行自动化，这些信息可追溯、可共享、相协作等特点正好契合了航空物流的需求。

1. 区块链技术能够提高物流信息化程度，使信息系统对接顺畅

航空物流运输过程中存在大量数据，信息从数据源头开始，通过供应链各环节参与方之间的合作不断丰富，形成具有大量信息的大数据。航空物流因此面临监控端到端的业务执行透明度问题，以及提取数据有用信息和交易时效的问题。目前，航空物流大多采用集中式数据存储运输方式，该方式是将数据全部存储在一个大型的中央系统中，而数据的输出或输入由与主机相连的各终端完成，且终

端自身并不做任何其他数据处理。一方面，这种集中化模式不仅会使信息的传输速度变缓，还会面临较大的风险，一旦唯一的主机受到威胁，整个数据终端将全面瘫痪；另一方面，虽然航空物流供应链在飞机制造、维修改装、客货运输等多个环节已完成了特定范围内的信息化基础系统集成，但是由于系统的中心化程度高，系统之间连通性不强，如果仅靠自身系统来处理数据，容易产生利用价值受限等问题。

区块链技术的分布式存储结构，恰巧能够完美地解决由集中式存储带来的问题。因此，区块链技术应用于航空物流信息平台，能够使机场、航空公司、空管及各保障部门、联检单位等主体平等共享数据信息，为所有节点提供点对点直接传输的技术接口，在供应链上形成流畅透明的信息流，缩短信息路由传输距离和减少传输层级，加快数据运输速度。再加上区块链技术的不可篡改性，使链上任何一方均不能单独完成数据修改和附加记录，从而排除数据伪造和传输不及时的可能性，实现信息多方协同实时处理数据，大幅拓展区块链在航空物流安全、服务、运行等各方面的适用性，为丰富应用场景提供支撑，同时降低因信息问题而引发事故的风险以确保货物安全。此外，将区块链运用于货物管理也是保证安全的一种途径，如对货物进行精准识别能够有效防范危险品"登机"。实时记录、跟踪货物运输数据，并授权客户查询，一旦货物错运、丢失，加盖时间戳的区块链数据信息能解决供应链体系内各参与主体之间的纠纷，可追溯性能够为货物寻回和理赔提供现实依据，并且企业能够通过产品的物流方向防止窜货现象发生，以保证线下各级经销商的利益。

2. 区块链技术对推进航空物流供应链创新和构建生态产业链有所助力

区块链与航空物流深度融合，能够推动业务数据化，以数据驱动场景化应用，从而在减少人工操作失误的同时提高业务处理效率，并且加快数据资产化以提供新型金融服务，实现实物流、数据流、资金流"三流合一"，优化产业内外供需有效对接流程，提高产业链上下游运转效率，促使其商业价值转化，进而放大区块链和航空物流的经济价值和社会价值。比如，在航空维修领域，一架飞机可能在其 30 年的使用寿命期间经多家航空公司转手，且飞机零部件众多，零部件供应商遍布全球，这就对该飞机历史维修记录和零部件使用记录的全面掌握带来难度，而利用区块链技术，制造商、航空公司、航材供应商、第三方服务商等参与者能够全面获取该架飞机的历史数据和各个零部件的生命周期信息，对确保飞行安全有着至关重要的作用，再通过调节采购资源配置，提高整条供应链效率，从而降低运行成本。

3. 区块链技术还能压缩中间环节，加快航空物流资金的流动

有关航空产业链的资金融通、货币流通和信用等业务活动，大部分业务流程都需要手动操作来完成，且票据和仓单等资产分别由不同的中介机构托管，而资金的支付和流转只能借助中转银行才能完成，甚至时常还需要担保机构的帮助，导致传统航空物流支付业务烦琐与支付费用高昂，因为时间的延误还可能给跨境物流主体带来汇率风险。一项业务需要多个中介机构配合完成，中间复杂的流程和困难的协调沟通造成执行速度缓慢、效率低下。

利用区块链的去中心化特性，可以创新出一个不需要中转银行的支付和结算模式，各交易方可以直接支付、结算和清算，省去了传统跨境支付中间产生的费用和管理，实现了真正意义上的全天候支付和实时到账，提高了跨境企业资金转移的便捷性。另外，区块链去中心化的特点不需要中间金融信用机构背书，即存单认证与验证不再以特定的实物或中心系统进行，也不再需要第三方担保来维持信息传递的安全可靠，区块链可实现透明化操作，其高容错性和非对称加密算法的安全保障机制，有效解决了交易过程中的安全问题。

三、区块链技术在航空物流的应用

1. 冷链物流

随着国民经济水平的提高，人们对农副产品的质量要求越来越高，对进出口生鲜商品的需求也越来越大。而这些产品本身的易腐性、对环境和时间的极强敏感性，需要该产品在从生产者运输至消费者的过程中具有品质保证，因此航空物流正积极完善冷链运输体制。

冷链物流关联采购、生产、销售等各个环节，各个环节的数据分布在不同相关企业的数据库中。由于业务关系，企业间会产生信息交互和共享需求，受不同数据存储模式、不同利益需求等因素的影响，特别是在跨国运输中可能更换多个承运商的情况下，数据传输的及时性和真实性难以得到保证，信息核对耗时费力，信息追溯出现问题，为了确保各方正当权益，运行成本居高不下。而且，目前对货物温度的记录多采用自动采集、人工记录，最后上传到中心数据库的方式，即便所搜集的数据信息真实，也会因人工统计误差、主观臆断等可能性导致数据库中的信息可靠性不高等问题。除此之外，信息共享程度不高还会造成货物需求变异放大的"牛鞭效应"，即供应链上的信息流从终端消费者向生成商（供应商）传递时，由于信息不对称且无法实现有效共享，使各级供应商只能根据相邻一级客户的订单变化做出需求预测，导致需求信息出现越来越大的波动。对于不宜储

存的冷链产品来说，"牛鞭效应"将会使各级供应商、物流企业支付极高的维护成本，造成极大的资源浪费，还会对各级供应链主体的库存量产生不良影响，使各主体遭受由于库存时间过长而产生的货物损毁风险和货物贬值风险。

在冷链运输过程中，GPS 对运输车辆与物品位置进行实时查询和定位；智能温控为货物能够处于休眠保质状态提供适宜的环境；射频识别技术可对货物的基本信息实时识别。这些位置、温度等信息通过现代通信网络一同被采集至中央信息系统，再借助物联网技术向其他参与者传送数据以实现全程可视化监控。与区块链技术进行融合，就能够实现对货物的实时数据进行可视化监管。在区块链网络中，采集、交易、流通等全过程所涉及的信息以数据形式被完整地存储在区块中，通过智能合约技术对位置数据与温度数据相匹配的条件进行设置，实现综合数据上链，再由链上各节点的共同维护替代传统中心机构的独立维护，在用户间建立信任关系，通过共享信息完成对货物的统一管理，而各参与方协同程度的提高也大大提高了整条供应链的运作效率，进而实现物流业的降本增效，消除供应链上"牛鞭效应"的影响。即便在复杂的跨境物流运输中，消费者也能够通过区块链系统平台实现对货物的自主追踪，提升用户体验度。

基于区块链的冷链物流的技术支持，可以缩短订单提前期，实现直接换装。区块链技术能够帮助各级供应商传递实时准确的订单信息，还能够借助智能合约帮助其提前做好需求预测。在信息透明和共享的前提下，实现货物在运输中不再经过中间仓库或站点，直接从一个运输工具换载到另一个运输工具上，从而降低在途库存，降低货物延迟到货的可能。

2. 现实应用

（1）国际方面。中东地区航空和旅游服务提供商 Dnata 宣布完成一项概念验证，研究区块链在迪拜航空货运行业的潜力。该试点项目的合作伙伴包括 IBM、阿联酋创新实验室和 fly 迪拜货运公司。多方将共同研究区块链技术，希望可以解决航空货运领域的包括安全与运营、法律等各个方面的问题。

在新加坡举行的国际航空运输协会世界货物研讨会上，新加坡的物流公司 Cargo Community Network 和微软共同推出了一款基于区块链的航空货物的计费、成本计算和对账系统。这套区块链系统是基于微软的 Azure 云计算服务开发的，旨在最大限度地减少计费差异，加快计费对账。

布鲁塞尔机场在 2018 年推出了一款基于区块链技术的应用程序，用来追踪货物从地面处理到货运代理之间的移动。该应用程序与 BRUcloud 平台协同工作，BRUcloud 平台托管在云端，是布鲁塞尔机场的开放数据管理平台。布鲁塞尔机场的目标是通过使用BRUcloud平台提供的应用程序,确保物流流程完全数字化。在此过程中,这个繁忙的机场希望能去除货物进口流程中纸张的使用,提高透明度和效率。

(2)国内方面。在国内也有着手研究相关项目和实践探索的,比如清华大学与航加国际合作推进民航大数据区块链合作项目;再比如重庆机场所属的信息网络公司与腾讯、IBM、重庆链麦西网络科技和重庆见东科技等积极对接了区块链技术在机场的应用,为中国民航局第二研究所和IBM搭建POC项目提供支持,应用区块链技术在行李全流程跟踪方面进行探索验证,并计划延伸到机场商业、大数据分析等多领域。

第四节 区块链技术在快递物流的应用

一、快递物流现状

随着信息科技与电商的迅猛发展,我国快递业呈爆发式增长,尤其在"双十一"、情人节、春节期间,订单数量可达几十亿件。预计截至2023年年底,快递物流市场的收入将达到15.5万亿美元。但是,目前仍存在一些问题影响着快递物流的发展。

(1)配送效率低。快递业的高速发展刺激了更多的企业加入这一市场,因此快递业的竞争日益加剧,而各企业发展的良莠不齐会对企业间的竞争产生不利影响。需要依靠其他运输公司代理的中小型企业,由于调配车辆的灵活度较弱,导致配送效率低下。即便有较强自主性、拥有专业运输车队且规模较大的快递公司,也会出现调用不合理、空驶率较高等问题。

(2)爆仓、丢包问题。快递业务能够满足人们在足不出户时的多种需求,为用户带来极大的便利,特别是在天气较差不利于出行时,订单量会急剧增长。然而,物流基础设施和劳动力等投入时效并不能与快递业务量的增速相匹配,因此特定时间段会出现仓库包裹累积过多的现象,极易发生丢包问题。

(3)赔偿机制不健全。为保证货物安全,快递公司通常采取用户自愿购买保价的措施。一旦发生事故导致货物受损,需要经过用户联系客服、客服上报总部、总部追溯包裹信息进行确认等一系列烦琐的流程,用户才能得到赔偿。此时,赔付的完成耗时较长、效率低下,且追溯过程还会因信息丢失或损毁而加大难度。

（4）信息安全难保障。由于《快递暂行条例》规范了用户实名制收寄快递的行为，因此快递公司掌握着客户真实的基本信息。虽然该条例也规定了快递公司对客户信息具有保密义务，但是条例里较小的惩治力度不足以让快递公司的员工放弃获得非法利益的机会，导致海量用户信息在互联网上被公开贩卖，信息泄露问题尚未得到有效解决。

（5）不良竞争。为保证自身利益，快递公司之间拒绝信息沟通，导致各企业间物流资源重复建设严重，造成极大的资源浪费。企业间通过价格战的方式获得发展空间，形成市场低收益的局面。

二、区块链是解决快递难题的一剂良药

区块链的多方参与、共同维护、信息共享等特点在很大程度上能够提高快递企业的配送效率。基于区块链技术建立数据共享与管理平台，快递物流链上的各参与方均是平台中的一员，从而达到共享资源、互通信息、相互协作的目的。将车辆运用条件、管理办法、更换方案等信息写入智能合约中，快递公司与货运代理及公司内部间的联合配送将自动化完成，提高效率的同时降低资源浪费。针对中小企业的配送问题，可以建立无车承运人区块链多媒体，实现对物流车队的可视化指挥，改善中小快递企业外包车队配送监管问题。

在快递物流中采用区块链技术，能够将有关快递物流的资金流、物流、信息流等信息快速上传至链，实现对货物的寄、收、运、送、结算等环节的实时追踪和监督，减少货物的丢失、错领、不合理存储等情况发生的可能性。而且根据可追踪这一特性，各快递经销商及监管部门还能够实现精准打假，快速追溯寄件方。而解决爆仓问题可以采用快递公司与收货用户间建立私有链的办法，私有链上存储着货物与用户相匹配的综合信息，将货物准确抵达时间与用户可取货时间段相匹配为条件写入智能合约，准确自动地筛查出满足快速出库条件的货物，再采取送货上门、通知用户取件等服务方式降低库存量，纳入激励共识机制鼓励用户自主取件、及时取件，采用数字签名技术和非对称加密算法保证配送过程中的信息安全和客户隐私。对于快件的签收情况，需要快递员与用户双方都进行私钥签名，杜绝快递员伪造用户签名来逃避考核，是否签收或交付只需查询区块链基础平台即可。

区块链的联盟链可以解决保价赔偿机制不健全的问题。在快递公司、保险公司、监管部门、买卖双方等参与主体间建立联盟链，将快递公司与保险公司签署的保价合同写入智能合约，一旦用户买入保价，被保价的商品将进行数字化并记录于区块链上，从而维护资产所有权。当商品发生损坏或丢失时，智能合约会自

动执行相应的理赔程序，减少了传统的层层上报的繁杂流程，进而达到快速理赔的效果。

三、区块链技术在快递物流的应用情景

1. 黑名单

现实生活中，用户会在签收货物后对快递员进行评价打分，快递公司以评价分数来判断该员工的工作能力。但通常而言，与快递员相关的信用、能力等数据信息只保存在其目前所在的公司中，换句话说，快递从业人员的黑名单主要采用线下模式。快递公司录用新员工时，是无法了解该员工是否在物流行业存在不诚信、不负责的行为的。因此，快递公司有将黑名单共享且数据不能被篡改的需求，而区块链正好能够满足这一需求。

各快递公司组成联盟链，将各自的员工信息上传至有限制权限的区块内，再在智能合约中设置黑名单条件。一旦出现满足此条件的数据，系统自动将该数据更新至没有权限限制的区块中，同时监管部门、公安机关也参与其中，共享该信息以净化行业环境。

2. 公益活动

快递公司开展的一分钱公益活动，是指从每个公益包裹的费用中拿出一分钱捐赠给公益组织。此场景中，快递公司负责商品运输，公益组织负责公益活动执行，扶贫商家负责提供公益扶贫商品销售等。基于区块链技术，商品的物流信息实时记录在链，当商品被买家签收时会自动触发资金流从物流公司的公益账户到公益组织账户的有效转移。整个流程公开透明，各参与主体均能通过区块链系统对数据信息进行动态查询，在国内尚未完善社会诚信体系的情况下，增强公众对社会公益活动的信任感。

3. 运费结算

基于区块链发行代币的设计思想，有助于实现物流快递业务中信息流、物流、资金流相结合的数字化管理。传统的物流资金转划一般通过当面支付或网络转账来实现，但这种方式仍会造成资金在一段时间内的闲置。如果用物流代币替代现实资金，且两者之间可以随时进行替换，则代币的自动化扣除将会大大提高货物的派送效率。

4．货物运输

货物运输在整个物流系统中占有重要地位，其业务操作流程将直接影响物流运输效率。目前，货物运输在发送作业环节存在货物配载不合理等问题；在在途作业环节存在中转仓库空间利用率不高、货物配送线路不合理、往返装载率不均衡等问题；在到达作业环节存在配送和结算等方面的问题。将区块链技术应用在货物运输这三个不同的环节，能够实现货物运输前、中、后的全程智能化管理。

（1）发送作业。结合区块链技术，通过共同竞争记账方式，在发送货物起点处将涉及的人、物和运送工具等信息上传至区块链节点上，通过预先设定好的一系列程序，将货物自动按照链上分析出的数据信息进行分类，选择出适合此货物情况的车型及装车方式，合理地进行车辆调度和配载，以解决车内容积不够或载重过剩的问题。完成货物分类和车辆装载准备后，形成包括货物捆扎紧固、摆放位置和装车作业的具体详细的方案，及时更新并自主决定运输路线和日程安排进行发送作业。

（2）在途作业。相较于普通运输方式，应用区块链的优势在于能够确保货物运输的高效性、安全性和监控性。承运人按照区块链技术形成的规划安排完成各节点配送，由于信息的实时记录和更新，各节点不仅可以相互联系、加强协作，以实现共同配送，还能共同掌握和维护货物的信息，确保信息的真实、准确和安全。同时，不同承运人及终端均可通过区块链随时对相关信息进行查验，在保障货物安全和明确各责任主体义务的同时提高物流效率。

（3）到达作业。将区块链的非对称加密算法和数字签名技术应用于到达作业环节中，在保证收货主体隐私安全的同时有利于国家执行实名制，更有利于包裹的管理。

5．现实案例

（1）国际方面。联邦快递于 2018 年 2 月宣布加入区块链运输联盟，并且已经启动"存储数据争议解决"试点项目，试图利用区块链技术建立永久分布式账本，以真实全面的数据作为处理联邦快递与客户间纠纷的依据。敦豪（DHL）于 2018 年 3 月联合埃森哲发布的《区块链在物流行业的应用》中指出，区块链技术完全有能力改变整个物流行业，并就区块链技术在医药配送方面的潜力进行了例证。

（2）国内方面。2019 年 11 月 7 日，物流信息互通共享技术及应用国家工程实验室（以下简称"物流信息国家工程实验室"）牵头圆通速递承建的快递寄递安全监测平台正式上线。该平台充分利用区块链分布式存储、不可篡改、可追溯等优势，将快递服务收派端体系融入区块链系统架构，对于促进区块链技术在快递物流业的创新应用具有重大意义，成为快递物流业智能化、平台化、标准化、公共化、便捷化、集约化的综合服务站示范项目。该平台打造出从揽收端查验，到后台实名信息校验的寄递实名制登记查验系统，实现了身份信息和物品信息的可记录、可查询、可核对和可追溯。此外，该平台利用大数据与区块链技术对包含揽件、运输、派件、安全检查等众多环节进行数字化改革，实现运单数据、货物调度、资金收付、运营客服等功能模块的统一在线管理功能，让快递物流业在同一个平台上互联互通、优化运营和资源共享成为可能。

围绕危化品的管理要求，快递寄递安全监测平台综合运用大数据、区块链等技术，对示范点内各种感知终端采集到的安全监测信息、快递包裹信息、人员出入或操作信息等进行在线统计、协同分析、联动处理和警情实时上报，供客户、快递员与系统管理员进行快件收寄、快件存取、终端维护、警情处理等操作。快递寄递安全监测平台实现了寄递企业、邮政管理部门、公安机关和国家安全部门等区块链网络节点单位的信息互通共享，解决了传统寄递安全规范性差、信息不互通、安全等级低等问题。

第八章

区块链+医疗创新

第一节　区块链赋能医疗健康

　　利用区块链的分布式、不可篡改、可追溯等特点，在保障患者数据隐私的前提下，解决了以往医疗信息流通不畅的问题，提升了各个环节的透明度，建立了各方的信任关系，缓解了紧张的医患关系。区块链技术的嵌入解决了医疗行业当前的诸多问题，很大程度上提高了医疗体系的运转效率。

一、互联网+医疗时代存在的不足

1. 医疗数据标准不统一，信息的收集与流通受阻

　　当前，我国医疗健康数据主要包括医院临床数据、公共卫生数据和移动医疗健康数据三大部分，而随着医疗科学领域的不断进步，民众的医疗健康需求不断增长，医疗健康领域的数据量呈爆发式的增长。

　　然而，这些数据通常极其分散且复杂，难以进行系统性的采集。此外，这些数据的处理量不仅巨大，而且一些数据较难分类，缺乏分类登记，患者的药量、临床诊断数据和影像资料等有价值的数据比较匮乏，将这些数据进行汇总整理时会面临诸多的问题，难以形成患者的完整画像。值得讨论的是，由于医疗健康行业的特殊性，该行业涉及的利益相关方、相关政策较多，利益链条复杂，加之我国不同地区差异化较大，导致产品标准不统一、服务规范不统一，不同的医疗体系之间缺乏统一的数据标准，这已经成为阻碍我国医疗数据应用的一大难题。

　　这些孤立分散的、非标准化的信息严重限制了医疗大数据所能体现的潜在价值，医疗健康产业效能得不到提升。利用区块链技术，将医疗数据存储在区块链上进行互通共享，数据经过分布式的节点验证能确保上链的数据真实可信且不被篡改，但源头分散且异构的数据不利于区块链对医疗信息的收集与流通；数据标

准不统一会对数据集的质量产生负面影响,限制区块链对医疗健康行业的赋能价值。另外,智能合约也难以对这类数据进行分类判别,如自动化理赔等需要嵌入智能合约的环节将面临困难。

当前,医疗数据标准不统一的问题还有待国家医保单位实施改革推进,力推医疗数据的质量、维度上的标准化,加快形成全国统一的医疗标准化体系。

2.医联体之间体系难以打通,"数据孤岛"现象仍存

我国地域宽广,大大小小的公立医院、民营医院分布在全国各地。区块链技术在医疗健康领域中的应用通常以联盟链的形式开展,医疗机构通过联盟链将医疗数据互通共享,但由于医院在区域上的分散,市场上会形成多个由联盟链串起来的医疗联合体(简称医联体)。各大医联体均希望将自身的医疗体系打造成全国的行业标准,并拥有主动权与话语权,医联体之间由于存在业务协同的执行层面问题,或有利益上的冲突,因此在合作结盟上存在困难,医联体之间也不存在协同打通体系的组织或机制。这将导致医疗机构之间的信息数据仅能在各个医联体内部流转,各医联体的数据集之间难以形成交集。

区块链确实能在一定程度上解决医疗体系中"数据孤岛"的问题,但也仅仅是让各个分散的"孤岛"聚集,变成一个"更大的孤岛"。虽然当前的跨链技术可以解决联盟链之间的数据交换问题,但由于多种原因,通过区块链实现全国范围内的医疗体系数据流通存在较大困难。

二、区块链赋能医疗行业

医疗健康领域很可能是继金融领域之后,区块链技术应用的第二大场景。对于医疗机构来说,区块链技术提供了一个新的创新框架。从区块链的定义和特性出发,其本质是一个去中心化的数据库,属于公开的数字分布式账本。根据区块链的分布式、去中心化、降低信任成本和数据安全不可篡改等特点,将其应用在医疗健康领域,可以解决当前存在的很多困难。

未来,区块链技术不仅会改变人们对医疗行业的传统理解,还会发展各种新的应用场景。区块链技术的融入很可能影响医疗业务的完整格局,为医疗行业带来巨变。

目前,区块链在医疗健康领域的应用主要涉及患者 ID 认证、电子病例、临床研究、药物溯源、医疗保险理赔等方面。在实际案例中有科技企业联手传统医疗产业方发起试点项目,也有区块链企业独自开发医疗区块链解决方案。

1. 区块链结合人工智能与大数据，推进医疗科学发展，重构医疗体系

区块链技术在一定程度上解决了医疗信息数据流通不顺畅、各方互为数据孤岛的困境，避免了以往在法律上医疗信息敏感所带来的不便。记录在区块链上真实有效的数据，积淀成更高质量的庞大数据库，通过处理大量高质量的医疗大数据，进行反复的深度学习、算法优化，推动人工智能发展，如病例、影像、基因，并建立可验证、可重复的医疗标准。人工智能在推进医疗科学领域发展的同时，也使患者无论在诊前、诊中、诊后，还是在院内、院外，均可享受标准化的医疗服务。

将头部医院的医疗能力赋能基层医疗，针对不同病种开发辅助诊疗等，让基层医院也可共享头部医院的医疗技术，最终将医疗资源平均分布在各个层级，重构医疗体系。

2. 推进数据标准统一，区块链赋能更高效

我国当前医疗数据标准不统一，医疗信息大数据难以共享，而推进医疗信息化建设的关键一步就是统一数据标准。未来随着国家医保单位对医疗改革的推进，当前"杂乱无章"的医疗信息数据将逐步实现标准化、统一化，并被各方所接受。在此之后，区块链为医疗行业实现的信息流通所带来的效果将大幅提高，行业效率进一步得到提高，推动我国医疗体系的建设与发展。

3. 监管机构及行业协会或将成为医疗大联盟建设推手

在多方医疗联盟链逐步搭建成熟后，为了达到更大规模的协同，势必会进一步整合。而由于各方体系架构、利益诉求不同，整合的过程中会存在诸多困难，行业的监管机构、协会或将成为推动医疗整合的最佳助力。

以医院体系为例，各大医联体在合作结盟上存在困难，导致医疗机构之间的信息数据仅能在各个医联体内部流转。若此时由具备产业话语权的医院协会发起联盟整合，提出统一的标准，医院主动进行配合，搭建跨区域、跨体系的大型联盟链，可实现更大范围的医疗数据共享。在此之后，打通与保险机构、制药厂商等其他机构体系的联系，推进全产业链数据流通，最终打造出完整的医疗区块链数据共享平台。

鉴于医疗行业的特殊性，推动产业各方整合将会是个极其漫长的过程。然而，一旦这个过程落实完成，我国的医疗品质将会有质的飞跃，国民日益增加的医疗健康需求将得到满足。

第二节　区块链在医疗领域的应用

以下将从电子健康病例、医院住院管理系统、药品溯源与防伪、从业人员身份认证、医疗保险管理五个医疗细分领域详细介绍区块链的赋能机制。

一、电子健康病例

电子健康病例（Electronic Health Record，EHR）又称电子健康档案，是电子化的个人健康记录（如病历、心电图、医疗影像等）。电子病例和电子健康病历这两个名词，在医学资讯学与病历相关的组织中仍有差异。病历一般指可代表个人的健康记录与报告文件，简单来说，是记录个人健康资讯的纸张图表或文件夹。电子病历（Electronic Medical Record，EMR）为病患电子化的病历文件。电子健康病历整合了不同来源的病患健康资讯，其中也包括病患所有的电子病历。理想中，电子健康病例应该具有持续性和即时更新的特性，能够记录患者所有的健康数据。

个人的健康数据、体检机构的数据、可穿戴设备的数据、医疗检验检查的数据、健身运动中心的数据、就医诊断和处方用药等数据构成了患者的个人电子健康病历数据。然而，这些数据来自不同的机构或者组织，相对割裂，不完整也不统一。这些单独的数据好似一座座"孤岛"，没有一个完整的链条将它们串联起来，以便我们共享。区块链的共识机制、分布式存储和加密技术，能够将患者所有生命周期的健康数据统一记录在公有链上，让公有链的机构保持和保有一份统一的数据。

首先，区块链的共识机制在 P2P 的环境下，每次随机地选择出唯一的一个区块生产者作为记账节点。随机选择保证了每次选择的记账节点都是不一样的，既保证了公平性，又保证了安全性，使其免受黑客的攻击。挑选出唯一的节点进行记账意味着只有一个人去记账，其他人只复制他的记账结果，这样才能形成一个统一的顺序账本，达成一个共识。区块链就是利用共识机制在众多的互相不信任的计算机节点中达成共识，在 P2P 的网络里边构成一个顺序账本。

其次，将分布式存储技术和区块链系统相结合，提供分布式存储的区块链系统，将病患不同地点和不同设备上记录的不同类别的数据统一储存在区块链中，根据去中心化的分布式存储，每台设备中存放的都不是完整的数据，而是把数据切割后存放在不同的设备里。这些节点或服务器上的数据库构成了一个庞大的类似分布式账本,在这个分布式网络中的每个节点进行复制并存储一份相同的账本副本。分布式存储技术的一个突破性特征是账本不由中心化机构管理,对分布式账本数据的管理和更新是由每个节点独立完成的。

最后,患者的健康数据对隐私性要求极高,一旦泄露就会造成不可挽回的局面。区块链凭借加密技术,以密码的方式保证分布式账本的不可篡改和不可伪造。区块链主要运用数字签名,基于非对称加密算法中的公钥和私钥,公钥用来加密,私钥用来解密。数字签名使用私钥生成一个签名,接收方使用公钥进行校验,以此来保护区块链中的信息不被盗取和泄露。

综合来看,区块链的分布式存储(去中心化)是前提,因为它去掉了中介;共识机制是核心,因为它实现了在没有中心的分布式网络中统一思想,达成共识;加密技术是保障,因为加密技术实现了交易信息的安全。区块链在电子健康病例中的应用打破了数据割裂,保证了患者数据的不可篡改,杜绝了医护人员更改患者数据的情况。在建设的公有链上,患者可以选择上传自己的健康病历等相关数据,将其保存在区块链中,并且可以随时访问自己的数据;而相关医疗机构、医学研究机构和药品开发组可以在去中心化的患者电子健康病历数据库中开展研究和获取数据,通过合法性验证的医疗人员,经过患者的授权之后,获得相关数据的使用权。并且,相关人员在公有链上的数据获取记录和患者的授权记录都会保留,做到可查可追溯,这解决了多年来存在的患者数据隐私和共享的矛盾。患者完整的数据记录,以及家族史、遗传病史、过往病史等数据,为医疗机构的诊断提供了决策依据,对疾病的预防和提前干预提供了帮助。例如,为体检中心指定的全局全程的健康管理计划提供参考;为健身运动中心健身计划的制定和执行提供决策参考;为医疗研究机构中医疗应用和服务创新、药品研究和医疗器械设备开发提供数据等,由此构成更大的区块链生态,形成良性循环。

区块链技术实现了医院之间的信息互联互通。这样的技术应用,虽然减少了患者的检查次数,但相应地也减少了医院的收入,降低了人事费用,可能触碰到相关方的利益。因此,这样的技术应用,需要政府带头试点,自上而下地推行,并且需要推出新的商业模式,鼓励其他医院加入,只有这样生态整体才能健康可持续地运行。

二、医院住院管理系统

医院住院管理系统是医院信息系统的重要组成部分,是现代化医院的必要运营基础条件。医院每天住院的人数众多,信息量大,管理起来相对繁杂,采用人工管理的传统医院经营管理方法已经不能满足医疗行业快速发展的要求。建立医院住院管理系统的目的是以更现代化、科学化、规范化的手段来加强医院的管理，提高医院的工作效率，改进医疗质量。一个良好的医院住院管理系统，不但可以方便工作人员的日常工作，还能节省时间，提高医生治病救人的效率。

传统的住院申请流程由人工登记，不仅容易出错，由于医疗资源紧缺还存在加塞等排队不透明的情况。将以太坊区块链技术应用于住院管理系统，采用智能合约处理排队信息，保证住院顺序按照申请的先后顺序排列。在管理页面录入住院信息，将入院申请基于时间戳保存在区块链中，患者可通过浏览器查询区块链中的床位情况。

以太坊是一个分布式的计算平台，它会生成一个名为 Ether 的加密货币。和比特币一样，Ether 也受到分布式区块链支持，在这种情况下就是以太坊区块链。以太坊是一个运行智能合约的分布式平台，这些智能合约运行在以太坊虚拟机上，它是由所有运行以太坊节点的设备组成的分布式计算网络。程序员可以在以太坊区块链上写下"智能合约"，这些以太坊智能合约会根据代码自动执行。

智能合约是在以太坊虚拟机上运行的应用程序。这是一个分布的"世界计算机"，计算能力由所有以太坊节点提供，提供计算能力的任何节点都将以 Ether 数字货币作为资源支付。智能合约包含了有关交易的所有信息，只有在满足要求后才会执行结果操作，智能合约一旦设立，无须中介也可参与自动执行，并且没有人可以阻止它的执行。

使用以太坊区块链技术的住院管理系统，在智能合约中约定患者和管理员的信息，系统设置录入病人排队信息的接口，如果不是医院的钱包地址，则信息无法录入，这就保证了权限控制功能。为了有效防止排队加塞的情况发生，引入时间戳技术记录患者递交申请的时间。时间戳可以精确到秒，一般产生过程为用户先将需要加时间戳的文件用哈希编码加密形成摘要，然后将该摘要发送到数字时间戳（Digital Time Stamp Service，DTS），DTS 在加入收到文件摘要的日期和时间信息后再对该文件加密（数字签名），最后送回用户。在区块链中，患者的排队申请按照时间先后顺序形成时间戳，保证了申请时间的真实性，不会被篡改，从而有效防止了排队申请出现插队的情况。而且，DTS 凭借数字签名对时间戳进行加密，保护了患者的隐私。管理员利用智能合同代码录入医院的床位信息，当患者的信息达到智能合同代码的要求时，可自动执行交易，而无须可信任的第三方持有货币并签署交易。

除了医院住院管理系统，通过以太坊智能合约还可以优化手术安排流程。以往的手术日程信息在医生办公室和医院的行政部门之间来回传递，信息的完整性和准确性得不到保证。管理员将患者的手术信息和医生的时间安排录入智能合约中，通过智能合同代码设置好匹配条件，当患者的手术需求与医生的执行能力、时间安排等一致时,智能合同代码自动执行手术分配,既保证了患者手术的质量,也给医生的手术安排合理分配,避免出现疲劳工作的情况。通过对患者身份的识别和确认,患者可以自动获得手术预付费和医疗保险的预授权,增强了医患之间的信赖。同时,对患者病史和用药史的知悉,可以减少术前检查的流程,降低用药风险,有效防止医患矛盾的发生。

案例:医疗健康区块链操作系统 phrOS

台北医学大学附属医院和 Digital Treasury Corporation(DTCO)在 2017 年 11 月联合发布了医疗健康区块链操作系统 phrOS。phrOS 是世界上第一个医院范围的区块链集成项目,充分打通了健康数据的共享交流,同时确保数据隐私,从而加速医疗健康行业的合作。

phrOS 上的数据包括图像及有关患者状况的各种信息,医生和患者本人可以通过移动设备软件访问。此外,它还通过分布式记账技术增强了医疗信息的安全性。

phrOS 的主要应用有以下几点。

1. 患者智能 ID

(1)为患者病历匿名数字身份,以实现患者身份识别和身份管理。

(2)支持患者数据写入和查询,包括医院内的护理和药物管理。

(3)追踪患者的健康情况记录。

phrOS 患者智能 ID 示意图如图 8.1 所示。

图 8.1　phrOS 患者智能 ID 示意图

图 8.1 phrOS 患者智能 ID 示意图（续）

2. 智能医疗链

智能医疗链通过促进医疗机构与患者之间的医疗数据共享，提高了医疗数据信息的交换，也提高了患者病历数据安全和隐私保护的效率。phrOS 智能医疗链示意图如图 8.2 所示。

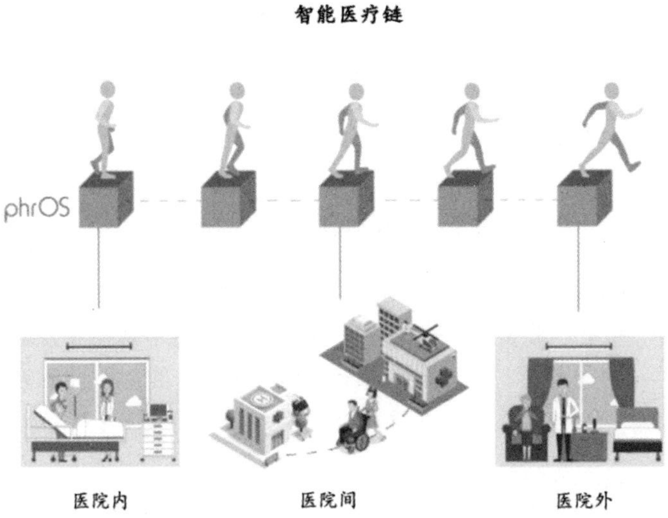

智能医疗链

phrOS

医院内   医院间   医院外

图 8.2 phrOS 智能医疗链示意图

3. 智能合约电子签名

智能合约可以应用于临床试验，简化病患电子文档的管理，提高临床试验中患者招募流程的效率。

4. 自动化保险

自动化保险涉及患者、医院和保险公司之间的医疗数据共享授权，数据包括时间戳及医疗记录，所有授权数据文件均具备数字签名，无须第三方服务即可解决任何纠纷，随时随地进行审核。

phrOS 自动化保险流程图如图 8.3 所示。

图 8.3　phrOS 自动化保险流程图

5. 医疗健康数据市场

连接患者、医生、制药公司的数据交易平台，加快了新药开发的进程。研究人员可以直接从患者处获得医疗数据来进行学术研究，数据分析公司可以为其报告和研究获取数据。phrOS 医疗健康数据市场流程图如图 8.4 所示。

图 8.4　phrOS 医疗健康数据市场流程图

三、药品溯源与防伪

药品的质量安全是人们非常关注的,国家药品监督管理局对药品的监管也非常严格,要求药品生产企业建立使用药品溯源系统。溯源,简单来说就是对产品进行正向、逆向、不定向追踪的生产控制系统,适用于任何产品。其最根本的目的是对商品的真伪进行鉴定,建立消费者对商品品质的信任。以往的做法是将药品的生产批号作为识别代理商和门店的标志,但这种渠道管控的方式偏简单,造假成本低,贴在药品包装上的生产批次号很容易被涂改或被遮盖,甚至被转移,因此不能有效防止药品窜货的发生。

在加强药品追踪、可追溯性和安全性,提升药品供应链的透明度方面,应用区块链技术无疑是最好的选择。

通过区块链技术,可以对每次医疗耗材、药品的流转进行登记,实现了医疗耗材、药品从原材料的生产地、到生产制造、到销售流转过程,以及进入医院后,患者使用信息的全过程追溯管理。在区块链系统下,如果药品运输过程中断或药品失踪,存储在分布式账本上的数据可以为各方提供快速追踪渠道,并确定药品的最后活动位置。在区块链这条药品供应链上的所有节点保证药品生产商、经营商、第三方物流、药店零售、医院、消费者的所有信息都可追溯,在供应链的各个环节，逐步建立符合区块链追溯的标准，有效地实现了医疗耗材和药品的溯源管理、防伪鉴定。区块链利用一套基于共识的数学算法，进行信用创造。分布式存储使任何一方都不可能拥有分类账的所有权，更不可能非法操纵数据。假设某药品流通企业试图逃避造假追责，它也只能删除该假药在自己名下的记录，而系统中其他成员的区块链数据是无法删除的。通过区块链多方参与，共同维护同一个账本的形式，供应链中的参与方越多，共同维护的数据越大，就越容易给消费者带来更多的数据信任背书。基于区块链的药品信任背书，可以成为实现药品安全的利器，假药将无处可藏，有效打击了假药在市场上肆意流通的情况，解决了药品溯源与流通上的痛点。

通过区块链技术，药品监管工作变得更为高效和透明。监管人员在区块链中可以直接查询药品的来源，监管部门可以从任意一个节点往前追溯和往后追溯，以便产品出现问题后能追溯到责任主体。基于区块链的公开透明性，所有有权限查询信息的人都能看到区块链中的数据信息，全民共享使信息披露工作高效进行，消费者可以自主鉴别药品的真伪。区块链对整个溯源链条上的各种参与主体，真正实现了从被动监管向主动信用监管的升级和转变，这才是区块链技术给行业带来的真正颠覆。利用区块链技术，可以建立药品"身份证"，从而保证药品从源头到用户的每个环节信息都能透明、真实。

通过区块链+防伪标签+物联网设备的方案，确保产品信息难以复制、仿制、回收，帮助企业建立商品的唯一标识系统，实时监控审核商品身份动态及商品流。通过在药品外包装上印制或粘贴条码、二维码等，追溯可以涵盖药品生产、流通及使用的各个环节，实现"一物一码、物码同追"，使用各个环节提供的数据按照同一个标准去处理和识别，还可以追踪物流轨迹、发票及药品检测报告等内容。区块链药品追溯系统的出现为药品可追溯打开了良好局面。对于制药行业来说，公开透明可以解决价格问题，相互信任可以解决造假问题，可溯源可以解决药品流通问题。在追溯体系里，通过分析追溯体系需求和区块链的技术平台优势，借鉴区块链数据管理的方法，能够合理改善我们的追溯体系。

案例：智臻链医药追溯平台

京东数字科技集团（简称京东数科）推出了基于区块链的智臻链医药追溯平台，通过该平台提供智慧疫苗管理软硬件解决方案，确保疫苗从生产、流通到使用等全流程的信息透明流动，对每支疫苗的数据进行记录，对其来源进行追溯，保证疫苗的品质与安全性，让终端接种更安全，为消费者的医药安全保驾护航。智臻链医药溯源解决方案架构如图8.5所示。

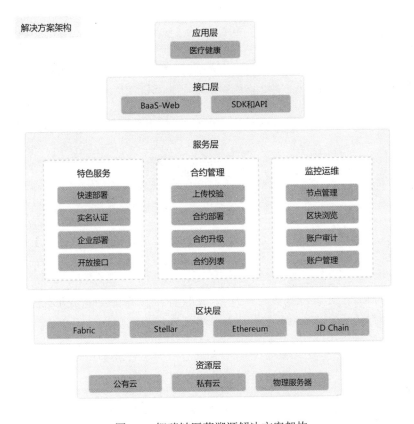

图 8.5 智臻链医药溯源解决方案架构

以具体的产品应用场景为例，京东数科与海信生物医疗冷链达成合作，联合推出区块链疫苗追溯解决方案产品，将其应用在各地级市的疫苗接种点。通过区块链技术能够解决当前疫苗数据人工记录带来的问题，如易被篡改、数据滞后等，以保证疫苗监控的真实性和安全性，解决了疫苗追溯难的问题。

在传统的疫苗流通过程中，存在着流通环节多、信息不透明、终端库存管理效率低、接种统计费时费力等问题。京东数科通过区块链技术打通了疫苗在生产中心、冷链物流、疾病中心、接种站等多个环节的信息流通，并能完成最终的接种情况、信息反馈的即时响应。另外，将智能冷柜应用于终端接种站，能够提供疫苗出入库、温控预警、自动盘点、缺货预警、追溯扫码等管理功能。疫苗信息数字化结合区块链技术，为消费者提供安心安全的服务，大幅降低了疫苗接种站的人工成本，并提高了其工作效率。智臻链医药追溯平台流程示意图如图 8.6 所示。

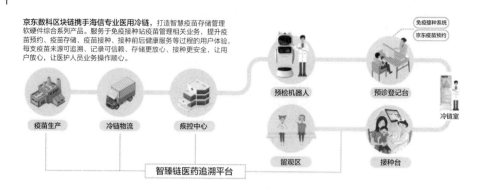

图 8.6　智臻链医药追溯平台流程示意图

通过该智慧疫苗追溯管理系统，消费者在接种疫苗时便可以通过手机了解到接种疫苗的真实流通信息，并且能及时地接收到疫苗接种的结果反馈，更加踏实放心。

除了与海信生物医疗冷链的合作，京东数科在医药领域的防伪追溯平台正在逐步扩大其影响力，在 2019 年年初与银川互联网医院达成深度合作，落地区块链疫苗追溯解决方案。

案例：区块链药品追溯项目 MediLedger

2017 年 9 月，美国基因泰克公司和辉瑞公司等制药公司联合推出了区块链药物追踪项目 MediLedger，并进行试点应用。

MediLedger 符合《药品供应链安全法案》（DSCSA）的相关要求。自 2019 年 11 月 27 日开始，美国制药业需服从药品供应链安全法的新规定。该规定中的一个重点是，所有退还给分销商的处方药在转售前必须先与制造商确认处方药产品的唯一性。

制造商、批发商和医院等药品供应链上的节点都能够在区块链上记录药品运送数据，药店和医院可以从全自动及时的真实响应中受益，而无须手动处理涉及电话和电子邮件的过程，制造商也能够安全地请求并响应药品的验证请求。在药品运送过程的每个步骤，区块链网络都能证明药品的原产地和真实性，使药品盗窃和以假换真变得异常困难。同时，也只有被授权的公司才能够将产品收录进产品目录中。

MediLedger 区块链平台流程示意图如图 8.7 所示。

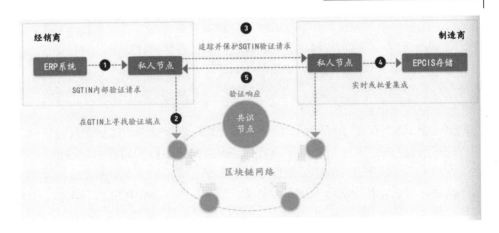

图 8.7　MediLedger 区块链平台流程示意图

当前，区块链在溯源领域已落地多个应用场景，在医疗领域中，区块链能为各方监控药物的流转过程，杜绝虚假药物来源。同时，像疫苗这样易损耗、易变质的特殊商品，区块链也能结合物联网设备对疫苗的出入库时间、温度、湿度等多维度的数据进行监控，保证疫苗等特殊药品的质量及时效性。

除了针对企业的药物供应链溯源方案，由于消费者在网上购买药物也存在着极大的信任问题，预计未来还会有大批医药电商探索区块链技术在药品溯源的应用，以增加消费者对平台及产品的信任感，做到药品安全有保障，便民又放心。

四、从业人员身份认证

当前，世界正面临着合格医疗从业人员短缺的情况。一般情况下，医务工作者的身份是一个复杂的数据点组合，它包括了医学教育背景、国家认证的医疗人员从业证等多个信息。医务人员的身份和证书的可靠性是确保患者安全和高质量护理的首要因素。但是对医务人员身份和证书的验证牵扯了太多利益相关者，费时又费财，给本就不堪重负的医疗系统带来了成本压力。

传统身份验证流程用在许多行业容易出现个人身份信息泄露、文件伪造、人工检查出现失误的情况。当前，比较先进的身份认证技术为生物识别，其通过计算机与光学、声学、生物传感器等高科技手段密切结合，利用人体固有的生理特性（如指纹、虹膜等）来进行个人身份的鉴定。这种方法准确度较高，但其中心化的信息存储方式可能造成信息被篡改。并且，在医疗行业，从业人员身份的认定涉及从业证书和学历背景，生物识别技术无法校验证书的真实性，因而并不完全适用。在一个完美的状态下，个人网络信息与身份管理应该具备以下特征：个性化和独特性、永久性、便携性、可随时访问、私密性，只有用户拥有设置个人数据使用与浏览的权限。利用区块链技术，可以搭建一个验证平台，对医务人员的身份和证书进行验证。但如果把采集到的信息通过区块链进行信息存储，并结合生物识别技术，认证个人的准确性将得到进一步提升。

ShoCard 项目便是最好的例子。ShoCard 是一个获得专利的数字身份平台，建立在区块链数据层上，可以用来认证任何没有用户名和密码的人。它融合了生物识别技术和区块链技术，把证件信息加密后保存在用户本地，把数据指纹保存到区块链，再通过私钥进行数字身份认证。首先，ShoCard 利用区块链去中心化和不可篡改的特性，使用移动应用程序来扫描用户凭证，如从业人员的学历证书、从业资格证书、职称证书等，并通过区块链的加密技术对信息进行加密，将它们的加密摘要存储在区块链中。个人身份具有多重性这个特征，使它需要大数据支撑。而区块链的可追溯性使数据从采集、交易、流通，以及计算分析的每一步记录都可以留存在区块链上，使数据的质量获得前所未有的强信任背书，保证了数据分析结果的正确性。通过分布式存储舍弃中介，保证不同计算机节点储存信息的真实性和完整性，便于追溯。加密技术保证了从业人员信息的私密性，并防止信息的泄露及被盗取。其次，通过 ShoCard，个人的移动设备上均保留了自己的身份，并通过私钥数字签名保持身份锁定。这样使身份共享和验证变得更高效、私密和安全，从而使每个人免于为每项享受的服务维护单独的用户 ID 和密码。最后，ShoCard 允许用户决定他们想要共享身份的哪一部分，以及与谁共享，从而规避敏感信息，消除了集中式数据库中包含个人身份信息的必要性。这使组织能够在不危及他们数据的情况下快速验证人员，有效防止个人身份信息被黑客利用，并用于攻击个人和企业。

ShoCard 的创始人兼首席执行官 Armin Ebrahimi 表示，移动设备已经将我们的文化扩展为我们自身的延伸，并结合区块链技术，使我们随时随身携带可验证的身份验证方法。我们正处于身份技术发展的关键时刻，特别是在访问和控制方面。个人希望尽可能多地控制自己的身份信息——决定共享什么，以及与谁共享，而不必相信第三方会保护他们的数据。服务提供商和企业需要超越这一需求，提供最高质量的安全和服务。在 2018 年的医疗保健信息和管理系统协会健康会议上，ShoCard 和 RF Ideas 展示了共同努力的成果，以及为使用 ShoBadge 企业身份认证系统的医护人员提供安全凭证胸牌阅读系统。该系统使用低能量蓝牙技术来阅读从业者的徽章或移动设备，并根据区块链上的散列数据检查凭证。Armin Ebrahimi 表示，医生或临床医生可以使用 ShoBadge 应用程序访问数据库或计算机，或通过物理访问建筑物。医生很忙，繁杂的工作使他们希望能够快速方便地访问事物，同时让自己的 ID 与生物识别相关联。通过与非接触式身份证阅读器合作，ShoCard 可以在不将身份证保存在中心位置的情况下快速访问员工。例如，对于与多个医疗保健提供商签约的医疗保健工作者尤其有用。

案例：医疗区块链技术解决方案 Dokchain

医疗健康 API 平台 PokitDok 与科技巨头英特尔达成合作，共同开发医疗区块链解决方案 Dokchain。英特尔将为 PokitDok 提供开源软件 Hyperledger Sawtooth 作为 Dokchain 的底层分布式账本，并将英特尔芯片用于区块链数据处理。PokitDok 的合作伙伴不仅有英特尔，还包括亚马逊、Capital One、Guardian 和 Ascension 在内的 40 多家公司。PokitDok 商业模式示意图如图 8.8 所示。

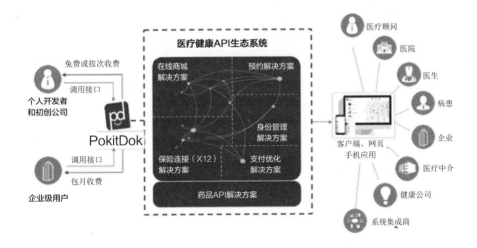

图 8.8　PokitDok 商业模式示意图

Dokchain 可以提供身份管理，用来验证医疗交易的多方信息，信息验证成功后，交易便会按照既定的合同自动执行。另外，Dokchain 还可以用于医疗供应链的验证，如医生开处方的信息会被记录在区块链上，药物价格将更加公开透明，这也将在医疗用品的库存和订单管理上产生深远影响。Dokchain 的应用将有效缓解医疗行业信息不对称的现状，改善各个节点的信任问题，避免医疗欺诈事件发生，并且有效保护患者隐私。

五、医疗保险管理

在医疗保险行业中，投保人、医疗机构和医疗保险提供方三者之间要进行频繁的信息交互。无论是商业保险还是社会保险，对于投保人而言目前还存在一些问题，在选择商业保险产品时面临误导等欺骗行为，且在理赔过程中会出现手续复杂、流程烦琐、时间等待长、条款理解偏差或理赔人员主观判断失误等问题，造成赔付不及时或者不到位，且投保人的信息在保险机构中存在信息泄露的风险。对于医疗机构而言，在保险报销流程中，病历资料的整理和外部审计等工作需要花费相当长的时间，同时出于对隐私安全的担忧，和保险机构之间信息互通的程度相对较低。对于医疗保险提供方而言，由于其掌握的数据有限，需要花费高额成本在资料审定、数据库维护、索赔检查等方面，有时需要构建强大的核保部门或借助第三方机构，来规避骗保、"道德风险"与"逆向选择"等风险。在社会保险方面，目前国内各地区之间存在医保范围和报销比例不一样的情况，异地就医报销手续复杂、时间周期长。

将区块链技术引入医疗保险行业中，利用区块链的去中心化、点对点连接、开放透明、不可篡改、智能合约自治性、匿名和保密性等特点，可以在一定程度上缓解医疗保险行业所面临的问题。区块链去中心化的路线和保险本质上是契合的，互助类保险本质上是点对点的交易，现阶段保险机构存在着可以进行患者的教育和销售的作用，同时新技术的应用也依赖于保险机构来推动。在医疗保险行业，利用区块链可以在医保审核、保护投保人、提供电子发票等方面进行优化。

首先，在医保审核方面，当前的医保审核困境主要是由中心化的管理模式和医保机构之间过度竞争导致的。我国主要实行人工审核，审核的内容既有对广大参保人申报的医疗费的审核，也有对两定医疗机构（定点医疗机构和定点零售药店）申报的医保结算单的审核。而人工审核效率较低，还存在滥用权力、不按规定审批的现象，给监管工作造成了一定难度。

医保业务过程实际是各方签订协议和履约的过程，它包含两个分支：①参保人与医保机构签订参保协议；②医疗机构与医保机构签订医保定点机构服务协议。目前，保证这两份协议正常执行，是依靠医保经办机构集中式的管理模式实现的。各方分散的行为被集中汇聚到医保端，然后由医保端触发约定执行。而区块链根据去中心化的治理体制，对医保申请协议实行分布式存储，由此实现分散化执行，记录在区块链中的申请协议具有公开透明的特性，且不可篡改，保证协议的完整性和真实性。运用区块链进行医保审核来代替人工审核，最重要的一点就是实现自动审核，可以减少人工干预、减少人为失误、提高履约效率、提高行为一致性和确定性、降低监管成本。智能合约就是解决此问题的最好技术，部署在区块链上的智能合约可以实时监听交易双方发出的交易请求，智能合约基于提前约定的理赔条件，通过事先写好的算法，根据输入信息自动完成合约内容的执行与行为审核、结算、基金管理。而且，智能合约可以由管理者快速调整和发布，实现合约升级。这些特性可以很好地满足理想体系要求：削减了烦琐的手续，实现了自动化的分散式审核与结算，审核尺度既灵活又可控。这种智能合约的应用可以用"医保智能合约"来命名。医保智能合约可以与任意主动请求签约的 HIS（公认的医院业务系统）发生交易，只要 HIS 背后代表的机构是有资质的医疗服务机构，这一签约过程就可以自动完成，实际也就是成了该智能合约所属的医保机构与这个医疗服务机构签署的协议，可以开展医保业务。智能合约的这种自治性，其应用可以降低保险的人工理赔成本。同时，触发型赔付产品可以在一定程度上减少投保人和保险机构之间由于合同条款人为解读的不同造成的纠纷。

其次，医保申请包含投保人的大量信息，区块链中的非对称加密算法，在一定程度上解决了部分投保人个人信息的隐私安全问题，可以使目前隐私保护力度不足的局面得到一定程度的改善，同时在一定程度上可以缓解一些因为隐私保护而造成交易效率降低的问题，如医疗机构出于隐私安全的考虑与保险机构之间信息不互通造成投保人赔付周期长的问题。此外，投保人对保险机构的信任程度会妨碍保险的顺利进行，而区块链在一定程度上可以解决投保人和保险机构之间的信任问题。理论上来说，区块链上的信息越多，加上区块链的开放性和透明性，越可以减少信息的不对称性，同时不可篡改性可以让保险机构与投保人之间在一定程度上解决信任问题，减少骗保、"道德风险"与"逆向选择"等风险，保险机构可以更好地进行风险控制，医疗机构也可以更好地进行资料的整理和外部审计。

最后，区块链在电子发票中的应用，解决了纸质发票不好储存、成本过高、不便留存等问题。将区块链技术应用于电子发票系统，构建了一个具有共有网络的联盟链模式的电子发票区块链。在这个区块链中，依托于共识算法的分布式账本保证了储存信息的准确性和一致性，对于全社会流通的电子发票，保证其拥有共识基础是得以让全社会成员信任的重要条件。通过加密机制保证发票信息的安全性和真实性，医疗报销的发票信息可以通过区块链的不可篡改特性保证其完整性。并且，电子发票上的信息包含授票方和收票方的隐私，因此对信息的访问权限应该受到严格的控制，由此引入税务机关作为区块链制度上的监管机构，由税务机关统一制定区块链的运行标准和合约条件。此外，还可引入审计部门、财政部门、档案管理部门作为监管机构，根据提前写好批准电子发票通过的智能合约，自动生成电子发票。

案例：腾讯云联手爱心人寿打造保险区块链联盟

2017 年 11 月，腾讯云与爱心人寿宣布双方达成深度战略合作关系，为医疗机构、保险公司、卫生信息平台等机构组织构建区块链联盟，用区块链推动"智能+保险"场景落地。

通过区块链技术，打通联盟内各组织的数据流通，安全高效地存储数字存证信息，在保障医疗数据的安全性基础上，实现真正意义上的医疗、保险等信息安全的互联互通，为用户提供高效安全的保险保障产品和医疗健康服务。

"区块链+保险"一方面打通了医疗机构、保险公司、投保人及监管等各个环节，实现了信息共享和流通，除了为理赔流程提效，还完善了对风险及成本的控制；另一方面，通过智能合约实现自动化核保与自动化理赔，降低了管理成本。

区块链结合医疗保险实现了理赔流程效率质的飞跃，优化投保人体验的同时，也为保险公司达到了降本提效的目的。未来，会有更多的医疗机构、保险公司和区域平台(监管机构)加入以区块链技术搭建起来的保险医疗行业生态联盟，以联盟链形式实现区块链的保险直赔模式。

第九章

区块链+医联体模式

在医疗改革不断深入推进的背景下,加快区域医疗信息化建设是提高医疗服务质量的有效途径。实现区域医疗信息化建设可以将各个医院的信息网络联系起来,进行紧密的配合,进而从整体上提高我国医疗的服务水平。但是,在当前医联体的背景下,区域医疗信息化建设过程中仍存在一些问题,因此要对这些问题进行深入分析,并采取有效的措施进行改进。区块链技术目前已经尝试应用于区域医疗信息化之间的信息互通。

第一节　医联体运行现状

一、医联体概念

1. 医联体的定义

在医疗资源总量严重不足、优质医疗资源分布严重不均的情况下,为了尽可能满足群众的医疗服务需求,各地因地制宜,进行了许多有益的探索,其中备受瞩目的医联体模式得到了社会的认可。医联体是指在一定区域内,以高级别医疗机构为龙头,纵向向下一直延伸到底端,整合数家低级别医疗机构,一般为扇形分布,成为医疗联合经营体,在政府的统筹指引下,多个医联体即可覆盖一定的辖区居民,形成上下级医疗机构之间的无缝对接。

2. 医联体的目的

医联体最大的作用就是发挥基层医疗机构的作用,解决常见病、多发病,并进行有序转诊。推行医联体不是为了扩大大医院的规模,而是希望形成大医院带动基层医疗机构的服务模式，形成分层诊疗的结构。

目前，我国卫生资源配置存在不合理、优质资源集中在城市的问题。下级医疗机构，特别是县级以下的医疗机构卫生资源匮乏，与群众的需求不匹配，加之全科医生培养速度缓慢，导致基层难以承担首诊的任务，从而使分级诊疗难以真正实施。病人无论病情轻重，都集中涌向大医院，导致大医院一号难求，而多数社区和乡镇卫生院的病人较少。资源限制和优质资源下沉困难，导致病人自发向上级医疗机构转移，造成就诊秩序混乱。如果要把病人吸引到基层，就必须先把优质资源配置到基层。而医联体就是一条值得探索的强基层的途径。医联体分级诊疗架构如图 9.1 所示。

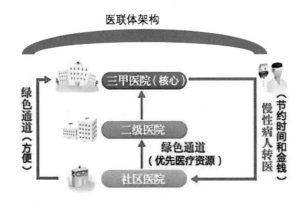

图 9.1　医联体分级诊疗架构

不可否认，现在很多大医院举办医联体很重要的一个目的是抢占市场。一方面，通过多建联系点、转诊等方式获取利益；另一方面，随着联合体规模的扩大，更多的人力资源及病源流入核心医院。但是，医联体的真正目的应当像一根管道，将大医院与基层医疗机构联系起来，实现优质资源的下沉。医联体应当是从人民群众的需求出发，为解决群众看病难，使群众就近得到优质、便捷、安全的医疗服务的举措。

3. 医联体的内涵

我国要加快公立医院改革，继续巩固完善基层运行新机制，加快建立分级诊疗制度。此外，要约束大型公立医院不合理扩张，推动医院通过纵向资源整合而非单体规模扩张提高效率和提升水平。医联体不是大医院之间的联合与扩张，而是大医院与基层医疗机构之间的纵向资源整合。医联体本质是为了强基层，通过资源整合，重构医疗服务体系，发挥基层医疗卫生机构的作用，推动分层诊疗和双向转诊。医联体分层体系结构如图 9.2 所示。

图 9.2　医联体分层体系结构

医联体是一种新型的"医院集团"，具有区域分层结构，这个"新"是从其促进优质医疗资源下沉及建立分级诊疗制度的目的上体现出来的。21 世纪初建立的医疗集团存在"3+3""2+2"的横向整合类型，其目的更偏向于强强联合，与医联体存在差异。所以，参与整合的成员应当是判断医联体的依据：狭义的医联体应当是"3+2+1""3+1""2+1"这样纵向到底模式的"医院集团"（医疗联合体），它们囊括了基层医疗机构，是强基层的显著体现；广义的医联体应当是包括所有不同层级医疗机构的整合，即除上述三种组合之外还有"3+2"模式，因为这种模式同样体现了促进优质医疗资源下沉的目的。因此，整合至少包含两个层级的医疗机构应当是判断医联体的标志。

二、我国医联体现状和发展模式

2015 年 9 月，国务院办公厅印发《关于推进分级诊疗制度建设的指导意见》（国办发〔2015〕70 号），自提出以提升基层医疗卫生服务能力为导向，以业务、技术、管理、资产等为纽带，探索建立包括医疗联合体、对口支援在内的多种分工协作模式以来，全国对医联体的探索越来越多。医联体在城市和农村的构成不同。在城市，三级医院是医联体的龙头，与二级医院和社区卫生服务中心共同组成某个地区的医联体。在农村，县医院负责牵头，乡镇卫生院和村卫生室为基层医疗机构，负责农村居民的首诊。

目前，我国医联体主要有松散型、半紧密型和紧密型三种模式，其中松散型医联体占大多数，紧密型较少。我国医联体的三种模式如图 9.3 所示。

图 9.3　我国医联体的三种模式

1. 松散型医联体

当前已建立的医联体多数属于松散型医联体，内部的成员医院之间没有行政管理、人事调配和经济分配的权力，只是以一种医疗资源共享的形式建立的松散的合作模式。该模式组建简单，但机构间各自为政，作用不明显。

2. 半紧密型医联体

半紧密型医联体也称混合型医联体，这种模式介于松散型医联体和紧密型医联体之间。在医联体的内部，上级医院在某些方面对基层医疗机构进行直接管理，但基层医疗机构仍保留自己的法人，对机构负责，如核心医院可以任命基层医疗机构的主任等。同时，在医联体的内部会建立共同的诊疗平台供专家使用，基层医生还可到核心医院进修，核心医院医生则会被派往社区坐诊，以此加强核心医院与基层医疗机构的交流沟通。

3. 紧密型医联体

紧密型医联体是指各地级市以一家三甲医院为首,向下整合专科医院和社区医院,通过政府出资、集团管理的办法,组建真正的医疗集团。目前,紧密型医联体的主要表现形式是成员医院在人、财、物上统一调配,经济利益一体化,是一个高度集中的医疗联合体,医院间可互通有无,资源共享。

三、医联体模式的正向引导作用

1. 缓解了看病难的社会问题

在未增加国家投入的前提下,医联体在一定程度上解决了看病难的社会问题。医联体是为了响应国家政策、适应市场需要、解决看病难问题而成立的。通过医联体,患者的就医权益基本能得到有效保障,不仅可以安心在基层医疗机构就诊,若遇到大病和疑难杂症,还可逐级向上转入高级别医疗机构诊治。医联体实现了就医机会的均等化,有利于安定患者情绪,实现有序流动。龙头医疗机构在医联体内有效调度医疗资源,提高了医疗资源的使用效益。

2. 实现医联体内优质医疗资源的均衡使用

医联体无论采用何种合作方式,都基本达成了业务流程和技术合作相互衔接,实现了从顶层医疗机构到基层医疗机构的纵向覆盖,每位患者均可根据病情的需要实现上下顺畅流动。医联体为患者提供了均等享用优质医疗资源的机会,是医疗资源均衡有效使用的有益尝试。

3. 医联体内患者信息共享,为患者带来了实惠

医联体内患者信息（包括基本信息、既往病史和诊治信息、医检报告等）均可无障碍共享,不仅有利于减少医疗检查的种类和次数,而且有利于根据患者历史数据来准确掌握和预判其病情及发展趋势,提高诊疗效率,从而使患者得到综合质量较高的医疗服务,在为患者带来实惠的同时,也在一定程度上减少了医患纠纷的发生。

4. 增加了基层医疗机构的活力

基层医疗机构加入医联体后,较为严格的分级诊疗制度会带来医疗资源和初

诊患者人数下沉、医疗技术提升等显著积极变化,有效激发基层医疗机构的活力,为医疗资源调整、提高使用效率奠定一定基础。

四、"美国医联体"模式

美国通过医疗资源整合,形成了现代化的医疗管理模式,壮大了医生中介组织,使医院、医生和保险机构形成了相互制约、相互制衡的紧密联系关系,为提高医疗服务质量,降低医疗费用快速增长做出了贡献。"美国医联体"主要有两种模式,分别为医院与社区医生合作模式和医疗集团模式。虽然模式上是两种,但两者都是建立在医院与医生合作的基础上的,其中医院集团将第三个主体——保险机构引入医联体当中,形成了"医院—医生—保险机构"的制衡关系。

1. 医院与社区医生合作

医院和医生之间的关系是医疗体系中两大重要的影响因素。自 2000 年以来,美国的很多医生放弃了独立开诊所,而选择与医院进行合作。这种合作包括医院和社区医生组建联盟,以及教学医院与社区共同投资两种模式。这两种模式均能够提高社区医生的诊疗水平和科研、管理能力等。当患者需要转诊时,也能够顺利进行,让基层群众享受高级待遇。

2. 医疗集团

在美国,整合医疗服务网络(Integrated Delivery Networks,IDN)将不同层级的卫生保健机构或工作者联系起来,形成了医疗服务网络,该网络向特定的患者人群和社区居民提供协调、统一的医疗服务。在这一网络中,支付方和提供方处于同一个利益共同体内,患者可享受从首诊到康复的一体化服务。在美国具有代表性的集团包括凯撒集团、梅奥集团、NHC 集团等,这些集团的成立,促进了美国"医院—医生—保险机构"三者相互制衡关系的发展。

美国是一个高度市场化的国家,医疗行业同样也由市场主导,因此价格是影响居民首诊的重要因素。居民购买商业保险后,可以获得三种等级的医疗资源,这些医疗资源起付线与自付比例均有较大差异。当居民生病时,首诊必须由社区家庭医生提供,如需转诊则必须由社区家庭医生开具证明,保险公司才予以报销。相反,如果患者未经过社区家庭医生的转诊而直接到专科医院进行治疗,那么患者需要自付全部费用。

五、"美国医联体"的优点

1. 资源整合

"美国医联体"有效整合了医疗资源，美国医疗机构间的合作改变了机构间的割裂与竞争局面，形成了某一区域或某一专业领域的不同层级医疗机构的合作，整合了预防保健、门诊、住院与康复等环节，有效地降低了疾病的发生率和就医的成本，保证了患者的就医连续性。

2. 提高了医生的执业水平

无论哪种医疗联合方式，对于医生来说都是可以学习和进步的机会。医院和社区医生合作，为社区医院提供设备、资金和人力方面的支持，可以促进医生在诊疗过程中提高自身的诊疗水平。医疗集团也是如此，但与前种模式不同的是，医疗集团由于面临的竞争压力较大，医生团体必须提高自己的核心竞争力，才能保证与保险基金会和医院的签约关系。由上述可知，美国的医疗联合方式在一定程度上会促进医生的成长，提高医生的执业水平。

3. 促进了双向转诊的顺利进行

美国双向转诊之所以可以顺利进行，市场经济是根本原因。由于受市场主导医疗行业的影响，美国的医疗费用十分昂贵，专科医院医生的门诊费可达到几百美元，这对于普通患者来说是一笔不小的开支，所以患者大多都会选择按照分级诊疗的程序进行诊治。美国社区家庭医生的水平是毋庸置疑的，这主要得益于美国优质的医学生教育和严格的考评制度。同时，社区家庭医生对于患者的既往病史等较为了解，因此患者在就诊时，不必怀疑因医生的能力不足而导致误诊。

六、"美国医联体"的典型代表

美国联盟医疗体系（Partners HealthCare System，PHS）于 1994 年由美国哈佛大学医学院两家最大的附属医院 Massachusetts General Hospital（哈佛大学医学院附属麻省总医院）和 Brigham and Women's Hospital（哈佛大学医学院附属布列根和妇女医院）联合成立，是一家致力于为病人提供整套高品质医疗服务的综合性医疗非营利性机构，每年为 150 多万名病人提供综合医疗服务。该机构在高端病人护理、医学教育及生物医学研究方面一直处于世界领先地位。

PHS 是一个非营利性的综合卫生保健体系，位于马萨诸塞州的波士顿。PHS 是马萨诸塞州最大的私人企业之一，拥有约 6 万名医护人员，包括医生、护士、科学家和专职护理人员，每年的研究经费总预算超过 14 亿美元。

PHS 有综合医院、二级医院、康复医院、各类专科医院等 30 家医疗机构，其中有 5 家医院是哈佛大学医学院的教学附属医院（麻省总医院、布列根和妇女医院、丹娜法伯癌症研究院、麦克莱恩医院、斯波尔丁康复医院）。在 PHS 中，有很多的社区医院，这些社区医院主要是通过并购进入体系的。并购过来的社区医院由综合医院进行管理和运营。

PHS 设置了一个专门的医院管理机构，在整个体系层面对下属医院进行统一管理。各个医院拥有运营方面的自主权。联盟体系层面的管理主要依赖于体系强大的信息系统，联盟利用这个信息系统整合了联盟医疗体系内提供的所有医疗服务。

经过二十余年的摸索，PHS 形成了一套提升医疗质量的标准，并在联盟体系内严格执行，这保证了患者在联盟体系覆盖的任何范围都能享受到 PHS 标准的服务。患者健康管理系统可以有效地分流病人，进行转诊，并努力将麻省总医院、布列根和妇女医院的病人转到社区里，从而降低医疗成本。PHS 还提供美国最稳健、最有竞争力的医学教育项目，拥有 200 多个住院医师和进修项目，确保每位到 PHS 受训的医师都能够在不同的学术医疗中心、社区医院和专科医院轮转。

1997 年，PHS 成立了国际业务开发部门，即美国联盟医疗体系国际部（Partners HealthCare International，PHI），PHI 致力于通过构建合作与伙伴关系推进美国联盟医疗体系的发展，并在全球范围内提供优质医疗服务，以缩小医学科学和病人临床治疗之间的差距。PHI 通过 5 家哈佛大学医学院教学附属医院和 PHS 其他成员医院的医疗资源，为患者提供最先进的技术、创新性疗法和个性化医疗护理，覆盖初级医疗、二级医疗、三级医疗、四级医疗和急症后医疗的全方位服务。PHI 的目标是实现全球医疗卫生的变革和发展。通过建立长期合作关系，PHI 可以在策略和计划、员工培训和教育、质量管理和研究进展方面提供针对性的服务和项目。目前，PHI 已经和全球 40 多个国家的机构合作，致力于联合研发符合当地医疗卫生体系个性化需求的解决方案。

七、"美国医联体"的缺点

1. 卫生费用居高不下

美国是世界上典型的高投入、低产出的国家，近年来美国的卫生总费用、人均卫生费用等占 GDP 的比重均高于其他国家。除了因为美国老龄化和医保范围扩大等，美国的市场经济才是根源。美国的社会保障主要为商业保险模式，医疗产品和服务的价格由市场决定。逐利思想的存在，导致美国的药价、管理成本、新药研发等成本虚高。即使医疗集团可以为患者尽可能地降低医疗费用，但全国医疗成本逐年上涨，医疗集团面临问题在所难免。

2．公平性较差

由于美国社会保障的特殊性，美国社会中的一部分人群被排除在医疗服务体系之外，因为只有购买过商业保险的患者才能够成为医疗费用报销的服务对象。在美国有两部分人不会购买商业保险，一类是富人，另一类则为穷人。由于富人的收入高，在患病时可以承担得起高昂的医疗费用；而穷人由于收入水平低，无法购买商业保险，也就不能享受优质的医疗服务。由此可见，美国的整个医疗服务体系都是为穷人以外的人服务的，缺乏公平性。

八、中美医联体的差异性分析

通过上述分析不难发现中美医联体之间存在诸多不同，如运作方式、双向转诊、商业保险公司地位、基层医生水平等均存在较大差异，中美医联体对比如表 9.1 所示。其中在运作方式、双向转诊和商业保险公司地位三方面的差异较为明显。

表 9.1　中美医联体对比

角　　度	美国医联体	中国医联体
运作方式	市场主导	政府主导
双向转诊	容易	困难
商业保险公司地位	高	低
基层医生水平	高	低
医疗价格	高	较低
信息化水平	高	低

首先，在运作方式上，美国以医院与医生合作为代表模式的医联体主要通过价格来引导患者就医，使患者首诊留在社区。而医疗集团医院则会成立专门的管理机构，将医疗集团内不同层级的医院和医生团体进行合理的安排，采用患者签约的方式为其提供全方位的医疗服务。与美国不同的是，中国的医联体大多数仍保留着各个机构的独立法人，医院的运行机制并没有较大的改变，仍然靠政府投入和自谋利益。

其次，在双向转诊上，美国的双向转诊比较顺利，患者愿意向下转，医院舍得往下放，基层医生接得住。由于美国在财政支出中专设一部分作为医院医生的薪酬，所以医生的收入和患者的多少、患者的住院时间无关，医院也舍得将患者转诊至基层。与美国不同，中国的双向转诊存在诸多问题，导致分级诊疗的推进困难。受中国公立医院改革的影响，如果政府每年给医院的拨款较少，医院就只能自负盈亏，而患者就是医院的经济来源，只有患者在医院多做检查、多住院、多买药，医院的收入才会有保障，所以医院不愿将患者转诊至基层医疗机构。同时，基层医疗机构也存在着人才留不住的问题，导致基层医疗机构的卫生人员水平低下，无法准确为患者提供诊疗方案，导致患者的不信任。

最后，在商业保险公司地位上，美国的医疗费用报销是由商业保险公司负责的，某些医疗集团内部的成员便包括了保险基金会，它们采取总额预付制的方式付钱给医院和医生组织，并在诊疗的过程中对医疗行为进行监督，避免医疗资源的浪费和费用的不合理使用，这在一定程度上有效控制了医疗费用。在中国，医保是由国家提供的，商业保险作为补充，主要负责医保报销范围外的费用，在整个过程中无法参与到医疗行为的控费中去。而由于中国大部分医院采取按项目收费的方式，导致卫生费用逐年上涨，商业保险公司面临的挑战也越来越大。

第二节　区块链技术在医联体建设中的应用探讨

一、建立医疗大数据

医联体的一个重要特征是信息共享。从当前情况来看，各个医疗机构之间都建有各自的中心服务器，患者信息也被集中保存。患者数据不断增多，当前由单个单位构建数据管理系统的方式正面临着极大的挑战，为保存日益增多的数据，只能投入更多的资金来建立大型数据中心。这种模式有两大弊端：一是设备的重复投资造成了很大的资源浪费，同时各个数据中心为保证自身安全会额外增加相关方面的投入，从而造成投资巨大；二是易受网络攻击，患者数据很可能被泄露，可靠性和安全性方面存在巨大隐患。

利用区块链来构建医疗大数据有以下优势。

第一，医联体无须再投入大量资金来购买硬件设备，大大节省了投资成本。此外，由于区块链采用的是分布式记账技术，所有患者数据都被分散地保存在区块链上的所有终端设备中，任何一个医疗机构都能查看所有的患者信息。当区块链某个节点上的数据进行更新后，其他所有节点都会相应地更新数据，这极大地避免了各个医疗机构资源的重复投资，进而节约成本。

第二，区块链上的数据都是被加密的，如图9.4所示，可以看出所有患者信息都会按照Merkle树的结构来保存。如果Merkle树的最低端有哈希值发生改变，那么会导致该区块的哈希值都发生改变，使该区块从区块链中断开，从而得不到区块链网络的认可。另外，区块链采取的是完全冗余结构，若要篡改某个数据需对区块链上所有数据都进行修改，从理论上讲这种情况发生的概率极低。

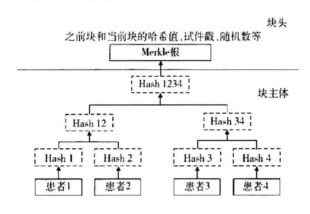

图9.4　医疗区块链内部结构

综上所述，利用区块链建立医疗大数据，不仅可以节约成本和资源，而且安全、可靠。

二、实现医疗责任终身制和决策科学化

只要患者或医护人员的信息被记录到区块链中，那么这些信息将被永久保存，这意味着区块链技术能够实现医疗责任终身制，从而激励医护人员做好本职工作并努力提高自身水平。

另外，因为每个区块都有一个时间戳，所以患者治疗信息将被完整记录，具有很强的可追溯性和可验证性，且不可被篡改。这为医患问题的解决提供了便利，特别是在医联体中，患者的诊断或治疗往往由不同医疗机构完成，区块链将会在治疗责任认定中发挥重要作用。除实现医疗责任终身制外，区块链中还有智能合约机制，其运作机理如图9.5所示，因此可以使当前治疗决策过程中大量专家经验实现自动执行，进而提高系统智能水平。

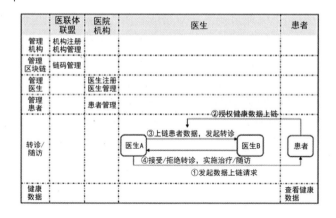
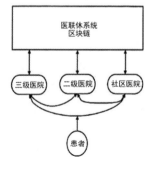

图 9.5　医联体区块链智能合约机制运作机理

区块链还有自我维护节点的功能，并且按照共识机制来进行。在区块链上有个别节点被篡改或是错误的情况下，只要其他大多数节点是正确的，区块链就能够对区块数据进行判断，进而达成共识。因此，医联体可以利用区块链实现决策的科学化，从而大大提高医护水平和能力，为患者提供更好的服务。

三、构建高效、透明的医联体平台

对于医联体来说，各家医疗机构的信息能够实现高效率的互联互通是基础条件。区块链具有数据共享能力，并且存储的信息可通过公开密钥、私有密钥和数字签名的使用来提升安全性。因此，不同医疗机构的医护人员可以利用不同权限来获知患者的相应信息，即患者信息在区块链中是透明的。另外，区块链还可以用于建立医联体内各个医疗机构双向转诊通道，实现重病转至大型公立医院，慢病和康复期转至中型医院，而社区医疗机构则承担一些简单和常见的治疗。

区块链不仅可以打通医联体内各个医疗机构的信息通道，还可以实现患者信息的透明和高效对接。这不仅为患者提供了高效的医疗服务，还促进了医疗资源共享和医疗服务的均衡。区块链技术可以实现患者信息共享，有效地避免患者在不同医疗机构的重复检查治疗，不仅节约医疗资源，还能减少患者就医成本。通过区块链技术能够打造高效、透明的医联体平台，形成基于区块链技术的医联体平台框架。增加监管节点的医联体区块链管理架构如图 9.6 所示。

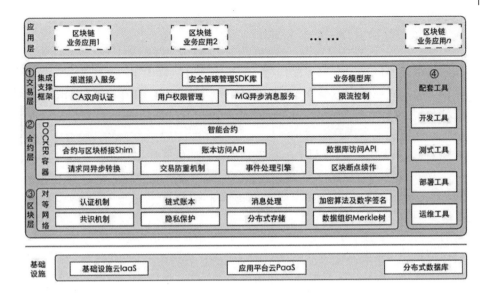

图 9.6 增加监管节点的医联体区块链管理架构

四、医疗机构认证

为持续提高医院医疗质量，各家医疗机构会被不同机构评审或认证，不仅包括国内的评审，还包括国外的医院评价标准，如美国的国际医院管理标准和德国的医疗透明质量管理与标准。这些评审或认证的共同特点是耗时费力，且缺少来自患者的真实评价。

一方面，评审内容过于复杂；另一方面，评审过程往往涉及省和市级以上的卫生行政部门、地方政府等。虽然国家和地方花费大量时间和精力来提高医院医疗和服务水平，但是医院管理水平的直接感受者（患者）却无法参与其中的医疗机构认证。

这将导致三个问题：一是不排除有些医院会抱有侥幸心理和不认真态度来应对评审或认证；二是导致评审机构和医疗机构关系不对等，从而引发双方的不互信；三是由于评审或认证的间隔时间较长，所以中间环节是否存在问题无从知晓。而区块链具有数据不可篡改的特点，可以大大提高医院信息的真实性和可信性。此外，如果区块链环境下可以为评审或认证部门在联盟链或私有链上开设一个监管节点，那么可以通过这个监管节点来实时对各家医院的医疗质量和服务进行监控。因此，通过区块链技术来辅助医院的评审或认证工作具有广阔的发展前景。

五、基于区块链技术的医联体电子病历交互平台

区块链技术应用于医联体的优势：一是由于区块链去中心化的特点，且去中心化技术本身也具有不可篡改性，不会被单点攻击破坏，需要一半以上的节点认可才能共同更改这个数据；二是可溯源性，整个痕迹都是保留在区块链当中的；三是定向授权，大大提高了隐私保护。

如图 9.7 所示，A 医院的甲患者去看医生，医生给他诊断治疗，他同时发了一个信号给 B 医院、C 医院，建立数据库模型。当甲患者到了 B 医院，B 医院得到授权以后就能够得到甲患者在 A 医院就诊的完整病历及诊疗记录。甲患者到了 C 医院，也可以在整个区域联合体医院实现电子病历的共享和交互。整体方案的优势在于：没有整体的中心数据库平台；来源非常敏捷；整个区域里都能达到同质化。用信息来促进同质化、倒逼很多不同医院之间的医疗行为和规范，包括下医嘱等，都可以达到很好的同质化效果。这些资料如果能够实现整合和传输，对于大数据临床研究、科学研究、基础研究都会起到很好的作用。

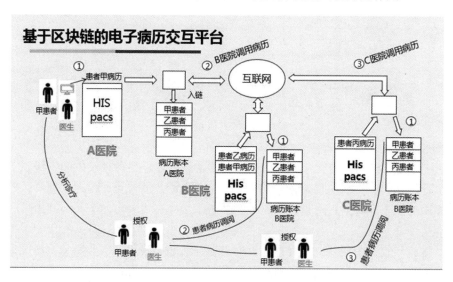

图 9.7　基于区块链技术的电子病历交互平台

六、基于区块链技术和 AI 技术的医联体信息平台建设

电子病历如果要转化为医疗大数据，应用在包括科研、临床等领域，一定要经过标准化处理，因为数据采集涉及多方面的隐私问题。以前使用人工过滤时存

在几方面的问题：一是工作量大；二是在过滤当中有遗漏，在大数据时代用人工脱敏基本上不可能完成任务；三是数据标准不统一，只要是人就会有个性化。这些是在医疗大数据处理过程中遇到的困难，所以解决方案要针对这些问题进行展开，整体方案可利用人工智能进行大数据的治理和数据隐私处理。AI 引擎可以对不同的编码进行标准化处理。

对糖尿病来说，使用病史数据 AI 脱敏技术诊断结果都有可能不一样，有的是 1 型糖尿病，有的是 2 型糖尿病，有各种各样的名称，国家有 ICD9 编码，有 ICD10 编码。如果编码不统一，那么得出的数据是各式各样的，所以要用一个标准化的引擎，把这些所有不一样的数据标准化，把所有输出的数据转化成标准化的格式。另外，使用病史数据 AI 脱敏技术，我们会过滤掉很多患者的隐私信息，转变成医用标准化的数据来进行脱敏。国内第一篇应用 AI 技术自动去除病史隐私信息的 SCI 论文指出通过大数据进行影像分析，得出一个影像标准，能够转化成标准化的 AI 引擎。有了这个 AI 平台，就能够轻而易举地达到检索的目的。

AI 治理效果，包括诊断、化验、药品、病历、心超、CT 报告，都能够达到 93%的精确度。把所有的资料进行整合，整合以后输出的所有编码又全部合一，这样就可以把影像中所有的单病种进行归一化、整体化和标准化处理。这些数据无论在哪个医院，即使跨省市，也可以通过这些病史进行整合。我们把医生录入的出入院诊断、椎间盘突出、ICD 诊断编码等，录入原始诊断，然后通过整个原系统的化验指标，转换成 100%的标准化化验指标，打好基础。关于应用药物，有时其注册名和药品名不一样，我们把所有的药品标准化处理以后，可以达到统一。

现在有很多体格检查的报告，报告的格式化也不一样，包括在体检报告里面的模式都不一样。AI 化验指标标准化技术如图 9.8 所示，通过大数据标准化处理以后，就有一个统一的标准，我们体检的结果就能够作为标准化大数据而得到很好的保存。这个是我们利用的一些彩超报告，每个医院的格式也不一样，虽然数据抓取的速度和能力有限，但是无论什么样的报告都能够进行标准化的输出。CRF 表的自动填充：将详细记录病人的原始资料制成 CRF 表格，通过 AI 引擎自动批量地填充到右边的报告里面，能够大幅度提升效率。化验指标标准化：通过 AI 技术，转换率和正确率达到 100%。

基于区块链技术和 AI 技术，将来能够在医联体当中达到数据的标准化、安全性并保护隐私。同时，在数据调研过程当中又有数据引擎可以过滤我们的数据，无论是做单病种统计，还是做临床大数据分析和科研大数据分析，都能够达到非常好的效果。通过这种信息化建设，我们能够助推整个医院的管理水平、建设水平和整个医联体的发展水平。基于区块链技术和 AI 技术的医联体信息平台整体方案如图 9.9 所示。

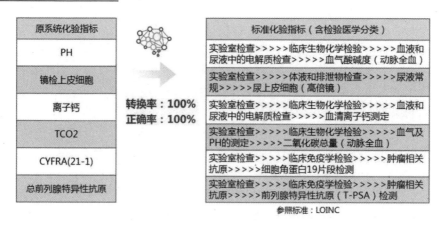

图 9.8 AI 化验指标标准化技术

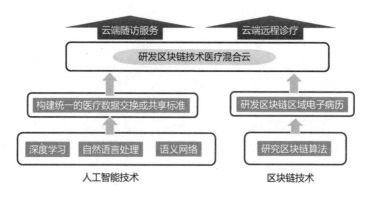

图 9.9 基于区块链技术和 AI 技术的医联体信息平台整体方案

第三节 区块链+医联体落地案例

在医疗领域，区块链能利用匿名性保护用户的隐私，电子健康病例、药品防伪等都是区块链技术可以涉及的领域。区块链技术会在临床试验记录、监管合规性和医疗、健康监控记录领域发挥巨大价值，以及在健康管理、医疗设备数据记录、药物治疗、计费和理赔、不良事件安全性、医疗资产管理、医疗合同管理等方面发挥专长，为我国医联体建设发挥无可替代的作用。

一、阿里健康与常州医联体区块链试点

阿里健康与常州医联体区块链试点项目，将最前沿的区块链技术，应用于常州市医联体底层技术架构体系中，并已实现当地部分医疗机构之间安全、可控的数据互联互通，用低成本、高安全的方式，解决长期困扰医疗机构的信息孤岛和数据安全问题。

阿里健康与常州医联体区块链试点项目，是我国第一个基于医疗场景实施的区块链应用。基于阿里巴巴在信息安全、分布式计算、医疗大数据等领域的技术积累，同时结合部分开源框架技术，阿里健康研发出适合医疗场景的区块链解决方案。阿里健康与常州医联体区块链试点项目如图 9.10 所示。

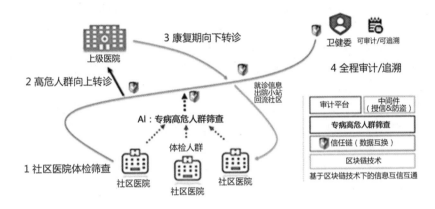

图 9.10　阿里健康与常州医联体区块链试点项目

1. 低成本化解"信息孤岛"

常州是国家卫健委确定的首批"健康医疗大数据" 4 个国家试点城市之一。常州天宁区正在加快医联体建设，以群众健康管理和慢性病诊疗为重点，构建分级诊疗制度。但现有的中心化区域卫生信息平台，在开发成本、响应速度方面还不能很好地满足点对点的互联互通需求。之前常州天宁区没有区域卫生信息平台，每家医疗机构的庞大信息，都需要分散传送到市医疗机构信息平台。但是，各医疗机构之间并不互通，很多业务诉求都不能实现。同时，如何保证个人隐私的健康信息在流通存储中的安全，也是现有平台的难题。

自从应用了区块链技术，情况大为改观。以分级诊疗就医体检为例。居民就近去卫生院体检，通过在区块链上的体检报告分析，筛查出心脑血管慢病高

危患者，5%左右的需转诊患者可以由社区医生通过区块链实现病历向上级医院的授权和流转。而上级医院的医生，在被授权后可迅速了解病人的过往病史和体检信息，病人也不需要重复做不必要的二次基础检查，享受医联体内各级医生的"管家式"全程医疗服务，实现早发现、早诊疗的"治未病"。阿里健康区块链技术利用原来的 IT 设备和系统将信息串联在一起，接入成本低，安全性却更高。区块链的应用让卫生院和区医院间从信息孤岛变为互联互通，老百姓也能享受便利。

2. 技术架构保障数据安全

从区块链技术诞生至今，越来越多的人认为，医疗行业由于涉及居民个人健康等敏感数据，且分散在不同机构内，更适合区块链技术的应用场景。区块链确保了接入区块链网络的各个节点在数据流通中的公平、互通和隐私保护。阿里健康在常州区块链项目中更是设置了数道数据的安全屏障。首先，区块链内的数据存储、流转环节都是密文存储和密文传输的，即便被截取或者被盗取也无法解密。其次，专门为常州医联体设计的数字资产协议和数据分级体系，通过协议和证书，明确约定上下级医院和政府管理部门的访问和操作权限。最后，审计单位利用区块链防篡改、可追溯的技术特性，可以精准地定位医疗敏感数据的全程流转情况，如在什么时间、被哪个医疗机构授权给了谁、授权的具体范围是什么。

蚂蚁金服推出了全国首个区块链电子处方，该技术解决了医院里处方精确度不够，复诊患者拿着处方不遵医嘱、重复开药等问题。一旦出现问题，处方物流信息全程可追溯。蚂蚁金服早在医疗领域布下了一盘大棋，蚂蚁金服在 2018 年 6 月 8 日新一轮融资 140 亿美元的时候，就已经建成了以支付宝为入口和平台的医疗服务体系。

3. 未来构建智慧医疗价值基础

这几年，区块链技术应用已经越来越被各行各业所重视。2016 年，国务院印发了《"十三五"国家信息化规划》，提出到 2020 年"数字中国"建设取得显著成效，信息化能力跻身国际前列，其中区块链技术也首次被列入了此规划，并且强调需加强区块链等新技术创新、试验和应用，以实现抢占新一代信息技术主导权。

区块链技术的日益普及，给医疗领域带来的革新更是显而易见，在保护患者个人隐私的同时，可以让医疗健康数据以更为安全、快捷的方式来进行全网的共享。2017 年年初，美国 FDA 宣布与 IBM Watson Health 共同合作，研究如何使用区块链技术来共享健康数据，以最终改善公共健康状况。

二、华大基因携手长沙市卫健委，以区块链技术助力基因筛诊医联体建设

华大基因（以下简称华大）宣布与长沙市卫健委、长沙市妇幼保健院合作，依托长沙市开展孕妇无创产前筛查民生项目，将区块链技术应用于长沙市妇幼健康数据平台，帮助建立从基因筛查到诊断的分级诊疗体系，打通各级医疗机构间的数据孤岛，同时支撑卫健委对基因筛查的民生项目进行实时、协同、透明的全流程监管。这是国内首个将区块链技术应用于妇幼健康医疗的解决方案。

长沙市委市政府下发《长沙市健康民生项目实施方案》，在全市范围开展出生缺陷相关基因精准检测与妇女疾病精准防控。在长沙市卫健委的指导下，华大正式启动长沙市妇幼健康平台项目建设工作，旨在解决各级妇幼卫生机构间、妇幼卫生体系与医疗机构间信息共享不畅、纸质化记录保管困难等问题。本次华大携手长沙市卫健委与长沙市妇幼保健院探索区块链技术应用，共同搭建联盟链，实现妇幼健康数据的跨机构安全共享，推动妇幼体系的分级诊疗与医联体建设，是双方深化合作的一次新尝试。

作为一种集成共识机制、加密算法等技术的组合式创新应用，区块链有利于妇幼健康数据在各级医疗机构间安全流通。妇幼健康工作由于涉及孕妇、新生儿的个人敏感数据，对母婴保健价值巨大，但分散在各个不同机构内，安全共享的需求旺盛，是天然适合区块链技术的应用场景。华大以区块链及密码学等技术架构为基础，与长沙市共同搭建妇幼健康数据共享开放及价值交换的 IT 基础设施，确保数据从生产、流通到应用的全流程可控制、可监管，从而支撑民生普惠、科学探索和产业应用。基于区块链技术建设长沙市妇幼医联体如图 9.11 所示。

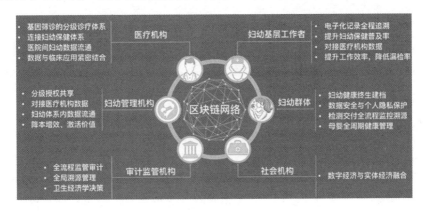

图 9.11 基于区块链技术建设长沙市妇幼医联体

　　具体而言，通过将长沙市妇幼健康平台上各个机构节点接入华大区块链BaaS 平台，实现了孕产妇基因筛查及诊断数据在产筛机构与产诊机构间的安全共享，构建了母婴保健的分级诊疗体系，助力了妇幼医联体建设。所有的报告数据与信息均使用密文处理，所有孕产妇生物样本信息的院间流转、产筛阳性病例向上转诊等都以智能合约的形式定义在区块链上，确保数据按既定规则合规流通共享，数字化定义临床筛诊路径。同时，利用非对称加密技术实现检测结果的点对点授权；通过搭建数字资产协议与数据分级架构，约定管理机构和基层单位的访问和操作权限。最后，依托区块链防篡改、可溯源的技术特性，卫健委等监管单位可以对民生项目开展过程中数据生产应用的全流程情况进行实时、协同监管。需要注意的是，长沙市妇幼健康平台的建设将严格遵守基因遗传资源与数据隐私保护的相关法律法规，区块链上仅记录操作流程和流转逻辑，基因数据本身在链下存储，确保遗传信息的绝对安全。基于区块链技术建设长沙市孕妇基因检测全流程监督和分级诊疗体系如图 9.12 所示。

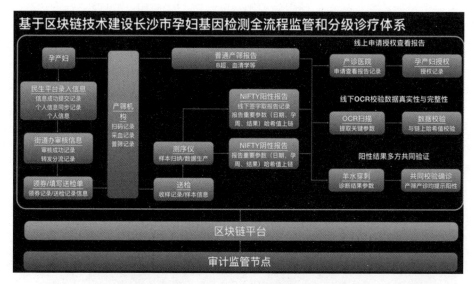

图 9.12　基于区块链技术建设长沙市孕妇基因检测全流程监管和分级诊疗体系

　　长沙市正在加快医联体建设，通过构建完备的分级诊疗制度，降低机构间协作摩擦成本，提高数据共享效率，更好地满足互联互通需求。本次合作以长沙的妇幼民生数据平台为依托，结合区块链技术，打通了跨区域、跨机构、跨群体间的数据交换壁垒，促进了基因筛诊多方协作体系的建设。对审计监管部门来说，区块链提供的全流程存证记录，也将提升监管效率和质量，辅助卫生部门决策。

对孕产妇和婴幼儿来说，受检者相关信息在不同机构间安全流转，在充分知情授权的情况下享受全流程的健康管理。

该方案目前已在长沙市健康民生项目平台落地，实现了身份审核、优惠券领取、采样送检、报告交付的妇幼基因检测民生项目全流程溯源，保证各机构间信息纵向、横向畅通，数据源流一致。之后，在长沙市卫健委和长沙市妇幼保健院的牵头下，长沙市将部署覆盖全市妇幼体系、医疗机构及妇幼群体的区块链网络，促进区块链平台与现有医疗信息软件模块的互联互通，实现全市范围内妇幼工作的单点服务，全网溯源。

区块链技术的快速发展，以及与实体经济不断融合创新，正推动可信社会的建立，促进数据价值的流转。长沙市建设基于区块链技术的妇幼健康数据安全共享基础设施，既满足了当下妇幼健康数据安全应用的刚需，也是实现数字长沙、健康长沙宏伟蓝图的重要一步。区块链技术在长沙的落地，必将产生巨大的经济效益与社会效益，促进以妇幼健康大数据为基础的数字经济和相关健康产业实体经济的深度融合，成为长沙数字生命健康领域的全新增长引擎。

第十章

区块链+电力

第一节　智能电网与能源互联网

一、智能电网

1. 智能电网的概念

智能电网就是电网的智能化，也称为"电网 2.0"，它是建立在集成的、高速双向通信网络的基础上，通过先进的传感和测量技术、设备技术、控制方法及决策支持系统技术的应用，实现电网的可靠、安全、经济、高效、环境友好和使用安全的目标。智能电网的主要特征包括自愈、激励和保护用户、抵御攻击、提供满足 21 世纪用户需求的电能质量、容许各种不同发电形式的接入、启动电力市场及资产的优化高效运行。

2. 智能电网的主要特征

（1）自愈电网。

自愈电网是指把电网中有问题的元件从系统中隔离出来，并且在不用人为干预的情况下使系统迅速恢复到正常运行状态，从而几乎不中断对用户的供电服务。从本质上讲，自愈就是智能电网的"免疫系统"，这是智能电网最重要的特征。

（2）广泛参与。

在智能电网中，用户是电力系统不可分割的一部分，鼓励和促进用户参与电力系统的运行和管理是智能电网的另一重要特征。从智能电网的角度来看，用户的需求完全是另一种可管理的资源，它将有助于平衡供求关系，确保系统的可靠性；从用户的角度来看，电力消费是一种经济的选择，通过参与电网的运行和管理，修正其使用和购买电力的方式，可以获得实实在在的好处。

（3）抵御攻击。

智能电网的安全性要求一个能够降低对电网物理攻击和网络攻击的脆弱性，并快速从供电中断中恢复的全系统的解决方案。智能电网将展示被攻击后快速恢复的能力，甚至是从那些决心坚定和装备精良的攻击者发起的攻击中恢复。

（4）方便接入。

智能电网将安全、无缝地容许各种不同类型的发电和储能系统接入，简化联网的过程，类似"即插即用"，这一特征对电网提出了严峻的挑战。改进的互联标准将方便各种各样的发电和储能系统接入。从小到大、各种不同容量的发电和储能在所有的电压等级上都可以互联，包括分布式电源，如光伏发电、风力发电、先进的电池系统、即插式混合动力汽车和燃料电池。

二、能源互联网

1. 能源互联网的概念

随着智能电网建设进入深水期，智能电网逐步迈入能源互联网时代。美国著名学者杰里米·里夫金在其新著《第三次工业革命》中，提出了能源互联网的概念与愿景，引发了国内外的广泛关注。相对来说，智能电网难以大规模地增加对分布式和可再生能源资源的访问，并且难以确保能源安全并集成其他方法来提高能源利用效率和可靠性，能源互联网则能更好地解决这些问题。能源互联网通过物联网、信息通信技术实现能源互联的解决方案。这种新兴和创新方法的目的是确保随时随地的能源连接。

2. 能源互联网的特征

（1）可再生能源，为主要一次能源。
（2）支持超大规模分布式发电系统与分布式储能系统接入。
（3）与互联网技术相结合实现广域能源共享。
（4）支持交通系统的电气化（由燃油汽车向电动汽车转变）。

从上述特征可以看出，能源互联网主要利用互联网技术实现广域内的电源、储能设备与负荷的协调。最终目的是实现由集中式化石能源利用向分布式可再生能源利用的转变。能源互联网实际上由四个复杂的网络系统（电力系统、交通系统、天然气网络和信息网络）紧密耦合构成。

3. 能源互联网的条件

能源互联网的条件如下。

（1）彼此密切互动。

（2）自己做出决定。

（3）拥有交换能量和相关信息的能力。

（4）无缝访问大规模不同类型的分布式能源。

（5）适应集中式和分布式能源。

（6）通过能源共享来平衡能源供需。

（7）确保以多种方式灵活地产生/销售和购买/消耗能源。

由于连接性越来越大，一个主要的挑战性问题是在传统的集中式电网系统中集成和协调大量连接（如不断增长的分布式能源生产商），以集中方式管理这种不断增长的网络将需要复杂且昂贵的信息和通信基础架构。因此，走向分散化是电网的一种趋势，所有组件都可以通过动态方式合并和集成。

4. 能源互联网与智能电网的区别

能源互联网与智能电网有很多相似之处，能源互联网是智能电网的进一步发展和深化。然而，能源互联网与智能电网也存在重要的区别，具体包括以下几点。

（1）智能电网的物理实体主要是电力系统；而能源互联网的物理实体由电力系统、交通系统、天然气网络和信息网络共同构成。

（2）在智能电网中，能量只能以电能形式传输和使用；而在能源互联网中，能量可在电能、化学能、热能等多种形式间相互转化。

（3）目前，智能电网研究对于分布式发电、储能和可控负荷等分布式设备主要采取局部消纳和控制；而在能源互联网中，由于分布式设备数量庞大，研究重点将由局部消纳向广域协调转变。

（4）智能电网的信息系统以传统的工业控制系统为主体；而在能源互联网中，互联网等开放式信息网络将发挥更大作用。能源互联网生态图如图 10.1 所示。

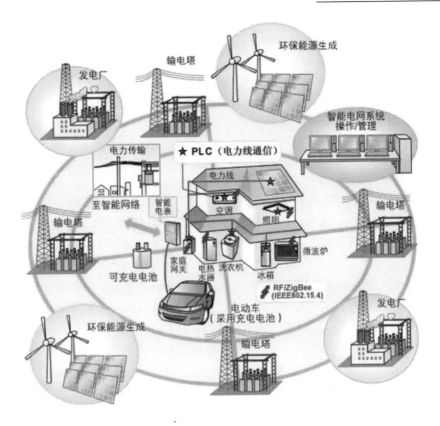

图 10.1 能源互联网生态图

第二节 区块链改变能源互联网

由于全球经济发展放缓，对环境可持续发展的要求更加严格，能源企业的发展遇到了瓶颈。一方面，能源企业的传统业务模式和盈利模式不再适应数字化、低碳化的新经济格局的要求；另一方面，以能源用户为主导的能源变革越来越多，企业既有系统无法管理越来越复杂的交易请求，并且难以满足监管方和能源用户对能源供应安全和分布式能源接入的旺盛需求，同时传统的集中式监管和第三方的介入阻碍了能源用户对高效率和低成本的追求。区块链技术的应用将有助于解决这些问题。

一、区块链对能源互联网的价值

区块链能够有效解决复杂系统中各主体间的信任问题。同时，区块链在去中心化、系统自治等方面的特点与能源互联网的理念具有一定程度的相似性。因此，区块链能够在能源互联网的构建、发展与升级过程中发挥重要作用，其应用价值主要体现在以下几个方面。

（1）能源供给。分布式和集中式的结合是未来能源供给领域的典型模式，区块链的去中心化与分布式电源之间的物理特性具有较强的耦合性。而基于区块链技术的实时更新有助于实现集中式和分布式之间的实时信息共享，避免多种能源的重复建设，减小能源供给系统的浪费。典型的应用场景如下：基于私有链的分布式能源多能互补之间的计量；基于联盟链的大型能源基地之间的打捆模式等。

（2）能源输送。参与能源输送的角色众多，且存在竞争，区块链能够实现多个角色之间的强制信任和角色之间交易的透明化，能够实现多种能源之间的协调和优化传输，提高系统的效率。典型的应用场景如下：基于私有链的能源传输系统的阻塞管理和损耗分摊计算；基于联盟链的能源传输系统的实时监测和协调控制等。

（3）能源分配。分布式能源的广泛接入改变了能源分配系统的拓扑结构，多种能源之间的交叉转化和时空耦合对能源系统的计量提出了新的要求。基于区块链技术的自动执行和广泛共享将会显著提升能源分配的合理性。典型的应用场景如下：基于联盟链区域能源系统的自动计量；基于联盟链的储能系统的规划运行一体化分析等。

（4）能源消费。基于分布式账本和智能合约的区块链技术的应用，将会极大地提升能源消费侧和能源供给侧的透明度，从而改变区域能源系统的用能需求曲线，实现多种能源之间的合理利用和交互。典型的应用场景如下：基于私有链的需求侧管理、家庭能源管理、电动汽车充放电智能支付系统等。

（5）能源交易。结合国内外现状，区块链将会率先在能源交易领域得到应用。典型的场景如下：基于私有链的电费结算；基于联盟链的微电网中多元化角色的内部交易；基于公有链的分布式能源系统内部各种多样化能源之间的交易；基于公有链的国家之间的能源交易体系和商业模式等。

二、分散式智能电网系统

智能电网已经代表了一种新的电网基础设施，该基础设施使用数字计算和通信技术将传统电网改造为更精确的系统,目的是通过整合和利用更多可再生和分布式能源,并降低对化石燃料的依赖来改革能源格局。传统电网通过长距离传输线为消费者提供服务,而能源互联网则通过部署独立的分布式可再生能源,使生产者和消费者之间更加接近。

能源互联网被定义为智能电网系统的升级版本。能源互联网的特点是互联网技术,通过集成信息、能源来开发下一代智能电网。能源互联网旨在提供一个巨大的机会,可以促进各种可再生能源和分布式能源与电网的无缝集成,并且还可以在电网的各个元素之间提供更多的交互作用,以开发完全自主和智能的能源网络。能源互联网背后的关键思想与互联网上的数据共享类似,能够共享能源和信息。在这里,通常的元素包括传统的发电机组、微电网、分布式能源、社区产生的能源网络、储能单元、电动汽车、车对网、网络物理系统、生产者、服务提供商和能源市场。

尽管智能电网和能源互联网旨在适应分布式发电和集中式发电,但当前电网的主要缺点是集中式电网拓扑,其中发电、运输和配电网络及市场都以某种方式依赖于集中式或集中式中介。在这个集中式系统中,智能电网的元素可以监控、协调选择并处理数据,并适当地支持控制所有电网元素。此外,能源传输通常在长距离电网上完成,通过配电网络将能源输送给最终用户。由于可再生能源的普及和电网元素数量的不断增加,当前电网系统的设计需要进一步变革,包括更高的可扩展性、更强的计算能力和通信能力。

电网转变为分散式系统将带来更动态、智能、主动的趋势,电网基础设施本身也将适应并转向具有分散拓扑的全自动网络,以便以动态方式增加电网系统所有组件之间的交互。能源互联网提供的连接性和交互性进一步提高了智能电网系统的经济、高效和可靠运行水平。表 10.1 简要地对智能电网与未来分散式智能电网进行了比较。

表 10.1　智能电网与未来分散式智能电网之间的简要比较

智 能 电 网	未来分散式智能电网
转化为利用更多可再生能源并与集中式电网整合	通过整合变量实现系统化分布式能源
重点是将先进的传感和控制技术集成到传统电网中	基本上实时监控调整,自动调节和优化
依靠中介和市场化	支持多个用户自主上传个人的能源数据,并通过点对点分享剩余能源
利用先进的通信技术	以能源互联网为主导,实现类似于互联网的无缝连接能源和信息共享
双向通信沟通	支持高级即插即用功能
庞大的计算和通信成本	成本通过网络在实体之间分配

续表

智　能　电　网	未来分散式智能电网
扩展网络较少	可以选择扩展快速且大量的连接
会受到单点故障的影响	对单点故障有更好的适应性
仅与电能网络集成	与其他能源网整合也可以
始终依赖区域系统控制	允许移动代理服务器顺利访问分布式能源

三、区块链+智能电网

安全性问题、隐私问题和信任问题是每个系统的关键问题，未来电网系统也同样如此。未来电网在信息化方面具有如下要求。

（1）任何未经授权的主体都无法获取不对应的信息。

（2）采用适当的加密机制。

（3）防止未经授权的主体修改相关信息。

（4）可让拥有权力和特权的人访问，并提供证据证明某主体已执行特定操作，从而使该主体无法否认其所做的事情。

（5）建立具有一定抗攻击能力的容错网络。

（6）进行更有效的监控。

（7）利用高级的保护隐私权的技术。

（8）增强所有实体之间的信任、透明度等。

智能电网中通过引入一种新颖的共识机制以解决分布式系统中建立信任的问题，成为迄今为止最成功的区块链应用程序。智能电网除了使用了这种共识机制，还利用了其他技术，如受密码保护的数据结构、数字签名、时间戳和奖励方案。具体而言，在区块链应用中，共识机制通常仅用于建立信任。同时，不同种类的密码技术也被用来解决基本的安全要求，如机密性、完整性、认证、授权、不可否认性和隐私性。

当前，大多数解决方案都基于集中式模型，其中智能电网组件依赖于集中式平台或中介机构来获得诸如计费、监控、投标和能源交易等服务。尽管这些解决方案已经成熟并且可以正常工作，但仍然存在一些挑战。棘手的问题与当前的智能电网系统有关。此外，智能电网正在推动大量电动汽车、分布式能源、生产者和网络物理系统的集成。因此，电网拓扑正在从集中式拓扑转移到分散的全自动网络，以允许组件之间进行更大的交互。此外，智能电网市场正在从集中的生产者管理网络转变为去中心化的生产者交互网络。

智能电网在向去中心化系统迈进的过程中，区块链技术为这一转变提供了机会。利用区块链的特点及尖端的密码安全优势，区块链+智能电网可以成为传统集中式系统的替代方案，提高安全性、隐私性和信任度。

第三节 区块链+能源互联网应用场景

区块链技术在能源互联网中的应用，主要包括电网先进计量基础设施、去中心化的能源交易、能源互联网信息处理系统、电动汽车和充电设施、微电网。

一、电网先进计量基础设施

随着高级计量基础架构的引入，电力公用事业公司、消费者和生产商可以通过自动和双向通信支持的智能电表进行更多交互。与传统电表相比，智能电表能够详细收集能源使用和生产、状态及诊断数据，该数据通常用于计费、用户设备控制、监视和故障排除。区块链技术对智能电网改进目标的技术实现方式如表 10.2 所示。

表 10.2 区块链技术对智能电网改进目标的技术实现方式

目标及要求	区块链技术实现
保密	不在公共区块链中记录相关数据
公正	通过哈希函数、Markel 树、随机数（使用一次的数字）和时间戳进行密码保护的数据结构；可以检测到操纵的记录
认证方式	用户使用各自的私钥在区块内对记录进行签名，以便验证只有有效的用户才能发送它
可审核性	公共区块链中的公开可用记录或交易
授权和访问控制	依赖智能合约实现用户自定义的授权和访问控制
隐私	通过使用哈希函数保留秘密身份，进行伪匿名化，零知识证明
信任	共识算法，使信任不依赖任何权威中介，而是通过分布在网络中的各个实体之间实现信任
透明度	通过维护一个不变的分布式账本，包括所有记录、交易、事件和日志，实现完全透明
可用性	分布式架构，允许多个实体与其他实体建立连接并复制区块链的完整副本
自动化程度	区块链和智能合约提供了自动化，实体可以通过区块链以点对点的方式交流和交换价值并通过智能合约自动执行动作

这些不同的数据传输是通过广域网完成的，并存储在传统的集中式存储系统或云中。集中式存储系统的存在可能涉及固有的问题，如单点故障和潜在的

修改风险。此外，与集中式存储系统的更多连接也可能导致可伸缩性、可用性和延迟响应问题。系统中的智能电表和电动汽车还产生大量的支付记录和能源使用数据，通常与其他主体共享这些记录和能源使用情况，以进行监控、计费和交易。但是，在如此复杂的系统中，这种广泛的数据共享会带来严重的隐私风险，因为数据可能泄露相当多且敏感的信息，包括身份、位置、能源使用和产生方式、能源概况，以及中间商、中介机构和受信任的第三方的充电或放电量的信息。更多的信任问题存在于系统的生产者和消费者之间。生产者和消费者在中央集权管理中存在公平和透明难以同时满足等困难，如何开展安全、隐私维护和信任的分布式电网系统是一项重要任务。

目前，应用区块链技术来解决相关问题主要有以下几个方面的探索。

（1）在电网中探索区块链及智能合约，以实现智能电网的弹性和安全性。智能合约作为能源生产者和消费者之间的中介使用，可降低成本，并提高交易速度和交易的安全性。一旦发生交易，与区块链平台连接的智能电表创建用于将来验证的时间戳，并由区块链系统创建一个区块链交易新块，然后根据交易记录向消费者收费。

（2）引入智能电网的需求侧管理模型。区块链用于构建分布式、安全和自动化的能源网络，所有节点将独立工作，无须依赖集中监管和电力控制。除此之外，需求侧管理模型还以防篡改的方式将能耗信息存储在区块链中。智能合约执行分布式控制、激励或罚款、需求响应协议。该模型采用以太坊私有链原型，利用英国建筑能耗和生产轨迹数据集进行验证和测试。结果表明，该方案能够执行能源实时价格并能够验证所有需求响应协议，还能近乎实时地满足电网负荷调整需求。

（3）区块链技术、边缘计算技术和通信技术可以进一步增强电网安全。区块链主要用于确保所有参与者的隐私和分布式数据存储，以抵御恶意攻击。区块链架构引入了边缘设备、超级节点和智能合约服务器三个实体，以确保区块链网络内的正确性和可信赖性。边缘设备被视为典型的节点，而超级节点是一种特殊类型的节点，允许从边缘设备中选择一些设备以参与共识和投票过程。在要求参与投票过程之前，超级节点需要通过身份授权和隐蔽信道授权技术来验证边缘节点的身份，以确保投票节点不是恶意的，并且也不太可能受到投票节点的损害及51%的恶意攻击，智能合约服务器节点负责实现合约脚本并将其写入区块链系统。

案例：能源服务公司（ESCO）

能源服务公司（ESCO）介绍了一种安全可靠的能源调度模型，称为隐私保护能源调度模型。通过区块链和智能合约，能源服务公司（ESCO）解决了日益增多的隐私问题，这些信息泄露风险在分布式能源市场中尤为突出，并采用拉格朗日松弛法将模型分解为一些个体最优调度问题。采用共识算法和智能合约，能够解决网络中的多个调度问题，从而在保护隐私的同时全面降低能源成本。仿真和性能比较表明所提出的模型具有更大的优势，在能源调度中信息透明性和能源交易方面比传统模型更有效、更可靠。

二、去中心化的能源交易

双向能量和信息流使消费者可以充当生产者，反之亦然，能源互联网有望在分布式能源交易场景中容纳越来越多的产消者，他们能够相互交易电网或微电网的发电量、电动汽车和储能单元等分布式储能系统的剩余能量，降低电网负荷峰值，减少电力传输损耗，提高整个系统效率。

因此，有必要将能源交易和手续进行整合，以提供投标、谈判，并履行各参与者合同，同时也需要允许产消者直接、无缝地进行能源交易。这种不涉及任何中间人的直接能源交易也可以增加各方的利益，并有助于可再生能源的部署。在传统电力结算中，消费者和生产者只能间接参与，中间商和零售商长期的、固有的难题及挑战也给系统带来了高昂的运营和监管成本，并最终将这些成本转移给了生产者、消费者。此外，部分市场主体导致市场竞争不公平，透明度和公平性降低，甚至导致垄断。区块链的相关技术特征使其成为设计分布式和开放的能源市场和交易的理想选择。

可以通过引入能源币和点对点能源交易系统，使用联盟区块链技术，在以微电网、车对网为主的应用场景中引入信贷理念、分布式支付方案和博弈论方法，保障能源交易的安全性、公平性。在这个过程中，引入的基于信用的支付系统可解决交易确认延迟的问题，而这在基于PoW机制的比特币中是不可能的；对等节点可以根据信用额度从信贷银行申请能源币额度及贷款，可以像比特币那样快速、高效地付款；博弈论为该方案提出了最优的贷款定价策略，使信贷银行的经济利益最大化。

智能电网不仅将提供细粒度的能耗监测，而且将越来越多的住宅发电站点纳入分布式能源交易（如社区微电网）。因此，为智能电网提供一个安全的能源交易基础设施非常重要，该基础设施能够执行交易代理之间的合同，处理投标、谈判和交易，同时保护身份隐私。

集中能源交易存在着规模和安全问题，如单点故障、缺乏隐私、匿名性。参考比特币的应用，可以构建基于 Token 的分布式系统，并称其为 PriWatt。PriWatt 是一个基于不可信分散令牌的能源交易系统，它为代理提供匿名通信通道，并能够使用分布式智能合约在 SG 中交易能源所有权。核心系统组件包括交易、区块链、工作量证明、签署交易、多重签名及匿名文件流。交易是通过数字签名部分数据并将其广播到网络来改变令牌所有权的，目的是解决能源交易系统中交易安全和身份隐私的问题。该系统由区块链智能合约、多重签名和匿名加密消息流组成。通过智能合约，PriWatt 允许买卖双方处理复杂的能源价格招投标和谈判，并防止恶意活动的发生。匿名加密消息流技术可以帮助匿名投标和协商。多重签名方案用于防止 Token 被盗窃，还用于验证事务处理位置，由多方签署该交易。

三、能源互联网物理信息系统

当前的能源互联网物理信息系统（CPS）主要建立在集中式监督、控制和数据采集（SCADA）系统上，该系统采用分层方式与最大传输单元、远程终端单元、电源管理单元，以及各种传感器互连。SCADA 系统被广泛用于监视和控制电网，与网络集成后，SCADA 系统将以改进的方式实现大规模分布式监视、测量和控制。物联网智能设备、传感器和电源管理单元通常收集功率设备的状态信息并通过最大传输单元与远程终端单元共享，而最大传输单元被视为中央存储库和控制中心。

能源互联网利用 CPS，在不同电网运营商、供应商和消费者之间采用细粒度实现智能控制、监控、治理，以更好地改善其电网的安全性、稳定性、可靠性。但是，恶意攻击者或内部人员可能以不同的方式发起网络攻击，如更改中央控制器中的数据，或通过传感器和电源管理单元输入错误数据。最终，攻击者可接管控制通道，还可以生成恶意命令。在去中心化的智能电网系统中，区块链为监视、测量和控制提供了新的机会。

案例：ICS-BlockOPS

ICS-BlockOPS 专注于工业控制系统（ICS）中的数据安全性，引入了基于区块链的架构，以提高工厂运营数据的安全性。开发此体系结构主要是为了利用区块链技术解决 ICS 中的两个主要问题：不变性和冗余性。

一方面，区块链证明数据不易篡改；另一方面，提出了一种基于区块链技术的高效复制机制，以确保数据冗余。此外，还有一种基于能源互联网的区块链和智能合约的监控系统，以确保能源消耗的透明度和安全性。

该网络根据职责由三种不同类型的节点组成，即智能电表、共识节点和公用事业公司。通常，智能电表将电力消费者的能源计量数据发送到区块链网络。共识节点负责处理能耗记录，保留公用事业公司提供的各个订阅详细信息，进行验证以创建新的区块并将其广播添加到主链。在创建新的区块之前，这些节点会创建个人用户的相关信息，包括电表 ID 和其他消费者信息。此后，一旦被共识节点审核并接受，这些信息将被转换成区块。在这里，采用区块链来创建一个不能篡改的数据记录系统，以保护智能电表数据记录不受消费者和公用事业公司操纵。

四、电动汽车和充电设施

电动汽车被认为是未来智能电网的基石之一，它可以充当能量存储设备，并能够与电网、充电站采用点对点方式同相邻电动汽车交换能量。具体包含三种情况：车对车、车对网、网对车。通过这些方式，电动汽车可以与电网之间实现需求响应，提高电网弹性，并通过能量充放电操作降低负荷峰值。未来，能源互联网预计将支持和管理大量电动汽车。

但是，上述三种场景下频繁的双向电源和数据通信，会带来新的安全问题和隐私问题，而且不协调，同时系数高的充电水平可能导致电网过载。开发整合大量分布式电动汽车、结合个人充放电偏好的最佳充电预约机制，并开发透明的充电协调机制，是一项巨大的挑战，其中开发分布式、透明的电动汽车和收费管理机制至关重要。

应用区块链技术，构建包含智能合约的联盟区块链系统，以便在智能社区中实现与可再生能源和智能电网集成的电动汽车安全充电。智能合约被用来设计了一种新颖的能源分配算法和最优合同。最优合同将能量聚合器及与之相连的各辆电动汽车根据车主个人偏好选择能源消耗来源，同时使运营商和电动汽车的效用最大化。另外，引入了能量分配机制以将来自可再生能源的有限能量分配到电动汽车中。此外，为了达成有效且快速的共识，利用委派拜占庭式容错参与审核和创建新区块。

区块链技术辅助的充电协调机制，将家用储能电池、电动汽车储能单元能够以分布式、透明和可靠的方式从电力公司获得充电需求。储能系统、电力公司与区块链网络相连，每个储能单元向区块链网络发送收费请求，包含充电状态和完成充电的时间等请求。在此机制中引入智能合约，以便脚本可以以分布式、公正和透明的方式调度计费请求。

五、微电网

微电网逐渐成为能源互联网中不可或缺的一部分。微电网的定义为可再生能源、电池存储单元、电动汽车、智能设备和电力负载，微电网中的发电单元通常更靠近负载。与传统的集中化石燃料发电相比，微电网小规模生产低压电力，旨在提供可靠的电力供应，减少传输线损并最大限度地利用本地可再生能源。微电网网络可以托管大量可再生能源，并以分布式方式连接到电网，向电网注入可用功率。

随着能源互联网推进，可以集成即插即用的微电网系统。但是，大量的可再生能源可能导致电力过剩，电网不稳定，还可能带来一系列能源管理和交易中一些未解决的挑战性问题。一方面，能源管理问题包括拥堵定价、控制和调度的优化；另一方面，能源交易问题包括不恰当的激励机制来促进其被采用，以及集中化和垄断市场。通过开发去中心化微电网，利用区块链可以应对这些挑战。

通过融合智能合约的区块链架构，可以促进微电网中可再生能源的分布式优化和控制。在这个架构中，区块链降低了对传统集中电力公司或微电网运营商的依赖，并促进了能源公平交易。此外，利用智能合约可降低网络中可再生能源调度难度。

区块链可以解决微电网中电压调节问题。随着可再生能源渗透电网功率越来越大，微电网电压越来越难稳定。而对于电网来说，过电压和欠电压都可能导致系统被严重破坏。一方面，过电压可能破坏电力基础设施的散热；另一方面，欠电压可能导致系统崩溃。区块链和智能合约可以帮助制订微电网可再生能源公平比例控制方案，从而缓解电压违规情况。

区块链可以解决基于集中式交易系统的传统微电网交易管理问题，如交易中心买卖双方之间的信任问题，交易的公平性和透明性问题，以及交易安全风险问题。可以引入基于连续双拍卖（CDA）机制和区块链技术的去中心化能源交易方法，以支持微电网能源市场中分布式能源和消费者之间的独立和直接 P2P 交易。在这种方法中，最初两个交易方通过采用自适应攻击性（AA）技术来完成市场中的交易匹配，从而向市场提供报价。这里使用 AA 技术，是为了买卖双方可以根据市场信息动态调整报价。CDA 机制允许多个交易者和购买者在市场中竞标，使各方可以快速达到市场平衡。最后，买卖双方将通过使用多方交易完成能源交易的数字证明和签名。在这里，多重签名技术有助于防止买卖双方之间对合同的任何操纵，而区块链可确保交易的安全性。

利用区块链技术，生产者可以直接以 P2P 方式与他人交易本地产生的能源。

第四节　区块链+电力应用场景

区块链+电力应用场景主要包含三个部分：区块链与电力系统应用、区块链与电力金融应用、区块链与电力企业管理应用。

一、区块链与电力系统应用

区块链与电力系统应用结合，实现业务数据上链，确保数据真实、可信或智能合约的执行。

1．常规电力交易

针对过度中心化导致信息不对称、中心机构掌握市场的所有交易信息、用户隐私难以保障、可能存在利用中心权力损害参与者利益的情况，利用区块链不可篡改的特点，在发电商、用电用户、政府部门之间建立基于区块链技术的电力交易网络，利用区块链智能终端和物联网信息技术，收集发电和用电终端的电力数据，并利用智能合约撮合的机理，快速匹配发电和用电供需。

2．分布式能源交易

针对集中式能源交易难以聚合大量发电设备、难以满足高并发下分布式能源交易需求、用户交易困难的问题，利用区块链分布式的特点，以及智能合约智能执行发电和用电策略，建立汇集分布式发电、用电、电网公司、监管机构的区块链系统，实现数据分享和策略智能执行，达到分布式微电网能源自动平衡，并实现各利益方账目与资金的自动划转。

3．虚拟电厂

虚拟电厂是一种通过先进信息通信技术和软件系统，实现储能系统、可控负荷、电动汽车等分布式能源的聚合和协调优化，以作为一个特殊电厂参与电力市场和电网运行的电源协调管理系统。虚拟电厂目前商业模式中缺乏公平可信、成本低廉、公开透明的交易平台，区块链能为其提供系统平台。利用此平台，可将发电商、用电商、相关可控负荷的信息放在平台上双向选择，并智能匹配，实现智能合同生成和合同执行，将中心式管理系统向分布式、边缘式系统演进。

4. 能效管理

能效管理是将工商业等大电力用户数据进行收集、管理，提出高能效执行方案和策略，以便电力系统稳定运行。针对目前能源管理项目中节能量审核争议、节能量审核时间长等相关问题，将计量表得到的数据记录在区块链上，由耗能用户、节能公司、节能改造投资商、政府监管部门建立区块链系统，用能数据由各方认可，避免了各方不信任导致的大量人力、物力、财力的浪费，提升了整体效率，促进了社会公平。

5. 电力计量

电力计量中计量表具的数据收集、数据传输、表具身份授权等都是由中心化管理的，因此给管理带来了较大压力。利用区块链技术的加密学方法，建立分布式授权机制，实现表具身份自动确认，采用区块链预言机技术采集电能核心数据并发送到有电力公司、政府监管机构、核心用户节点的区块链平台，实现该数据的不可篡改，提高监管透明度。

6. 电动汽车充电

电动汽车充电各运营商收费和工作单据没有打通，充电用户难以采用同一App充电。通过在各运营商、政府监管机构等之间建立区块链平台，能够实现各运营商数据充电工作单据、支付数据等操作数据在同一区块链平台存储和分享，并利用区块链支付特性实现转账。

二、区块链与电力金融应用

区块链与电力金融应用是将区块链和金融结合，利用区块链的支付属性，实现资产证券化、供应链金融等应用。

1. 资产证券化

针对当前电力建设中改善资产流动性、降低融资成本和风险的需求，基于去中心化方式、智能合约实现自主决定电力建设项目是否进入证券化计划，并通过统一的评估标准对资产池中的基础资产进行分级和管理，加快信息的流动。

2．供应链金融

针对电力供应链金融业务中小企业信用风险大、贷中贷后管理缺位的问题，利用区块链不可篡改的特性能够提高业务数据的可信性。采用多方签名和智能合约技术，加强资金流向管控和回款控制，实现资金流闭环管理，并保证债务主体真实意思表达，便于应收账款权益的分割、流转、确权，提高应收账款流动性，优化业务流程和客户体验。

3．电力保险

针对传统电力保险行业中风险控制困难，承保核保理赔周期长、效率低等问题，把用户身份信息、保险合约相关信息写入区块链，并与第三方进行信息的共享，能够保证保险合同的真实有效性，降低保险欺诈的风险。利用智能合约技术能够实现自动和自主保险合同执行，提高理赔的效率，降低企业成本。

4．电力支付

电力支付目前大多采用第三方支付平台，需要频繁对账，存在手续费高、效率低等问题。利用国家电网核心企业优势，并聚合核心产业公司、政府、银行和金融机构，应用区块链技术建立自有支付体系。利用该体系实现电费缴纳、充电服务费支付、设备采购费用支付、跨境结算。

5．电力数字票据

针对传统电力业务票据的真实性、划款及时性等问题，利用区块链的时间戳机制，完整反映了票据从产生到消亡的过程，提升了数字票据可追溯性，解决了票据重复抵押及真实性问题。同时，可采用区块链隐私保护机制，在数据透明的前提下，确保交易双方匿名性，保护个人隐私。

6．碳交易

针对传统碳交易/绿证市场中数据采集标准不统一导致的数据流通不畅、协调难度高，从而使宏观调控缺乏数据支持、碳指标发放缺乏信用体系、监管制度不完善，基于区块链技术，在碳交易/绿证各利益主体、第三方审计机构、政府监管机构之间建立区块链节点，将碳交易/绿证数据共享，实现数据真实表达和快速审计，提高整体效率。

三、区块链与电力企业管理应用

区块链与电力企业管理应用结合区块链技术,将区块链技术延伸至企业内部管理,实现电力企业财务审计、电子数据保全与分享、企业信息服务安全管理。

1. 电力企业财务审计

针对电力企业财务审计过程中的信任及效率问题,在财务入账的各个节点建立区块链,每个节点的账本信息会通过广播到其他节点核实匹配,保证了交易的真实性和完整性,解决了审计与被审计之间的信任问题。

2. 电子数据保全与分享

针对电力企业无纸化过程中电子数据保存在企业内部且易被篡改的问题,利用区块链存储数据不易篡改和可追溯等特性,采用密码学技术对区块数据进行加密、签名等处理,确保电子数据保全,将电子数据存证到区块链系统,保证数据的原始真实性。此外,利用加密学方法,可以将电子数据以加密方式分享给数据消费方,数据消费方利用密钥得到真实数据,实现数据还原。

3. 企业信息服务安全管理

针对传统中心化域名管理中存在的故障效率、域名盗窃及域名没收等安全性问题,利用区块链技术将网络节点基础设施数据放入区块链,实现节点处理域名交易,保存域名所有人的密钥对,实现对域名的安全解析,整体提升访问安全。

针对集中身份认证架构面临的服务器伪造、拒绝服务攻击,以及非法攻击身份认证服务器获得系统权限等安全性问题,搭建分布式身份授权区块链,代替中心结构,避免核心服务器失效带来的系统不可用问题。

第五节　区块链+能源互联网案例

一、能源网链

能源网基金会设计了用于能源行业的公共企业级区块链平台和分散式应用程序,这个平台被称为能源网链。

此外，能源网链是一个公共且经授权的权威证明区块链，能够处理大量具有高吞吐量的交易。能源网链可以与以太坊开发人员及开放环境交流源软件开发工具包。

能源网链引入了第一层实用程序令牌，称为能源网络令牌。这个令牌主要有两个目的：第一，它可以防御任何恶意活动；第二，它通过交易费和大宗验证奖励来给验证者报酬。市场参与者可以通过能源网链将资产从公用事业规模发电连接到用户端分布式能源。灵活的软件开发工具包可以通过完整客户端、轻客户端和应用程序接口轻松容纳具有各种硬件和软件体系结构的资产。因此，这些组件使能源网链更容易用于物联网设备连接、网格平衡，电动汽车充电和数据认证。

二、Powerledger

Powerledger 是一家位于澳大利亚的能源行业初创企业，它利用区块链技术将可持续能源引入 P2P 市场，通过创造一种不可更改的能源发电和消费记录，允许能源买卖在被完全信任的环境下以一种简单的方式自动进行购买，让所有家庭可以通过电力网络交易解决能源过剩问题。通过 Powerledger，用户可以设置购买方式和出售价格，以适当和期望的价格交易能源。用户还可以将能量存储在电池中，以便以后出售能获取最大利润。所有交易均被记录在区块链上，以确保更高的安全性。通过 Powerledger，也可以进行环境商品和可再生能源信贷的交易。环境商品交易市场正在迅速发展，因此在确保不要将抵免额重复计算或滥用方面存在更多的压力。此外，还可以追踪可再生能源抵消排放的能源，以及与环境商品和可再生能源信用有关的更多交易。

三、Sunchain

Sunchain 的开发是为了使用户能够通过使用联合体区块链和物联网技术来合并和共享本地太阳能，它是能量交换和满足生产者与消费者的解决方案。Sunchain 的区块链架构是为可再生能源开发的，并且在智能电网中具有广泛的应用。在 Sunchain 中，区块链保留智能电表加密和签名数据的记录。此外，它允许积极地处理和验证所有参与者之间的能量分配。

Sunchain 根据社区规则强制进行能量共享，它的终极愿景是可持续发展，其财团区块链的性质描绘了这一点。Sunchain 财团的区块链不使用采矿过程，因此消耗的电量少。

Sunchain 区块链是无令牌的，并且未链接到任何加密货币，它旨在满足信任和可伸缩性要求。另外，Sunchain 区块链承诺能源的来源（如太阳能、其他可再生资源），因为能量是不变的，该区块链解决方案具有强大的功能，可提供各种服务，如可再生能源的起源认证及能源消耗的可追溯性。

四、Greeneum 平台

Greeneum 平台是利用机器学习、区块链、智能合约和物联网开发的可再生能源平台，目的是提供分散式应用程序，使用可再生能源的激励措施及减少 CO_2 排放的信用额度。通过集成的安全且分散的解决方案，Greeneum 平台完成了从中央并网拓扑向区域性社区生产和分销转变的挑战。

为了记录、管理和交易可再生能源，Greeneum 平台引入了基于智能合约的绿色代币，这些代币是绿色倡议支持者全球社区的交流和奖励手段。通过 Greeneum 平台，消费者可以通过绿色代币直接向生产者付款。此外，Greeneum 平台债券是授予绿色能源生产商的额外代币，这些生产商还可能获得 Greeneum 平台碳信用额，以用于绿色能源的利用。

Greeneum 平台针对其能源应用引入了两种共识机制，即能源证明和绿色证明。除此之外，为了产生精确的预测，Greeneum 平台还采用了机器学习算法来帮助优化网格。

五、WePower 平台

WePower 平台是一个用于能源管理和交易解决方案的平台，它引入了区块链技术，提供各种工具，帮助用户了解能源使用模式，寻找合适的可再生能源生产商，与他们进行数字签约并监控能源的产生。除此之外，WePower 平台还引入了一种称为购电协议的财务机制，以实现可再生能源生产者和消费者之间的直接交易。

通过 WePower 平台，用户可以根据预算确保稳定的成本。该平台还使能源需求较低的小型公司能够自动与大型公司聚合。除此之外，这些较小的公司可以彼此聚集，该过程创建了更广泛和更全面的市场。在这样的市场，机会和风险在所有人之间共享，因此可以有效地对其进行管理。但是，WePower 平台引入的令牌允许用户之间直接进行购电协议交易。

六、DoublePower

DoublePower 公司提出了 ChargingChain（充电链）平台。通过将区块链平台和高性能物联网平台深度融合，实现充电桩与物联网平台和区块链平台"一发双收"数据采集模式，将数据可信从平台可信提前到数据源头端可信，将数据造假难度提升至源头端。

第十一章

区块链+版权保护

第一节 版权概述

一、版权的定义与由来

著作权是著作者按照法律规定对自己的文字或口头作品等所享有的专有权利，也叫版权。

《中华人民共和国著作权法》规定，中国公民、法人或者非法人组织的作品，无论是否发表，依照本法享有著作权。外国人、无国籍人的作品根据其作者所属国或者经常居住地国同中国签订的协议或者共同参加的国际条约享有的著作权，受本法保护。外国人、无国籍人的作品首先在中国境内出版的，依照本法享有著作权。未与中国签订协议或者共同参加国际条约的国家的作者以及无国籍人的作品首次在中国参加的国际条约的成员国出版的，或者在成员国和非成员国同时出版的，受本法保护。

虽然感觉上版权是近代历史的产物，但实际上原始版权制度已在我国延续了700多年，在欧洲延续了200多年。

中文最早使用"著作权"一词，始于我国第一部著作权法律——《大清著作权律》。清政府解释为："有法律不称为版权律而名之曰著作权律者，盖版权多于特许，且所保护者在出版，而不及于出版物创作人；又多指书籍图画，而不是以赅刻模型等美术物，故自以著作权名之适当也。"此后，我国著作权法律都沿用了"著作权"这个称呼。

第一部完整的近代版权法为《安妮女王法令》，1709年由英国议会颁布，1710年生效，是世界上第一部保护作者权益的法律。该法的原名为《为鼓励知识创作而授予作者及购买者就其已印刷成册的图书在一定期限内之权利的法》（An Act for the Encouragement of Learning, by Vesting the Copies of Printed Books in the

Authors or Purchasers of such Copies，during the Times therein mentioned）。

《安妮女王法令》是英美法系版权法的范本。按法案规定，所有文学、戏剧、音乐或艺术作品，只要是首先在英国出版的，或是英国国民、居民的，都可以受到法案保护，无须经过任何手续。《安妮女王法令》对版权合理使用的情况规定严格，只允许为了科研或个人学习目的而合理使用文字、音乐、绘画或雕塑等艺术品，因此在英国为了个人娱乐目的未经作者同意而使用作品也是侵权行为。《安妮女王法令》在世界上首次承认作者是著作权保护的主体，确立了近代意义的著作权思想，对世界各国后来的著作权立法产生了重大影响。

综合来讲，著作权是一项特殊的民事权利，其特征在于：著作权保护的对象是智力成果，且基于作品的创作而产生。如同法律规定，人一出生即有民事权利能力，著作权的获得无须经过任何部门的审批，作品一经完成就自动产生权利，这一点与专利权、商标权不同。著作权权利内容受法定限制（如作品内容、保护期限、合理使用等）。在本国发表的作品或具有本国国籍的人在任何国家发表的作品，均受本国著作权法保护。而著作权的国际保护，也根据双边条约或多边条约的规定，分别按各自的国内法对缔约国的作者给予版权保护。

关于版权的时限，在我国，出版者对作者授权出版的作品享有一定时限的专有出版权。时限长短由出版者与著作权人协商签约产生，并规定合同有效期限不超过十年。自然人的作品，其发表权，以及《中华人民共和国著作权法》第十条第一款第五项至第十七项规定的权利的保护期为作者终生及其死亡后五十年，截止于作者死亡后第五十年的 12 月 31 日；如果是合作作品，截止于最后死亡的作者死亡后第五十年的 12 月 31 日。

需要说明的是，著作权要保护的是思想的表达形式，而不是保护思想本身。因为在保障财产权这类专属私人财产权利益的同时，尚需兼顾人类文明的累积与知识及信息的传播，从而算法、数学方法、技术或机器的设计，均不属于著作权所要保障的对象。

1. 著作权与版权

《中华人民共和国著作权法》第五十六条规定："本法所称的著作权即版权。"因此版权首先是一个法律概念，从我国现行法律来讲，著作权就是版权。

从我国的使用上看，著作权一词和版权一词基本上是通用的，含义比较一致。无论称著作权还是称版权，其规定的内容大体上是一致的。从撰写的论文和出版的图书来看，虽然有的冠以著作权法，有的冠以版权法，但研究的问题是相同的。

提及著作权和版权两个概念，多数人总会觉得还是有所区别的。因为从词源上来看，著作权与版权这两个术语确实存在些许差别。即便是非法律专业人士，也能隐约感受到不同：著作权跟人创作有关，而版权跟出版行为有关。

"著作权"是大陆法系的概念，其原意为"作者权"。相比来讲，大陆法系的著作权法将作品主要视为创作者人格的延伸和精神的反映，并非普通的无形财产。大陆法系的著作权法注重保护创作者的人身权利，对著作权的转让有诸多限制，如人身权利不允许转让和放弃。同样，人格权的内涵包括了公开发表权、姓名表示权及禁止他人以扭曲、变更方式，利用著作损害著作人名誉的权利。

《保护文学和艺术作品伯尔尼公约》简称《伯尔尼公约》，是关于著作权保护的国际条约，1886年9月9日制定于瑞士伯尔尼。随着两大法系的主要国家都加入了《伯尔尼公约》，两大法系之间相互借鉴和融和，"著作权"和"版权"在概念上差别也在缩小。

"版权"是英美法系的概念。从字面意思可以看出来，版权是一种控制复制的权利，是为了阻止他人未经许可复制作品，保护创作者经济利益而由法律创设的权利。就这点来讲，版权不是所谓的"天赋人权"或"自然权利"，而是将它视作鼓励、刺激创作作品的法律手段。从复制权来看，版权的侧重点在于保护创作者的财产权，而与创作者的精神、人格关系不大。基于这个观点，版权是一种财产权，可以像其他财产一样自由转让，且是无形的财产权，是基于人类知识所产生的权利，故属知识产权之一，包括重制权、公开口述权、公开播送权、公开上映权、公开演出权、公开传输权、公开展示权、改作权、散布权、出租权等。

我国的版权法律主要是从日本"借鉴"过来的，而日本又接受的是德国法律体系，德国是典型的大陆法系国家。因此，我国著作权法规定了"著作权"和"版权"系同义词，但是在行文时还是偏向大陆法系国家的特点使用"著作权"。

总而言之，著作权是基于文学、艺术和科学作品依法产生的权利，版权是一种从属于著作权的派生权利，出版者的版权只能由著作权人授予而产生。在我国，作品一经创作产生，只要具备了作品的属性，即自动依法产生著作权。出版者对其出版作品享有的版权，包括专有出版权、版本权、出版作品的形式和内容的修改权、删除权。依照现行法律，我国著作权法规定著作权包括人身权和财产权。具体包括发表权、署名权、修改权、保护作品完整权、复制权、发行权、出租权、展览权、表演权、放映权、广播权、信息网络传播权、摄制权、改编权、翻译权、汇编权，以及应当由著作权人享有的其他权利。

2. 知识产权与版权

知识产权是指自然人、法人或其他组织对其智力创作成果依法享有的专有权利。版权是知识产权的一个重要组成部分。

知识产权可大致分为两类：一类是工业产权，包括专利、商标、禁止不正当竞争、商业秘密、地理标志等；另一类是版权，涉及文学、艺术和科学作品，如小说、诗歌、戏剧、电影、音乐、歌曲、美术、摄影、雕塑及建筑设计等。

此外，随着知识经济的不断发展，集成电路布图设计专有权、植物新品种权、反垄断权、域名权等也逐渐被纳入知识产权体系中。

二、版权的合理使用与法定许可

著作权是有期限的权利，在超过一定期限后，财产权就会失效，而属公有领域。作品凝结了作者的独创思想，未经著作权人许可，他人不得擅自使用作品。但在特定情形下，使用作品可以不经著作权人许可，即我国著作权法规定的合理使用、法定许可使用。

在著作权的保护期间，即使未获得作者同意，只要符合"合理使用"的规定，也可免责利用。这类规定的意义在于平衡著作人的权益和社会对于作品进一步使用的利益。作品的合理使用是指在著作权法规定的情形下，社会公众可以不经著作权人许可，也无须向著作权人支付报酬，而使用他人的作品。作品的法定许可使用是指在符合著作权法规定的情形下，使用人使用他人作品可以不经过著作权人的许可，但应当向著作权人支付报酬。

需要注意的是，合理使用他人作品只限于他人已经发表的作品，未发表的作品不适用合理使用的规定。使用人使用他人作品时应当指明作者姓名、作品名称，并不得对作品实施删改等侵犯著作权人著作权的行为。在法定许可使用情形下，使用人仍应当尊重著作权人署名权等权利，并应及时向作者支付报酬。

合理使用与法定许可共同组成了著作权的限制性条款，是著作权人与公共利益之间重要的平衡器。

三、版权主要相关法律

现行版权相关法律和相关规定主要有《中华人民共和国著作权法》《信息网络传播权保护条例》《著作权集体管理条例》《中华人民共和国著作权法实施条例》《计算机软件保护条例》《最高人民法院关于审理著作权民事纠纷案件适用法律若干问题的解释》《最高人民法院关于审理涉及计算机网络著作权纠纷案件适

用法律若干问题的解释》《实施国际著作权条约的规定》《最高人民法院关于审理涉及计算机网络著作权纠纷案件适用法律若干问题的解释》《最高人民法院关于审理涉及计算机网络著作权纠纷案件适用法律若干问题的解释》。

第二节　版权保护概述

一、版权保护的重要性

基于移动互联网技术的新媒体行业发展到现在,信息的传播途径和渠道发生了巨变。人们获得信息的工具从电脑已经转向手机、平板等移动设备,媒体也已进入移动互联网营销时代。顺应时代特性而产生的新媒体行业在市场中引领潮流,大量信息和作品层出不穷。与此同时,移动互联网所具备的急速传播和极强的复制裂变能力也引发了各种各样的侵权问题,版权问题成为人们较为关注的一个问题。

在互联网环境下,内容的创作、传播、使用等过程,具有海量化、快速化、分散化的特点,这是对传统版权制度的全新挑战。市场需要制定基于版权制度的基本原则,在内容的创作者和使用者之间建立"权利有属、流通有序、保护有力"的新机制。

版权保护虽然在一定程度上限制了作品的传播,但需要强调的是,版权保护的最终目的不是"如何防止使用",而是"如何控制使用"。从版权保护手段实际执行来看,也只能做到适度的版权保护。太过严苛的版权保护,技术上难以做到有效支撑,成本上也高居不下。

版权保护是非常重要的事情,这不仅是对作者而言的,对国家、行业的发展也是非常关键的。版权保护的重要性在于保护创新,促进良性竞争,激励个人作者的发展。

对于创作者或其代理人来讲,版权保护有利于促进创新,表达出自己的创意并实践,将会给其他创作者以启发。同时,由于利益的驱动,会改善职业创作者的创作环境,从而带来专业度的提升。比如,近些年流行的网络文学,如果作者没有相应的收入支撑来脱离其他的生产工作,是难以有时间、有精力写出优秀的作品的。

版权法规的完善和版权保护的各项措施能够促进形成良性竞争的环境,提高商业机构的竞争力。版权保护在一定程度上减少了抄袭行为。没有版权保护，人人都可以抄袭别人的作品，会导致作品趋向低劣、廉价。多数人购买盗版作品大多是因为其价格低廉。这种不劳而获、践踏别人劳动成果的行为一旦蔓延，会形成劣币驱除良币的局面，从而造成恶性竞争环境，各种扰乱市场的行为会进一步恶化，文化市场只能野草丛生。

版权在某些情况下，也存在出版商盘剥个人创作者的情况。最初《安妮女王法令》的出台也是出版商摇旗呐喊的结果，而非原始创作者的呼吁。但无论从哪个方面讲，版权法律与版权保护给个人创作者提供了一条发展路径，有较强的鼓励效果。在这个网络时代，个人创作者发挥了前所未有的力量，在推动着文化市场与数字内容的繁荣。

二、版权登记制度

我国著作权法同一般国家著作权法的规定相仿，和《伯尔尼公约》的要求保持一致，对著作权实行自动保护原则，即作品创作完成后即享有著作权，不需要履行任何登记手续。但是，由于我国著作权法保护起步较晚，导致社会的著作权意识还很薄弱，在著作权法实施过程中，很多作者提出希望将自己的作品在著作权行政管理机关登记，对其著作权有形式上的确定，以进一步明确著作权的归属，在发生著作权纠纷时也可作为初步证据。一些作品的使用单位也反映，在使用过程中由于著作权归属不明确，容易造成著作权纠纷。如果能实行形式上的作品登记，将对作品的使用提供切实便利。

鉴于上述情况，为维护作者和其他著作权人的合法权益，更有效地解决因著作权归属造成的著作权纠纷，并为解决著作权纠纷提供初步证据，国家版权局决定试行作品自愿登记制度，并于1994年发布《作品自愿登记试行办法》。作品自愿登记制度并未改变著作权法规定的著作权自动保护原则，作品无论是否登记，作者或其他著作权人依法取得的著作权不受影响。

按照规定，普通的版权登记流程如下：登录中国版权保护中心网站填写著作权登记申请表；打印著作权登记申请表，并将相关申请文件提交到当地版权中心，即某城市版权局；该城市版权局著作权中心接收文件并进行初步审核；审核通过后缴纳费用，未通过的需要补正或撤销申请；著作权中心受理申请并发出受理通知书；著作权中心审查申请文件决定是否需要补正；审核通过，版权中心予以登记，办理登记证书并公告。

版权登记制度加强了对著作权人的保护，从源头上明确了作者与作品消费者之间的关系。作者创作作品，一方面是因为自己的兴趣，为了实现自己的人生价值;另一方面也是为了获得经济利益。作者完成作品创作之后希望作品能产生经济价值,但受让人或被许可人在与作者协商时,一般都会要求作者证明其所提供的作品是作者的原创,即该作品的权属归出让人所有。为了交易的顺畅和安全,作者的著作权登记证明书能够消除受让人或被许可人的顾虑,让其安心与作者进行交易,这种机制也促进了作品的合法使用。

版权登记制度加强了对著作权的行政保护。作品版权登记可以有效地维护作者和著作权人的合法权益。作者所提供的版权登记证书,可以在打击侵权盗版时起到证据作用。作者申请作品的著作权登记证书是对作品著作权保护的第一步;各地版权局通过公布这些登记的作品,建立登记作品的信息查询系统,使潜在的作品购买者能够查询到这些登记信息,这是对作品著作权保护的第二步;各地版权局对已经登记的作品要利用科技和法律手段加强保护,特别是当这些作品被侵权(如盗版)时能通过强大的行政力量打击盗版,维护著作权人的合法权益,这是对作品著作权保护的第三步。作品进行著作权登记后借助行政机关的力量能更好地保护著作权人的利益,有效地保护数字作品不被非法篡改,有力地打击了网络侵权行为,提高了执法部门在著作权方面的管理。

版权登记制度为司法机关解决著作权争议提供了初步证据,正如《作品自愿登记试行办法》第一条规定:"为维护作者或其他著作权人和作品使用者的合法权益,有助于解决因著作权归属造成的著作权纠纷,并为解决著作权纠纷提供初步证据,特制定本办法。"当著作权人被侵权需要提供证据证明自己是作品的权利人时,著作权登记所发的著作权登记证书可以起到初步证明作用,在法院诸多案例中都能找到相关说明。

三、版权保护的发展

数字内容版权保护手段可以分为事前主动防止侵权和事后被动挽回损失。事前主动防止侵权的主要做法为提前警示、控制复制、控制使用;事后被动挽回损失的主要做法为预防性确权、全网监测、侵权取证和提起诉讼。其中,按照不同的作品种类,版权保护手段也各有千秋,保护技术和盗版技术层出不穷,此消彼长。

下面对事前主动防止侵权的保护手段以网络传播盗版电影来举例说明。

早期的 DVD 时代,光盘防盗技术依靠内容扰乱系统(Content Scramble System,CSS),通过符合规范的机器来限制光盘内容播放,DVD 的锁区正是基于这项技术。但很快这项技术就被破解了,能够全区播放的光驱无处不在,甚至 DVD 的复制技术也能做到跟原版丝毫不差。

到了蓝光时代，片源质量得到了极大提升，防盗技术升级为高级访问内容系统（Advanced Access Content System，AACS）。和 CSS 相比，AACS 的加密强度高得多。但是，传统的工业设计在以快著称的网络黑客面前不堪一击，很快被发现设计漏洞，网络黑客从内存直接获得 AACS 密钥，绕开了加密强度，直接解密数字内容，版权主动保护技术再一次失效。

到了 4K UHD BD 时代，AACS 也及时更新换代，修补了设计漏洞，发布了2.0 版本。AACS 吸取了先前的教训，将密钥升级为网络分发，无法获得密钥便无法直接得到原始内容。因此，网络黑客就把目标转向了视频采集的技术，也就是在播放环节直接录制。为了防止视频采集，内容厂商和视频采集卡厂商又一起推出了高带宽数字内容保护标准。如同上锁与开锁一样，但凡是人设计的技术，总会被破解，能播放就一定能复制，而制约破解唯有提升破解成本，再就是延缓被破解的时间。可以看到，网络上蓝光版的数字内容不断被复制出来。

在我国，版权登记作为提前预防性质的保护手段，同样也在不断发展进化。中国版权保护中心和各省版权局在做传统版权登记的同时，也推出了各种基于数字和互联网环境下的数字版权登记保护技术。中国版权保护中心的数字版权唯一标识符（Digital Copyright Identifier，DCI）就是其中之一。DCI 体系基于数字版权唯一标识技术，能够有效适应 Web 2.0 时代数字版权保护的特性，实现以数字作品版权登记、费用结算、监测取证为核心，综合、科学、有效地提供版权公共服务创新模式。以 DCI 体系为支撑，意图实现两大关键机制创新：一是通过 DCI 技术在数字作品版权登记与费用结算等领域的应用，进行利益整合与分享机制的制度化创新，以适应版权保护领域中各种相关的利益博弈关系；二是利用 DCI 标识技术，进行网络版权的监测取证，建立以 DCI 体系为支撑的快速高效维权机制，实现版权维权机制的创新。

海外数字内容版权保护工作做得最优秀的技术解决方案莫过于 YouTube Content ID 技术。版权方（往往是商业公司）将音乐和视频的低码率内容上传到 YouTube 版权数据库，YouTube 对上传的视频进行扫描，并检索匹配用户上传的内容。一旦系统检测发现存在版权争议的内容，就会采用屏蔽措施。所以有时发现 YouTube 平台上有的视频在播放中突然静音了，往往就是因为背景音乐侵权了。

第三节　基于区块链的版权保护技术

一、数字内容市场

数字内容是以数字形式存在的文本、图象、声音等内容。数字内容产业是信息技术与文化创意高度融合的产业形式，涵盖数字游戏、互动娱乐、影视动漫、立体影像、数字学习、数字出版、数字典藏、数字表演、网络服务、内容软件等，为三网融合、云计算、无线网络等新兴技术和产业提供内容支撑。

根据我国公开材料，以内容特征作为分类依据，可将数字内容产业分为数字传媒、数字娱乐、数字学习、数字出版和面向专业应用导向五大类。欧洲《信息社会 2000 计划》指出，数字信息内容产业包括媒体印刷品（书报、杂志）、电子出版物（数据库、电子音像、光盘、游戏软件）和音像传播（影视、录像、广播）。由此可见，各个国家和地区对内容产业的界定和具体领域分类基本相同，但也各具特色。美国、加拿大、澳大利亚等把内容产业也称为创意产业，根据北美产业分类体系 NAICS 的产业分类，创意产业包括传媒和信息产业、纯艺术产业、专业设计服务业、商业性质文艺和体育产业四大类、十七个明细分类。

版权的权利来自作品，而作品包罗万象。例如，即便是数字作品也会分为影视、音乐、图片、文字等大品类，而每个大品类又可以细分为多个小品类。在实际的业务活动中，每个小品类作品的产生、流转、消费完全不同，用户也不同，载体也多种多样。著作权法的规定范围大而全，但无法精细到每个品类的每个流通环节。

我国数字内容产业在全球崛起，移动游戏用户量、网络视频总时长、数字音乐用户量、电竞用户规模等多项指标成为全球第一，数字娱乐和媒体业规模为全球第二。随着移动互联网的飞速发展，微博、微信等新媒体产生大量的数字作品。文章、图片、短视频等数字作品作为快餐式的学习、交流、娱乐形式，在很大程度上改变了人们的生活，几乎完整占据了人们大量的碎片化时间。作为一种创作门槛较低的网络作品形式，网络数字作品涉及的内容非常广泛，数量更是庞大，被侵权的形式多样、被侵权的数量巨大，对传统著作权保护模式提出了严峻的挑战。

二、版权保护痛点

随着移动互联网的快速发展，数字作品海量涌现，网络版权市场天翻地覆，带给版权保护更加严峻的考验。分析数字内容版权行业的现状，可以认识到，数字内容版权市场的现状跟其品类飞速发展，以及确权、授权、维权手段的滞后性密切相关。实际上，互联网的飞速发展所带来的数字作品盗版问题尚未寻求到有效的解决手段。这种由技术引起的产业风险与挑战，也唯有通过技术手段解决，云计算、大数据、区块链、人工智能为海量数字内容版权保护能够提供强有力的技术支撑。区块链被誉为革新性技术，它的价值更在于将技术研究与创新应用到实际中，为人们的生活带来更多改变。在移动互联网的快速发展和碎片化消费的当下，版权保护有哪些痛点？如何通过区块链技术找到突破之道？

网络版权保护面临的问题繁多，整个版权链条上千疮百孔。无论是确权环节、授权环节，还是维权环节都难以做到健康有序，甚至可以说盗版产业的规模要高于正版产业规模。同时，绝大部分侵权行为都在水面之下，即便作者发现，也往往无可奈何。总而言之，网络版权在确权、授权、维权时操作十分烦琐，专业度高、成本贵且耗费时间。

虽然我国及世界上大多数国家的版权法中都规定，作品完成之日起作者即获得著作权，但现实中较难通过其他途径证明作品的归属及完成时间。一般来说，作者会寻求本国知识产权行政部门对自己作品的权属或是权利受让进行确认，即到国家版权局登记。由于各国的版权登记机构都面临着大量的版权申请，版权登记的时间往往较长。以我国的版权登记为例，普通流程需要数月才能取得著作权登记证书，即便加急处理，也要 30 个工作日。相关数据显示，作品著作权收费标准是 100 元起，1 万字以上 300 元。对于商业公司的鸿篇巨制来讲似乎可以承受，但对于海量的短小文章或单幅摄影作品而言，成本显然比较高。

侵权取证困难且方式有限，诉讼成本也比较高。传统版权保护文件一般采用纸本存储与数据格式文件存储两种方式。但是，纸本保存不方便，容易丢失、损毁，而数据格式文件也可能被篡改而不留痕迹。同时，由于侵权行为的时间和形式不易确认，给证据的采集和固定也带来了很多困难。如果作者将侵权人诉至法院时，网站已删除涉案作品，作者在没有提前通过公证机构固定证据的情况下，要想胜诉较难。以较低的成本获得具有一定公信力的作品权属证明、授权证明，以有效的方式采集、固定网络侵权行为的证据，是众多创作者、权利人和受让人的共性诉求。

同样，在版权司法领域，版权保护有存证难、取证难、认定难的问题。面对海量的数字内容维权却无法全部解决，是版权司法的痛点，因为海量的数字内容维权一旦全部按照现有版权保护手段行事，将会耗费大量司法资源和行政资源，使现有司法体系和行政手段完全失效，得不偿失。这也是为什么有的基层法院谨慎接收著作权案件的内在原因。

三、版权区块链系统概述

1. 区块链存证

区块链技术的出现，给乱象纷纷的数字内容版权保护带来了新的希望和出路。

最高人民法院于 2018 年 9 月 7 日实施了《最高人民法院关于互联网法院审理案件若干问题的规定》，其中第十一条规定："当事人提交的电子数据，通过电子签名、可信时间戳、哈希值校验、区块链等证据收集、固定和防篡改的技术手段或者通过电子取证存证平台认证，能够证明其真实性的，互联网法院应当确认。"随着区块链技术的发展，基于区块链技术的存证业务被广泛应用于各行业。

区块链存证是基于区块链技术，采取多节点共识的方式，或联合法院、公证处、仲裁机构、司法鉴定中心、审计机构及数字身份认证中心等权威机构节点的电子数据存证服务。区块链及相关分布式记账技术可以保证存证信息的完整性和真实性，促进创新应用落地，以及形成产业生态发展。

2018 年 12 月，中国区块链技术与产业发展论坛发布了《区块链存证应用指南》团体标准。该标准为各行业使用区块链技术进行存证给出了基本应用指南，指导区块链存证应用的设计、开发、部署、测试、运行和维护等环节，能够更高效、便捷、准确地搭建区块链存证应用系统。

依照上述标准，区块链存证业务相关方分为内部相关方和外部相关方。内部相关方包括存证业务的使用者、区块链存证系统的开发者、区块链存证系统的运行维护者、运营部门、最终用户及协助完成区块链存证过程的其他成员；外部相关方是区块链存证系统依据业务需求引入的外部参与者，作为鉴证节点来对电子数据内容有效性做出独立判断。区块链存证包括定义区块链网络及共识机制、写入区块链数据预处理、电子数据签名、存证过程、存证公示和查询、提取存证和第三方机构验证等关键过程。

在版权应用领域，版权的存证、传统的电子合同备案，还有侵权的证据可以直接固定在版权区块链上。在具体应用方面，区块链分为存证、授权交易和版权保护三个方面。从版权服务全貌可以看到，利用区块链，权利人通过自己的设备创造的数字内容作品，将实时证据固定在区块链上，从而支撑根据版权存证进行版权授权交易。通过大数据监测系统，权利人可以发现没有经过授权的侵权行为，进而申请相应的司法服务，同时也可以申请相应的版权授权或衍生品开发，实现版权区块链支撑下版权业务的全景。

版权区块链系统也可以与传统版权登记业务相结合。作者首先提交身份信息，然后通过各种实名认证的方式，可以得到相应的身份数字证书。版权区块链平台对作者的作品进行上传、审核、签名、存证，同时要求作者填上相应的信息，如创作意图、作品说明，然后申请著作权登记。版权区块链平台在上传作品的时候，会把签章的数字签名信息放到版权区块链上，同时版权区块链可以实时同步到司法机构的区块链系统里面，为潜在诉讼提供证据。

由区块链的技术特征可见，版权区块链存证行为能够证明以下事实：版权区块链大多数节点认为，某个时间点、某数字内容或行为由某身份声明存证，且未经篡改。

随着信息技术的不断演进与发展，数字内容创作将会进一步模块化、网络化、云化，逐渐转变为人们生活的一部分，结合版权行业需求的前沿技术服务也变得越来越重要。尤其是目前在发展过程中的一些新技术，如人工智能、区块链、云计算、大数据等，它们的行业应用都将直接影响未来行业的发展。基于区块链技术的司法存证取证系统，发展的时间较短，在司法领域已经以区块链中的联盟链技术作为其诉讼平台的基础平台，因此也可以看出基于联盟链建设的司法存证系统在未来也会越来越重要，该系统为版权区块链的发展提供了机遇和司法基础。

版权区块链系统的愿景是实现"创作即确权、使用即授权、发现即维权"。区块链、大数据、云计算、人工智能这些新技术的综合应用势必能够实现让版权的确权、授权、维权变得更快，成本更低，做起来更容易。

2. 创作即确权

从法律层面上来讲，作品产生后，著作权就伴随着作品产生。从技术层面上来讲，版权保护工作者试图在寻求一种方法或技术手段来确保法律要求的落地实现。

传统的确权模式，如版权登记、版权公证或者版权司法鉴定，对于单件作品需要动辄数百元、数千元的费用才能完成确权，且还要付出高昂的人工成本与时间成本。对于数字作品，单件价值往往是数百元到数千元的交易价值，何况对于多数创作者来讲，数字作品虽然海量，但能售出的却是凤毛麟角。基于此，数字作品用传统确权模式毫无经济效益而言。如果存在一种模式，作品产生即可以对其权属、存在性和原创性进行大量、快速、简易的基础性证明，无疑存在巨大需求和广阔的市场空间。区块链的信任秉性提供了海量数据技术存证的可行性。

"创作即确权"无疑是一个宏大的目标，但并非遥不可及。"创作即确权"就是说结合区块链技术，在数字作品创作完成后，包括作品创作的中间过程，都会自动在版权区块链网络中留下证据，成为以后提供司法证据的存证。版权区块链存证实现可以通过两种途径，其取决于数字作品的存储方式：第一，直接存储在云端服务器，云端服务器可以跟区块链网络对接，将其数字摘要、内容哈希值和其他相关信息，以及总体的哈希值上传到区块链网络对接；第二，数字作品存在本地，可以通过一个简单的客户端完成相应工作。

数字作品上链，其内容的安全性是一个重要的话题。数字内容的泄密往往使创作者对版权登记行为望而却步。对于区块链网络来讲，分布式网络对于数据安全具备天然技术优势，同时内容不是必须上链的，甚至区块链网络完全可以不存储数字内容。对于创作者来讲，只需要把内容与相关确权信息的哈希值存入区块链网络即可，需要提取内容的时候，可以申请令牌去储存的数据库中读取，一旦内容被修改过，就无法通过核验。在这种情况下，原始存储数据的管理至关重要，一旦修改要及时更新哈希值并同步到版权区块链网络中，否则数据就彻底失效。

哈希值如何能够验证原始数据呢？哈希算法能够将任意长度的二进制值映射为较短的固定长度的二进制值，这个小的二进制值称为哈希值。哈希值是一段数据唯一且极其紧凑的数值表示形式。从一般意义来讲，可以简单理解为这个哈希值是该数字内容的唯一对应身份证明。

版权区块链存证与传统的版权确权（如版权登记）相比：不用提交作品内容，保证了内容的安全性；确权是在瞬间完成的，时间可以忽略不计；确权过程去掉了人为因素，从而更加可靠；非法确权反而会成为侵权证据，且无法篡改；更为关键的是，相对于海量的数字作品，区块链存证几乎无成本。区块链存证的方便性和有效性，会促使创作者在创作完成的第一时间就进行区块链存证，从而避免其他人盗用自己的内容进行存证，一旦这一行为形成趋势，就会极大降低权属性证明、存在性证明、原创性证明的难度与成本，加速版权市场净化。

基于上述内容，通过区块链可以证明版权的权属性、存在性与原创性。通过区块链数字作品确权技术，可以实现作品与版权的同时流通与即时验证，实现了"创作即确权"，为更进一步的目标"使用即授权、发现即维权"提供了坚实的基础。

3. 使用即授权

数字内容的特点是方便与实用，随时随地可以浏览信息，同时可以随时中止浏览或者切换更多其他感兴趣的内容,内容的价值通过多重呈现方式再度激发出来,"内容即流量"已经成为新媒体营销的口号。数字内容的空缺难以满足全部需求,内容供需双方都缺少公平、公正、开放、透明交流的平台。自媒体创业者为了保证自己的媒体号定期、有质量的更新,同时又因为被侵权或侵权他人而焦虑,快速便捷的版权区块链交易系统将提供高效的解决方案。

如何获取高质量内容?除了自己创作或委托创作,购买授权在多数情况下是解决内容来源的最佳选择。随着移动互联网的快速发展,网络版权行业的授权交易逐渐由线下转为线上,因此涌现了大量的线上版权交易系统。此类线上版权交易系统是为内容需求方与优秀作品的创作方搭建信息交流平台,促进版权交易与相关版权产业的良好发展,其目的是为创作者或代理人宣传推广作品,实现版权价值的最大化,为作品使用者或传播者寻找优秀作品,并顺利获得该作品的版权授权。

在这些传统的版权授权交易系统上,创作者在线上版权交易系统中只需注册一个账号,不用缴纳任何费用,即可发布版权交易信息;而内容需求方可以发布对选题及内容的需求,征集作品版权。创作者留下电话、邮箱、微信等联系方式,内容需求方即可直接与之联系授权交易相关事宜。多数线上交易系统所提供的仅仅是一个线上的信息交互平台,而真正与交易有关的步骤,需要交易双方自行在线下联系完成。

现阶段,版权授权交易行为的痛点主要有以下几个方面。

(1)时间成本:传统的交易行为往往还是采用线下合同的方式,双方逐项对合同条款的确认、盖章、邮寄等都会耗费大量的时间成本。

(2)经济成本:版权交易的核心在于授权,也就是版权交易后的确权,而传统的确权方式为出版、司法鉴定或公证,对于一件单品价值不高的数字内容来说,出版不太现实,而选择司法鉴定或公证其经济成本不言而喻。

(3)维权困难:对于内容创作者而言,因为平台法律诉讼成本相对较高和投诉手续的繁杂,大部分创作者即使权利被侵犯,最终还是选择沉默。

版权行业在发展过程中,综合以上各种因素,从业者总结出了版权保护与版权交易的现实工作主张:主动防范、打授结合、以授为主、以打为辅、以打促授。

如何做到"使用即授权"?版权区块链授权交易系统需要从用户角度出发,充分考虑创作者、运营者和消费者的需求。以文字创作交易平台为例,需要提供三个方面的服务:创作工具服务、区块链授权机制和版权保护。创作工具服务聚焦数字内容交易领域,平台的所有功能都直接服务于数字内容交易标的,简捷直接、没有冗杂功能、无广告推送。运营者可以在平台上发起各类版权交易活动,支持审核数字内容，能够发起议价、充值、提现等基本功能；创作者可以在平台上进行创作、投稿、上架数字内容（系统匹配投稿）、议价、提现等操作。并且，平台还要为创作者提供数字内容的编辑工具，方便创作者对数字内容进行排版、编辑工作。所有数字内容授权交易的活动都可以在平台上完成，授权证明直接写入版权区块链，无须下载其他工具，也无须转到线下沟通。

基于区块链的授权交易机制可以较好地充当数字内容交易过程中的第三方，在解决数字内容的版权归属问题后，用区块链授权存证高效的方式可保证交易的顺利进行，缩短传统版权交易流程，降低了用户的时间成本，更方便版权交易用户对时事热点进行创作与授权操作。

版权区块链系统同时提供有保障的价值支付手段。版权交易平台要求运营者在发布版权交易需求时交付保证金，由平台作为第三方进行监管，有效地帮助创作者规避运营者在获得数字内容后不支付酬金的风险，保证创作者及时拿到应得的酬金。在国外的某些平台上，这些支付手段也可以使用版权区块链系统发行的版权 Token 实现。

版权区块链授权交易系统需要提供完善的版权保护。无论是对运营者还是对创作者，作为内容交易平台，能为双方提供完善的版权保护至关重要。交易平台需要为数以亿计的有价值的数字作品提供确权的服务，来保证用户的版权和其他权益不受侵犯。对运营者而言，创作者提供的数字内容如有抄袭、侵权等问题，也可以提出监测申请，由平台出具区块链存证完成仲裁并追回已付酬金。版权交易平台的即时存证能力能够极大程度地同时保护买卖双方的权益，这是传统线下酬金支付方式难以做到的。

版权区块链交易平台通过区块链的授权功能，能够为数千万用户和媒体提供数字内容的快速授权和流转，解决内容创作者和消费者授权的痛点和难点。可以想象在未来，将以"版权区块链授权交易"为起点，以"使用即授权"为愿景，打造版权数字内容授权数据库，搭建自动化内容平台，延展到版权金融平台。版权区块链授权交易平台与广告、金融、生产领域相结合，将具备更多的可能性，从而为打造版权大数据生态圈、行业的健康发展发挥引领作用。

4．发现即维权

基于区块链技术的司法取证系统具备了法律上的正式地位，受到越来越多的律所、公证处及司法鉴定机构的青睐。

随着社会分工的细化，法律在人类经济活动中的重要性毋庸置疑。但是，必须承认的是，法律还是有弹性的空间的，而依托于区块链技术的智能合约给法律的理性带来了更深层次的实现。随着生产力的提高及信息科技的发展，法律规则与技术规则的协同作用与相互补充愈发明显，甚至法律界的智能合约都呼之欲出。

2017 年 7 月，司法部、国家工商行政管理总局（现国家市场监督管理总局）、国家版权局、国家知识产权局多部门联合下发《关于充分发挥公证职能作用加强公证服务知识产权保护工作的通知》，再次强化了国家关于实施创新驱动发展战略和国家知识产权战略，加快知识产权强国建设的决策部署；2017 年 8 月 18 日，与负责专门管辖的海事法院、军事法院、铁路法院、森林法院等属于同一类法院的专业互联网法院——杭州互联网法院正式揭牌，成为全国首家互联网法院；2017 年 8 月 18 日杭州互联网法院挂牌成立，成为全国第一家集中审理涉网案件的试点法院；为适应互联网时代的司法新需求，深化司法体制综合配套并改革推动网络空间综合治理，2018 年 9 月 9 日，北京挂牌成立互联网法院；2018 年 9 月 28 日，全国第三家互联网法院——广州互联网法院在广州正式挂牌成立。在版权人看来，这是一个好的发展趋势。按照"涉网纠纷在线审"的思路，杭州互联网法院将制定一套标准化、结构化的新型互联网审判方式，为全国法院互联网审判提供可复制、可推广的经验。

互联网法院贯彻"网上案件网上审"的审理思维，将涉及网络的案件从现有审判体系中剥离出来，充分依托互联网技术，完成起诉、立案、举证、开庭、裁判、执行全流程在线化，实现便民诉讼，节约司法资源。互联网法院做到了融合机制创新与网络解纷，构建前置性指导化解、第三方调解、诉讼等多层次、多元化的涉网纠纷解决体系，专业、高效、便捷地处理涉网纠纷。同时，利用大数据分析技术对涉网案件数据进行多模块比对分析，梳理规律和特点，形成结构化、标准化的互联网司法裁判规则，为营造更安全、更干净、更具人性化的网络空间司法护航。

在上述的大背景下，基于和互联网法院区块链网络的互通，版权区块链系统通过中心化存取证系统结合区块链跨链技术，能够实现司法存证与司法取证的实时同步，加快诉讼效率，并高效促进网络纠纷的和解，从而降低社会整体成本。

司法存证和司法取证是司法领域的术语，其发生在诉讼前的证据准备阶段。司法存证和司法取证的用户群体是目前国内的司法案件主要参与者，包括律师事务所的律师、企事业单位的法务人员、作为原告和被告的法人或自然人。其中，律师事务所的律师最多，使用场景也较为集中。

以律所诉讼数字内容著作权侵权取证业务为例，根据律师事务所的传统工作流程，律师都是在准备好需要取证的资料后，通过电脑进行侵权取证，往往还要亲自到公证处进行取证，并在公证处对所取到的证据进行公证。具体使用的场景如下：律所需要取证时，律所会派一个专业人员每天到公证处单位，在公证处的办公电脑上，把律所当天几十个甚至上百个案件的证据进行取证操作，操作完毕后，对取证文件进行一次性的公证。如果有多个律所人员到同一家公证处去取证，则需要依次排队等待。

由此可见，律师到公证处去取证，取证需求虽然能够得到满足，但仍有许多问题。这些问题包括收费较高、费力、耗时、效率低下，以及证据的提交和使用麻烦。目前，不少知识产权案件都是在互联网法院完成的，提交证据需要通过互联网的诉讼平台提交。而多个案件的取证是公证在一起的，通常文件较大，上传较慢，有时会提交失败。因通过公证处取证的证据没有办法及时同步至互联网法院，且多个案件的证据在一起，向法官展示和法官查看时也很不方便。

而基于版权区块链系统的存证取证系统相对来讲，在律所使用场景上应用简单且成本低廉，取证证据即时上传到区块链系统，每个证据可以单独同步到互联网法院的区块链系统。在发起诉讼流程后，法院的诉讼平台可以在后台直接调取区块链存证来验证证据的真实性，对于法官来讲，节省了大量人力、物力，同时杜绝了证据的二次污染等潜在可能。

普通用户使用版权区块链系统，可以对文字、图片、音乐及视频进行网络监测，监测范围包括电商平台、视频平台、图片网站及各大自媒体，当发现侵权行为后，系统提供多种取证方式，如网页截屏取证、网页录屏取证、手机录屏取证、手机录音取证、手机拍照取证、手机录像取证等，帮助用户形成侵权证据结果，并同时上链。

对于知识产权领域的创作者，在内容平台等网络上遇到知识产权纠纷时，版权区块链可为作品提供侵权证据。对于普通创作者，在遇到网购纠纷、合同纠纷、隐私被窃、谣言中伤时，取证服务可帮其及时固化保全证据，为捍卫个人权利提供有力支撑。同时，版权区块链取证系统可以配合数字内容创作平台，帮助其进行平台管理，为平台定制取证规则，当平台用户发布的内容触发平台监管规则时，会自动发起取证请求，为维护平台秩序、处罚违规行为提供关键证据。（这里所述的存证和取证都是司法存证系统的功能，司法存证与司法取证往往是先存证再取证，两者互为一体。基于使用场景的不同，在事前往往会称为存证行为，在事中和事后会称为取证行为。）

必须看到，区块链技术在司法实践中还在不断发展。毕竟一项新的技术能否担当起法律重任是需要观察的，但区块链技术在各行业的成功无疑给法律界带来了极大信心。互联网法院、公证云、仲裁云、监测云和版权区块链联盟等通过云计算、大数据、区块链技术，在可预见的将来，整套适应互联网数字内容版权模式的司法规则和诉讼流程呼之欲出，将低成本、高效率地解决发生在互联网版权上的各类纠纷。

第四节　版权区块链系统架构

区块链网络的构建并打通各类业务系统是实现区块链确权、授权目标的前提条件。区块链按照管理和访问权限可以分为公有链、联盟链和私有链。联盟链和私有链在去中心化程度和开放程度两方面有所限制，参与者需要提前被筛选认证，其账本数据库的读取权限可能是公开的，也可能只限于系统的参与者来设置写入权限。

版权区块链系统，尤其是版权保护存证要保证证据的合法性、真实性与关联性，其网络构建重点在于区块链功能组件的选取，整体架构要符合司法存证平台的标准和规范，这也是整个系统构建的核心部分。当前，版权区块链系统的搭建，采用联盟链技术是更合适的选择。版权区块链系统应该具有行业前瞻性和引领性，也要符合司法取证系统的特点与未来发展方向。

一、总体原则

版权区块链系统的构建，一方面要考虑电子证据形成，以及司法取证的方法与标准；另一方面要考虑区块链系统与中心化软件的区别。另外，司法行业本身的业务属性也要予以综合考量，要站在全局的高度对版权区块链系统进行分析与评价。版权区块链系统建设应遵循以下原则。

1. 整体性

在版权区块链系统构建过程中，不能仅从一个方面或者某几类功能去判断版权区块链系统的价值与效率情况，而应该从全局进行综合判断。

2. 科学性

版权区块链系统构建过程不仅对版权行业从业人员的专业技能、知识积累及综合素质有要求，还对科学严谨的态度有要求，这直接关系到版权区块链系统的成败。科学性就是需要评价者客观、合理及公平地进行司法取证版权区块链系统构建的每个环节。

3．可操作性

对于选取的功能组件应该满足行业应用与技术的普遍要求，同时也应该可以通过科学方法来进行收集获取，业务数据易采集、可分析，评价结论易于推广。

4．前瞻性

版权保护与区块链技术的结合本身就是在原有行业上的技术创新，因此在功能组件选取，以及最终的业务实例验证结论上应该具有前瞻性。

5．代表性

核心功能组件的选取能够客观反映版权保护联盟链的关键特性，如取证模式、取证管理、证据打包等行为。

6．通用性

功能组件的分析、评价结论要有行业通用性，最终能够推动行业应用与技术发展，而不能仅仅是单独个体的评价。

7．差异性

在版权区块链系统构建过程中，要综合考虑司法行业与其他行业的差异性，联盟链技术与公有链技术的差异性等，不能一概而论，要做到具体问题具体分析。

二、版权区块链系统的技术特点

版权区块链系统可以采用多链融合的立体网络架构，区块链内并行技术保证了版权区块链系统具备领先的处理性能。

版权区块链系统具备多重隐私保护机制，上链存证的是电子数据的哈希值，确保数据真实完整的同时保护数据隐私。版权区块链系统支持数据的传输限制在特定授权节点，支持用加密解密的方法对用户访问权限的控制。

版权区块链系统支持国密算法，支持国内主流硬件密码设备。版权区块链系统采用国密 CA 系统、节点权限控制使用国密签名证书，通信支持国密 TLS 证书，区块生成使用国密算法，支持硬件设备保存私钥、签名、加密解密，保证更安全更可控。

三、整体设计

1. 节点设计

区块链网络的节点对于整个网络来讲至关重要。版权区块链的各个节点必须有与之对应的具备公信力的实体机构组织，通过授权后才能加入与退出网络。这些节点机构组织组成利益相关的联盟，共同维护区块链的健康运转。

在版权区块链网络上，常见的节点类型包括司法机关、公证处、仲裁机构、司法鉴定中心、授时服务机构、数字身份认证中心。司法机关是行使司法权的国家机关，是国家机构的基本组成部分，是为了保证法律实施而建立的相关组织；公证处是依法独立行使公证职能、承担民事责任的证明机构；仲裁机构是通过仲裁方式解决民事争议，做出仲裁裁决的机构；司法鉴定中心是利用科学技术或专门司法知识为司法相关问题提供鉴定意见的机构；授时服务机构承担标准时间的产生、保持与发播，提供标准时间授时服务；数字身份认证中心是提供数字证书的颁发、核验服务的机构。

在版权区块链网络中，节点类型可以分为记账节点和非记账节点。其中，记账节点是指区块链网络中可获取记账和发布区块权限的节点。在区块链网络中，记账节点的选取方式由区块链网络类型决定；非记账节点是指不参与记账和发布区块权限的节点。在版权区块链网络中，非记账节点可包含业务系统节点、区块链接口节点、系统支持节点、数据节点等。

2. 共识机制

在建立版权区块链系统时，可按需要定义或选择区块链网络的共识机制。版权区块链系统的共识机制包括基于工作量的共识机制、基于投票的共识机制、基于公信力节点的共识机制和通过节点强制校验的共识机制。基于工作量的共识机制是可以基于行为量化等特定算法来确定记账节点的共识机制，如 PoW 机制；基于投票的共识机制是基于资源量化等特定算法来确定记账节点的共识机制，如 PoS 机制、DPoS（Delegated Proof of Stake，委任权益证明）机制；基于公信力节点的共识机制是由单个或多个具备公信力的节点进行鉴证的；通过节点执行强制校验的共识机制如 PBFT 算法。

在公有链结构里面，PoW 机制和 PoS 机制最为常见，这两者都是以经济模型理论来解决共识问题的。与联盟链相比，公有链更强调共识机制的重要性。因为在公有链上，每个节点都是不可信的，而联盟链上每个节点都是可信的、可追溯的。注重效率、隐私、安全、监管是联盟链的特点。所以在诸多管控之下，往往倾向于类似传统的 PBFT 算法；版权区块链也多选用 PBFT 算法作为共识机制。PBFT 是以算法模型来解决共识的，因为不存在 Token 的分发机制，能够做到效率极高而能耗很低。

PBFT 算法的整个共识过程如下：各个节点先投票选出领导者，领导者记账后，其他人进行算法验证并投票通过。在 PBFT 算法中，出错的节点如果小于全部节点的 1/3，那么就能够找到出错的节点，从而保证整个网络的正常运转。

联盟链保留了部分的"中心化"，从而得到了交易速度增快、交易成本大幅降低的回报。在实际生产环境中，版权区块链的 TPS 在 100～500 之间即可支撑大部分业务场景。早期，PBFT 算法的改进方向包括使用 P2P 网络，动态调整节点的数量，减少协议使用的消息数量等。近来，随着联盟链网络的普遍应用，联盟链的共识机制算法不断融合创新，吸收了部分公有链的共识思路。例如 DPoS 机制和 PBFT 算法的混合，可以将 DPoS 的授权机制应用于 PBFT 算法中实现动态授权，该算法据称 TPS 可以达到 10000～12000，时延控制在 100～200ms 之间。

3. 智能合约

智能合约的概念虽然较早就被提出了，但真正落地依托于区块链技术的出现。智能合约是一种智能的、根据条件自动执行的契约，基于分布式账本的加密算法，去中心化账本同步和节点权限控制等技术，将契约转化为计算机语言描述而非法律语言，智能合约的条件即为法律的约束，其运算即为法律的执行，从而更加精准，无可争议。

版权区块链的智能合约主要支撑业务存证数据的写入与积分或 Token 的交易，存证过程与智能合约包括写入区块链数据预处理、电子数据签名、存证过程、存证公示和查询、提取存证和验证存证等。为了满足版权区块链积分或 Token设计还要部署相关的交易智能合约。交易智能合约的功能一般包括总发行量查询、账户余额查询、转账、预授权、预授权批准等。

第五节　基于区块链的版权保护案例

一、确权

移动互联网的发展让作品的创作更加便捷，形式更加多样。作品在网络上高速复制、传播的同时，版权保护问题日趋严峻。权利主体复杂、权属不清晰、侵权成本低、举证维权困难等问题使权利人的权益无法得到保障。

版权家依托对内容和版权产业的深刻理解，基于大数据、人工智能、区块链等技术基础，创造性地提出即时产品和业务发展理念，力图通过自身努力并联合产业链上下游资源，打造贯穿不同平台，覆盖内容全生命周期的互联网版权管理机制，真正实现版权确权、授权，保护的简单化、即时化、低成本化，从而有效降低版权保护成本，促进版权流通，提升版权价值，为创作者带来更多收益，最终实现"让版权实现更大价值"的宏伟目标。

版权家经过对版权产业的深入研究和实践，深刻总结了版权产业发展的规律和趋势，创造性地将版权产业解构为版权管理、版权经营、版权产品三个层次，其层次关系与漂浮在海面上的冰山相似，被称为"版权产业冰山模型"。

（1）版权管理是版权产业发展的基础，通过提供确权、用权、维权等专业版权服务，保障了版权经营、版权开发等版权价值创造过程更加规范、有序、高效。

（2）版权经营是创造版权价值的重要方式，通过授权、交易、资产评估、资产管理等手段，对权利本身进行经营，能够有效促进版权资源流通和版权资产变现，从而产生版权经营性价值。

（3）版权产品是面向最终用户的图、文、视、听等内容产品。版权产品的生产有赖于版权管理层的服务支撑和版权经营层的资源供应，两者共同作用很好地促进了整个行业持续生产出更多、更好的版权产品。

版权家基于版权区块链和人工智能技术开发的版权服务平台，面向各类义创企业和创作者个人，提供版权登记、版权存证、盗版监测、侵权取证、法律维权、版权交易等综合版权服务，能够"一站式"解决用户的所有版权问题。版权服务平台不仅支持文字、图片、音频、视频等各种内容格式，还针对文学、动漫、设计等行业用户，提供创作保护客户端产品，实时记录完整的创作过程，从根本上帮助用户解决原创性证明的难题。

版权服务平台围绕确权、用权、维权提供了全面的功能和服务，切实保护了权利人的合法权益，打击了侵权盗版行为，推动了版权环境的改善，成为国内领先的专家级产品。

基于区块链、人工智能、大数据、云计算等前沿技术，围绕"版权产业冰山模型"所构建的版权产业，版权家系列即时确权产品产生了更强的资源和产能的集约化、聚合化效应，优化产业分工协作机制、完善产业生态体系，从而形成更加高效、稳固的产业结构和利益分配机制。

从发展来看，互联网上越来越呈现出明显的以内容为核心的聚合效应，自媒体、内容社交、内容电商、知识付费、短视频等，无一不是内容创作驱动下的产物，一个"人人都是创作者，人人都是版权人"的时代已经来临。

二、授权

如何让数字内容消费者快速通过版权区块链系统获得优质的数字内容，剧派网、稿稿网、华云音乐、软游助手等不同品类的版权交易系统在依托区块链版权服务的基础上，开始试水基于联盟链的版权授权平台。这些版权授权平台服务于运营者、创作者和内容消费者，从用户需求角度出发，通过细致的标签，刻画清晰的用户画像，基于版权大数据的精准化营销，做到对用户更加细致的划分。线上的每个动作存在版权区块链上都能做到有迹可循，通过用户行为分析得到更多真实的信息。

版权授权平台的未来发展方向要加深社群运营理念，根据不同标签，细分线上各类社群，提高社群的运营针对性，培养用户的忠诚度，加强用户黏性。在版权交易平台上开展基于区块链价值网络的激励工作，吸引更优质的运营者入驻的同时，可以激励创作者更好地创作，形成一个向上的良性循环。

在上述版权授权平台价值网络中，不仅内容可以得到奖励，所有行为、动作、成果都会被如实记录，从而形成一个社区共赢、自运行治理的格局。对于创作者，在版权授权平台上定期分享写作技巧，推送优质的数字内容，帮助创作者理解消费者需求，对不完善的内容提出改进建议也可以得到激励；对于入驻版权授权平台的自媒体创业者，通过提供个性化的自媒体培训服务可以获得激励；对于运营者，版权授权平台对文案、配图进行审核，提出专业的修改意见，确保交易信息的简洁、准确、合法。选取优质的内容进行营销传播，在微博、微信进行发布后的传播效果同样可以在评估后得到激励。

在未来，基于版权区块链网络，新媒体行业的发展将产生新的商业模式、新的逻辑。流量思维也会逐步向价值思维转变，洞察用户价值需求成为首要目标。

版权区块链价值网络的附加值，不仅体现在平台内容质量的提升与遴选上，还体现在能够提升社区运营能力的效率。

三、维权

1. 诉讼案例

A 公司是一家致力于打造高品质图片服务，为广告人和企业提供更适合市场的原创素材公司。该公司 IT 技术创新、平台设计专业、视觉内容独特丰富，但在网络平台上经常看到自己公司的图片被盗用，但鉴于取证流程复杂、公证成本高，一直没有进行取证维权。

A 公司在了解版权区块链相关服务内容后，使用版权区块链存证产品，在版权区块链平台对某微信公众号的侵权内容进行了取证，在北京互联网法院提交存证和取证证据，并通过北京互联网法院进行立案诉讼。

一周后进行开庭审理，北京互联网法院对基于版权区块链取证服务获得的取证证据的真实性、合法性和关联性均予以认定，并采纳该证据依法做出了判决，下达判决书。依据判决书，最终判决被告赔偿原告 A 公司经济损失及合理开支 2500 元。该案例发布了北京互联网法院首个采用"天平链"证据的判决书。判决书下达后，业界反响巨大。北京市高级人民法院和北京互联网法院都在自己的宣传媒体上进行了报道，各新闻媒体纷纷转载报道。

2. 调解案例

B 公司是提供美食视频服务的原创素材公司，自己的视频经常被某些商家不经授权使用，但鉴于取证成本高，取证流程比较复杂，一直没有取证并维权。

B 公司在了解版权区块链侵权取证服务后，通过版权区块链平台对侵权内容进行取证，并直接给侵权人发送了相关存证材料，表达了和解意愿。在确切的取证证据面前，侵权方承认侵权事实，同意赔偿 B 公司 50 000 元。最后，双方通过深度交流转而成为合作伙伴。

在实际的侵权案例中，多数当事人都有较强的和解意愿，在规避了商业风险的同时，也降低了整体的行政成本，提高了社会整体生产效率。

四、案例分析

互联网法院诉讼系统可实现自动验证电子数据的完整性和存证时间，从而大幅提升电子数据的证据效力和诉讼效率。电子证据上链只能确保数据上链存储以后不可篡改和不可删除，那么如何相信版权区块链数据的安全性、合规性呢？

2018 年 12 月 22 日，北京互联网法院的"天平链"发布当天，同步发布了《北京互联网法院电子证据平台接入与管理规范》，对第三方接入平台从机构资质，专业技术能力，平台安全性，电子数据生成、收集、存储、传输过程的安全性和合规性等方面提出了明确、严格的要求。2019 年 1 月，北京互联网法院组建司法工作组，重点开展《天平链接入与管理规范细则》及《天平链接入测评规范》，对涉案量大的应用平台进行了调查研究，并给出指导意见。

司法工作组对版权区块链的系统安全性、用户实名认证、版权确权过程、侵权线索固定过程中涉及电子数据的生成、收集、存储、传输过程的安全性和合规性进行了详细的评估，仔细查阅了本平台提供的信息系统安全等级保护三级证书、区块链测评机构出具的"版权区块链"测评报告、司法鉴定机构出具的《版权家可信存证评估意见书》，并组织技术专家现场考察评估了版权区块链网络的专业技术能力、运营服务能力等。

参考首例判决书上的分析结果，版权区块链出具的证据先由原告在版权区块链存证平台上存取涉案图片，生成电子数据；版权区块链存证平台已经接入北京互联网法院区块链"天平链"电子证据平台，所以在该平台生成电子证据的第一时间，该电子证据的哈希值（数据指纹）就会写入"天平链"，同时版权区块链存证平台查询获得该数据在"天平链"上存证编码并返回给原告；原告立案时提交原始涉案图片和存证编码，北京互联网法院电子诉讼平台就会调取"天平链"进行自动验证，验证结果显示涉案证据自存证到"天平链"后，没有被原告篡改过。

第十二章

区块链促进民生高质量发展

　　区块链技术在社会民生领域中得到了广泛应用。除食品以外，区块链技术还与教育、不动产登记、精准扶贫领域相结合，并产生了巨大价值，促进了民生高质量发展。

第一节　区块链+食品让百姓更放心

一、溯源体系

　　溯源就是可追溯，可追溯包括两个途径：跟踪和追溯。跟踪是指产品从供应链的上游至下游的正向流通，跟随一个特定的单元或一批产品的运行路径。追溯则是指产品从供应链下游至上游的逆向流通，即识别一个特定的单元或一批产品的来源。因此，我们可以总结溯源系统就是利用物联网、大数据建立一套完整的体系，使产品从生产过程到流通环节的信息都可追溯。

二、溯源体系的价值

　　我们为什么要建立溯源体系？其实，溯源体系最早是由欧盟在 1997 年应对"疯牛病"逐步建立并完善的食品安全管理制度，所以最早建立溯源体系的目的是解决农产品等食品安全问题，从源头把控食品的质量问题。

　　溯源体系不仅要追溯源头问题，还要对物品流转过程进行追踪。一是随着流转信息的发展，奢侈品、艺术品、古迹在拍卖行流转，历经的时间长，物品的源头追溯演变为物品真伪的追溯或物品信息的追踪；二是随着电商的发展，"山寨货""假货"的猖狂，物品在流通环节的追溯问题也逐渐重要起来，如何防止消费者购买的物品被以次充好或被调包，物品在物流过程中的追踪尤为重要。

三、溯源体系的发展

近年来，"假货""食品安全"等问题越来越受到大家的关注，如何保障饮食安全、避免受骗上当是人们一直在研究却始终无法根治的问题。区块链技术似乎为商品溯源带来了新的希望。

（1）早期的溯源体系。欧盟为了应对"疯牛病"问题建立的溯源体系最初主要应用在食品安全领域。比如，食品质量出现问题时，可以通过食品标签上的溯源码进行联网查询，从生产基地、加工企业、终端销售等整个产业链条的上下游进行信息共享、公开，最终服务于消费者。

（2）传统的溯源体系建立于第三方的监管，简单来说就是建立"一物一码"的追踪体系，每个商品对应一个单一的编码，用户可以通过编码区第三方的平台或 App 查询商品的信息档案，对于农产品的溯源体系可以追踪其从种植到收割、到包装、再到运输的过程。完整的溯源体系还会延伸到农作物的种植环境、农业动物的喂养过程等。将所有的信息档案存储在唯一的编码中，表现形式有条形码、二维码等，通过扫码可以追溯和查询农产品的信息。

对于商品的防伪追踪，很多商品上都有防伪标志或监管码，消费者可以通过扫码验证识别产品的真伪。但是，这些防伪技术都无法从根本上解决通过复制和转移防伪标识进行造假的问题。

四、现有防伪技术存在的问题

现有溯源体系的问题主要表现在三个方面。

（1）在给商品贴上防伪码之前，如何鉴别商品的信息？若从源头追踪，农作物的生长环境、农作物的施肥情况等都靠人工记录，不光浪费时间，在登记过程中也会产生信用问题。溯源体系并不是一个新型领域，食品安全问题和商品真伪的判断一直是人们关注的重点。尽管有类似众安信息技术服务有限公司结合区块链推出的"步步鸡"，消费者扫描二维码后，就能看到这只鸡的产地、入栏、出栏、步数、活动轨迹等，但是上链前的数据真实性成了区块链溯源落地的最大问题。

（2）现在防伪形式已经有很多，包括条形码、射频识别、二维码等，通过各种物理方法，如将防伪码藏于商品内，不开封无法验证，或刮开涂层才能验证等，都是为了防止二维码造假。但是，现在的防伪技术无法从根本上解决防伪码被复制、被盗用的问题。比如，装在鸡身上的传感器或装在红酒上的近距离无线通信技术标签依旧面临着被替换的风险。而虚假数据一旦上链照样无法篡改，因此还需新的技术来解决当前问题。

（3）信息被登记在中心化的系统平台，存在人为恶意修改数据、被黑客攻击的可能性，信息无法得到保障，依然面临着信任问题。因此，如何解决信任问题，保证信息的安全、不可篡改是溯源体系面临的最重要的问题。

五、物联网是区块链解决溯源问题的基础

溯源体系的主要痛点是信任问题，因此为了解决信任问题，可以将追踪的信息上链，利用区块链本身具有信息透明、不可篡改的特点解决信任问题。但只解决上链后的信任问题还不够，保证上链前的信息安全才是核心。

1. 物联网+区块链的溯源体系

物联网是指通过各种信息传感器、射频识别技术、全球定位系统、红外感应器、激光扫描器等各种装置与技术，实时采集任何需要监控、连接、互动的物体或过程，采集声、光、热、电、力学、化学、生物、位置等各种需要的信息，通过各类可能的网络接入，实现物与物、物与人的泛在连接，实现对物品和过程的智能化感知、识别和管理。物联网是一个基于互联网、传统电信网等的信息承载体，它让所有能够被独立寻找的普通物理对象形成互联互通的网络。由此可以看出，物联网的核心和基础仍然是互联网，是在互联网基础上的延伸和扩展的网络。其用户端延伸和扩展到了任何物品与物品之间，进行信息交换和通信。因此，我们引入"物联网+区块链"技术来建立新的溯源体系，物联网解决如何高效获得真实信息的问题，区块链以其不可篡改、信息透明的特点解决信任问题、防伪码被盗或被篡改问题。

2. 物联网的感知层硬件

物联网感知层的主要功能是采集和捕获外界环境或物品的状态信息，在采集和捕获相应信息时，会利用射频识别技术先识别物品，然后通过安装在物品上的高度集成化微型传感器来获取物品所处环境信息及物品本身状态信息等，实现对物品的实时监控和自动管理。物联网感知层的关键技术包括传感器技术、射频识别技术、二维码技术、蓝牙技术及芯片技术。

（1）传感器技术。传感器的物理组成包括敏感元件、转换元件及电子线路三部分。敏感元件可以直接感受对应的物品；转换元件也称传感元件，主要作用是将其他形式的数据信号转换为电信号；电子线路作为转换电路可以调节信号，将电信号转换为可供人和计算机处理、管理的有用电信号。这种功能得以实现，离

不开各种技术的协调合作。

（2）射频识别技术。该技术是无线自动识别技术之一，人们又将其称为电子标签技术。利用该技术，无须接触物体就能通过电磁耦合原理获取物品的相关信息。射频标签是产品电子代码 EPC 的物理载体，附着于可跟踪的物品上，可全球流通并对其进行识别和读写。射频识别技术作为构建物联网的关键技术，能够确保上链数据的安全性。与条形码不同的是，射频标签即使不处在识别器视线之内，也可以嵌入被追踪物体之内，避免了条形码被替换的问题。

（3）二维码技术，又称二维条码技术、二维条形码技术，它是一种信息识别技术。二维码通过黑白相间的图形记录信息，这些黑白相间的图形按照特定的规律分布在二维平面上，图形与计算机中的二进制数相对应，人们通过对应的光电识别设备就能将二维码输入计算机进行数据的识别和处理。

二维码有两类，一类是堆叠式/行排式二维码，另一类是矩阵式二维码。堆叠式/行排式二维码与矩阵式二维码在形态上有所区别，前者由二维码堆叠而成，后者以矩阵的形式组成。两者虽然在形态上有所不同，但都采用了共同的原理：每个二维码都有特定的字符集，都有相应宽度的"黑条"和"空白"来代替不同的字符，都有校验码等。

二维码具有很多优点。

第一，编码的密度较高，信息容量很大。一般来说，一个二维码理论上能容纳 1850 个大写字母或者 2710 个数字。如果换算成字节的话，可包含 1108 个字节；换算成汉字，可包含 500 个字。

第二，编码范围广。二维码编码的依据可以是指纹、图片、文字、声音、签名等，具体操作是将这些依据先进行数字化处理，再转化成条码的形式呈现。二维码不仅能表示文字信息，还能表示图像数据。

第三，容错能力强，具有纠错功能。在二维码局部沾染了油污，变得模糊不清，或者由于二维码被利器穿透导致局部损坏的情况下，二维码也可以正常识读和使用。也就是说，只要二维码损毁面积不超过 50%，都可以利用技术手段恢复原有信息。

第四，译码可靠性高。二维码的错误率低于千万分之一，比普通条码错误率低了十几倍。

第五，安全性高，保密性好。

第六，制作简单，成本较低，持久耐用。

第七，可随意缩小和放大比例。

第八，能用多种设备识读，如光电扫描器等，方便好用，效率高。

（4）蓝牙技术。蓝牙技术是典型的短距离无线通信技术，在物联网感知层得到了广泛应用，是物联网感知层重要的短距离信息传输技术之一。蓝牙技术既可在移动设备之间配对使用，也可在固定设备之间配对使用，还可在移动设备和固定设备之间配对使用。该技术将计算机技术与通信技术相结合，解决了在无电线、无电缆的情况下进行短距离信息传输的问题。

蓝牙技术集合了时分多址、高频跳段等多种先进技术，既能实现点对点的信息交流，又能实现点对多的信息交流。蓝牙技术在技术标准化方面已经相对成熟，相关的国际标准已经出台。例如，其传输频段采用了国际统一标准 2.4GHz 频段。该频段之外还有间隔为 1MHz 的特殊频段。蓝牙设备在使用不同功率时，通信的距离有所不同，若功率为 0dBm 和 20dBm，对应的通信距离分别是 10m 和 100m。

（5）芯片技术。半导体芯片是信息化时代的基石，也是当今精微加工制造业的制高点。全球半导体芯片已经进入 10nm 至 5nm 技术节点的时代。半导体芯片在工业领域有许多创新，如可以感知温度和湿度，然后通过无线传输诊断信息并发起服务呼叫的智能门锁；工厂里使用传感技术来进行更自动化、更精确操作的机器人装配线；油箱中可以测量液位，并在需要加油时发出自动警报的传感器。单价相对较高的其他产品也可以利用芯片技术实现全链条数据的获取与计算。

物联网技术的不断发展，从理论上和技术上都可以实现"一物一码"，数据自动处理，减少或不需要人工干预，进而保证上链数据的可信性。解决了上链数据的真实性，区块链的共识算法与分布式存储技术就可以保证整个区块链上的数据真实可信并进行自动处理。

六、区块链如何解决防伪溯源

（1）区块链被认为是最适合溯源的技术之一，区块链的分布式记账、密码学及智能合约这些技术具有的去中心化、公开透明、不可篡改、可追溯等特点恰恰契合了传统商品溯源防伪的需求。区块链的出现改善了溯源体系。第一，在链上的传递过程保证了数据的不可篡改；第二，因为区块链的分布式账本，造假不单是一个账本的造假，增加了数据造假的成本；第三，提高了实时信息的更新效率。物联网采集数据+区块链的溯源体系能更好地解决人们生活中息息相关的食品安全及辨别商品、艺术品真伪的问题。

试想，有一天我们身边所有的商品、信息都可以轻松追溯源头，这无论是对消费者、生产商，还是对监管者而言都无疑是个福音。

（2）溯源的本质是信息传递，与区块链有着密不可分的关系。和溯源一样，区块链本身也是信息传递。比如，将数据做成区块，然后按照相关的算法生成私钥、防止篡改，再用时间戳等方式形成链，而这恰恰符合了商品市场流程化生产模式,商品流通本身就是流程化的,原料是从原产地经过一道道工序生产出来的,信息也是从原产地的信息到一道道加工的信息最后出来的,从原材料到加工到流通最后到销售,是一个以时间为顺序的流程化的过程,区块链上的信息同样也是按时间顺序排序并且可实时追溯的,两者刚好完美契合。

以食品领域为例,它关系老百姓的身体健康和生活质量,老百姓最关心的问题就是吃得放心、用得安心。运用区块链技术如何能从源头上保障老百姓吃得放心、用得安心呢?

在食品领域,区块链技术有天然的应用价值,从原材料采购到产品销售,所有的节点可以全部上链。从供应商数据、生产品质数据、流通数据再到消费者数据都是原始数据,只有这样追溯才能实现从源头上保障老百姓吃得放心、用得安心。

(3)打造最有价值的溯源链,物联网+区块链+大数据是核心。在解决健康服务产业的信任问题方面,通过区块链使数据永久保存、不可篡改,打通食品药品的信任通道,为企业提供真实可信的供应链数据,保护消费者的合法权益。

自区块链技术兴起,各大公司便纷纷布局区块链。在商品溯源方面目前受到电商和零售平台的青睐,如 2018 年 12 月,沃尔玛、京东联合 IBM 和清华大学成立了安全食品区块链溯源联盟,共同建立了一套收集食品原产地、安全和食品真实性数据的基于标准的方法,旨在通过区块链技术为消费者和零售商提供全供应链实时溯源服务。2018 年 3 月,阿里巴巴也加入区块链溯源的队伍,搭建了基于区块链的跨境贸易溯源体系,并推出了支持天猫奢侈平台 Luxury Pavilion 的基于区块链技术的正品溯源功能。

(4)区块链溯源之路任重道远。区块链自诞生以来,一直担负着互联网"升级"的重任,而它的快速发展也时常让人与互联网的发展联系起来。业内人士称,现在的区块链和 20 世纪 90 年代的互联网很像,在那个时候,大家对于互联网有好评,也有差评,其实这些都很正常。因为任何一个新生事物,大家对它的接受都需要一个过程。那么在这个过程中,我们应该在不触及法律的范围内,相对地给它一些宽松的成长环境。

事实上,防伪溯源本身是一个快速发展的行业,伴随着消费者需求的不断增长与国家和地方政府政策的支持,区块链从业者们积极探索,希望能够通过区块链技术在未来实现溯源的绝对防伪。

第二节　区块链+教育让管理更高效

百年大计，教育为本。教育决定着人类的今天，也决定着人类的未来。建设教育强国是中华民族伟大复兴的基础工程，必须把教育事业放在优先位置，加快教育现代化，办好人民满意的教育。要推动城乡义务教育一体化发展，高度重视农村义务教育，办好学前教育、特殊教育和网络教育，普及高中阶段教育，努力让每个孩子都能享有公平且有质量的教育。因此，教育主要包含从幼教到大学，甚至博士或者出国等各个阶层的人才培养。除教育之外，培训也是对教育的广义理解，与教育同等重要，包括对现任职位的工作者或者下岗人员等人群的培训。目前，教育模式中存在着学历证书真实性、学籍管理工作复杂、教学质量需要提升等各种问题，区块链技术主要是由分布式记账技术、非对称加密算法技术和智能合约这三项技术组成的，基于此，它拥有去中心化、共识机制、可追溯性、高度信任的特征。因此，区块链的特性能够针对教育行业现存的问题做出对应的解决，这主要体现在以下几个方面。

一、区块链提升教学全过程管理

区块链技术利用块链式数据结构来存储数据，通过分布式数据来生成和更新数据。当区块链技术运用于在线教育网络架构时，老师授课、学生听讲的教学记录信息会在系统内全程留痕，结合记录、核实等机制，做到老师评价、学生反馈和教学结果的透明、可信，实现了非人工操作的管控。辅助智能化决策提升了教育管理效率，有利于课后管理的科学合理，消除了家长对孩子课后无人管的担忧。

而对于当前大学用来记录和评估学生学习的"学分"，除了跟踪学校的学习活动，区块链教育平台还可以测量和记录非正式学习，如培训活动、省赛、国赛、研究演示、实习经历、社区服务等。区块链教育平台形成一个分布式账本或电子公文包，让学生在任何时间、任何地点都能获得所发生的学习信用，产生学习数据。

毕业时或完成一阶段的学习后，将会形成个人的电子信息数据库，包含"赚取"的各种技能，即学生在学习期间获得的所有区块链教育数据，将成为个人求职面试时的简历，也将成为招聘单位选拔人才和择优的重要参考依据。

二、利用区块链保证学历证书的真实性

现有中心化的系统数据可以被篡改，但是篡改的人很难被追踪；而且中心化的系统本身就存在被恶意攻击等安全隐患，数据的真实性受到很大的威胁和挑战。如果是去中心化的分布式存储证书，就可以脱离独立运营机构而存在，哪怕颁发证书的机构倒闭了，依然可以在证书链上验证该证书的各项信息，该证书得以永久保存。

利用区块链去中心化、可验证、防篡改的特点，将学历证书存放在区块链数据库中，能够保证学历证书的真实性，使学历验证更加有效、安全和简单，这将成为解决学历文凭和证书造假的完美方案。我国每年各种类型的考试密密麻麻，各行各业、各种类型的证书层出不穷。

"学历证书+区块链"将会给教育行业带来颠覆性改变，区块链的分布式存储、去中心化、哈希加密、防篡改、公开、透明可验证等特点，也将使各种学历证书造假者无所遁形。同时，能节省人工颁发证书和检阅学历资料的时间成本和人力成本，以及学校搭建运营数据库的费用。

麻省理工学院的媒体实验室应用区块链技术研发了学习证书平台，证书颁发的工作原理如下。

（1）使用区块链和强加密的方式，创建一个可以控制完整成就和成绩记录的认证基础设施，包含证书基本信息的数字文件，如收件人姓名、发行方名字、发行日期等内容，使用私钥加密并对证书进行签名。

（2）接下来创建一个哈希值，用来验证证书内容是否被篡改。

（3）使用私钥在比特币区块链上创建一个记录，证明该证书在某个时间颁发给了某个人。在实际应用中，上述工作虽然能一键操作完成，但是由于区块链自身透明化特性所带来的一系列隐私问题，目前该平台仍在不断完善中。

除学历验证外，毕业生的所有相关信息都将在不暴露其隐私的情况下提供。

三、学生档案管理更加科学

学生档案系统是一个教育单位必不可少的组成部分，它对于学校的管理来说至关重要。到目前为止，大多数的学生档案仍然是纸制的，并采用人工管理。部分学校进行了信息化建设，解决了快速检索、可靠查找等一部分的问题，提高了管理效率。但是，当前学生档案信息化整体建设水平仍然跟不上社会的发展需要，学生升学转校仍然需要进行纸制档案的转移。随着我国教育水平的提升，小学、中学分地区直升等调控措施的不断深化实施，学生档案的管理工作需要向着更加

细致化、规范化的方向发展。而且，学生本身的家庭可能也会变化，需要更精确的信息记录。目前，档案管理存在四大弊端：人工管理费用高、信息不完整、不利于流通、信息容易被篡改。

由于区块链技术本身具备可追溯、不可篡改等特点，区块链处理单元能够保证信息的可靠性，从而加强学生档案的可信赖性，降低整体过程中对纸制档案的需求。而且，学生档案系统可以在经过授权的前提下与公安部等部门连接，自动将学生的家庭信息，如家庭常用住址、家庭联系人及联系方式，定期同步到学生档案中，依赖政府部门的权威信息自动更新学生的家庭信息，降低学校对此类信息的维护压力，提高准确性。区块链链上可以把小学、中学、大学等阶段的所有学籍档案，包括在校表现、奖励和惩罚记录等所有事件如实记录，记录时间、记录人都十分清楚，一经记录无法修改，且信息都是分布式储存的。在需要调取档案时，只要当事人授权私钥，就可以解锁完整、真实可靠的档案信息。

四、利用区块链推动全球在线教育发展

当前的教育资源受制于各自为政的中心化平台，师资、教研成果是无法共享的。没有解决个体间信任的开放平台，很难实现全球教育资源的共享配置，教育永远会受到地域、经济条件等客观因素的限制。

智能合约程序能够存储并转移数字货币和学习资料，学习者购买资料和服务等交易信息可随时被追踪查询并被永久保存，从而为保障商家和消费者权益提供强大的技术支撑和过程性证据。集聚社会各地的优质教学资源，为整个社会提供优质的教育服务，最大限度地发挥教育资源的使用效率与规模效益，并加快优质教育资源的传播。在拓展教育边界的同时，助力人人皆学、处处可学、时时能学的学习型社会的构建。区块链在线教育可以切实降低教育的门槛，推动优质教育资源的全球共享进程，有机会改变人类历史上长期难以解决的教育不公问题。

例如，一个北京的学生在晚上想找一个美国的学生陪练 1 小时英语，如此简单的需求，目前却很难实现。区块链可以构建一个解决个体与个体之间信任、面向全球开放的网络，正好能够解决这一系列问题。这样人人都可以成为教育资源，且教育资源可以全球共享，人人都是受益者。

五、促进教师利用区块链提高教学质量

互联网技术产生了线上学习和视频直播等互动手段，而区块链可以对在线教育社区里面的知识内容制作者、学习者的参与度，推广者的推广效果等进行统一的记录，让每一方的参与者都被激发出能动性，让处在这个在线教育社区生态体

系中的人都能得到可持续、可发展的利益。传统单一的教育方式不仅不利于教育资源的共享，更限制了教师个人的发展，区块链技术应用于教育领域可以盘活资源、促进教育公平，增强现实、虚拟现实等技术满足用户多元化、个性化的需求，能够弥补传统教育的某些不足。区块链技术还可以解决教师或学生的客观评价体系，教师可以在面向全球的区块链网络上发布自己的授课需求，学生可以发布自己的学习需求，双方都能匹配到精准的目标对象。

因为区块链系统数据的无法篡改性，无论是教师的个人信息，还是课后学生对教师的评价都能够保持客观公正（也就是说，教师提供的信息是绝对真实的，授课记录和评价也无法通过非正常方法获得）。优秀的教师会越做越好，形成自身的品牌与竞争优势，让竞争焦点回归到师资博弈、教学质量和成果上，这才是区块链教育正确的发展方向。

六、让学生低成本享受高质量的教育

人类社会的发展随着技术的进步，将进入一个知识共享的时代，但目前共享的基础都需要由第三方系统信用背书。例如，在网上销售知识，就存在两个问题：一是师生之间如何实现信息对称与相互连接，学生怎么找到可靠的教师（或者教师怎么找到真正有需求的学生），让教师找学生对于很多教师而言并不擅长，而让学生找到教师可能难度更大；二是如何保证安全支付，支付问题尽管现在有很多成熟的第三方支付平台，但仍有个别不可信的第三方支付平台。

而基于区块链的平台可以建立学生评价体系，学生可以对教师进行公正客观的评价，把知识点、科目，每个方向最好的资源积累起来，形成更好的引导，能让更多的学生用更低的成本享受到最优秀教师的教育资源和优秀学校的资源，甚至可以让优秀的学生也成为优秀的教育资源，共享给有需要的企业。

智能交易无须类似支付宝的第三方支付平台，便可以实现学习者与培训机构、学习者与教师、机构与机构之间的点对点交易，既能节省中介平台的运营与维护费用，又能提供有质量保证的在线学习服务。

最后，区块链作为底层技术，随着它的成熟，还能够在更多的方面发挥作用。但总体来说，区块链+教育难以直接运用在教学方面，更多的还是为教学教育活动保驾护航。

案例：区块链技术在教育领域的应用

1. Blockcerts——学历证书区块链

Learning Machine 与 MIT 的 Media Lab 合作创建了 Blockcerts——一个可以

创建办法并验证基于区块链的学历证明文件的开放平台。通过在区块链上创建类似学术成绩单和资格证书这样的记录，利用 Blockcerts 可以审查文件是否可信并发现伪造的信息。

学术成绩——分数、成绩报告，甚至毕业文凭都可以保存在 Blockcerts 上，并提供不可篡改的学术历史。

2. APPII ——资格证书区块链

英国的 APPII 使用区块链来验证资格证书。它利用区块链、智能合约及机器学习技术来验证学生和教授的学术资格证书。

APPII 的用户可以创建个人档案并填写学术简历，包括教育历史和学习成绩报告。APPII 使用区块链来验证用户的背景并将其信息锁定在区块链上。

第三节 区块链+不动产登记让存证更可信

一、不动产与不动产登记

1. 不动产

不动产，通俗来说就是不能移动的个人财产，是指依自然性质或法律规定不可移动的财产，如土地，房屋、探矿权、采矿权等土地定着物，与土地尚未脱离的土地生成物、因自然或者人力添附于土地并且不能分离的其他物。我国规定不动产的类型有土地、建筑物、构筑物，以及添附于土地和建（构）筑物的物。

与不动产对应的动产，就是不动产之外的物，是指在性质上能够移动，并且移动不损害其经济价值的物，如电视机、书本等。不动产是财产划分的一种形态。

2. 不动产登记

不动产登记是指权利人或利害关系人申请，由国家专职部门将有关不动产物权及其变动事项记载于不动产登记簿的事实。登记机构在进行不动产登记时应当履行以下职责：第一，查验申请人提供的必要材料；第二，询问申请人有关登记事项；第三，如实、及时进行登记；第四，法律法规规定的其他职责。不动产统一登记后，土地和房屋的登记将统一，不动产登记证书，即记载房屋的产权信息，也包括土地的使用权信息，如房屋的建筑面积、土地的分摊使用面积等。

2016 年 1 月 1 日,《不动产登记暂行条例实施细则》正式发布实施,这是我国不动产统一登记制度建设的关键节点,也是现代法治国家发展的重要一步。这标志着以《中华人民共和国物权法》为统领、以《不动产登记暂行条例》为核心、以《不动产登记暂行条例实施细则》等配套规章规范为支撑的不动产统一登记制度体系基本形成,为不动产统一登记制度的全面实施提供了充分的制度依据和坚实的法治保障。

二、现有不动产交易中存在的问题

现有不动产交易中存在诸多不规范现象,且存在成本高、效率低的问题。在实际工作当中,不动产登记有如下不便之处。

1. 现有不动产交易中的信息孤岛

现有的不动产交易信息分散在金融机构、房地产开发商、银行、政府等不同机构中,信息难以整合,数据价值难以发挥,间接导致了政府监管难的局面。

2. 金融业务与不动产业务分离

传统房地产买卖、租赁业务中,贷款等金融业务与不动产业务分离,无形中增加了金融风险与业务流程的复杂性。

3. 交易过程漫长,风险无法控制

不动产交易的安全性是行业机构与广大参与者的一大困扰,土地和房地产所有权登记、房源的历史交易、业务办理的监督等环节,都可能存在风险。与此同时,传统的房地产交易过程较为漫长,且参与机构较多,导致交易双方都面临许多无法控制的因素。

随着不动产统一登记改革的不断推进,不动产登记内容逐渐扩展,对不动产登记信息的采集、传输和共享提出了更高的要求。

4. 职能职责难以厘清的问题

不动产统一登记制度实施后,各地移交给不动产登记机构的权限仅仅是登记发证职能,登记前的确权、勘察、审批职能仍属各部门。但社会上普遍认为,不动产登记机构承担了所有职能,无论哪个环节出现瑕疵,都是登记部门的原因。这种局面,主要是一些地方不动产登记职能不清、职责不明导致的。以房产抵押

交易为例,由于房产抵押交易职能仍属房产交易部门,市民办理此类不动产登记,须先持身份证、户口簿、结婚证、交易合同、抵押合同到房产交易所申请,填写申请表并签字盖章拍照,三天后再从交易所领取抵押交易告知单。然后,市民再次持上述材料凭抵押或交易告知单到不动产登记中心申请办理不动产抵押或交易登记。这样,群众需要在各部门多次跑、多次复印提交同样资料,才能拿到证书或证明,极不便民,且造成行政资源的极大浪费。

近年来,不动产信息电子化、资产证券化等创新形式,均是为解决这些难点进行的尝试。区块链技术出现之后,也被多个国家用来改造传统不动产。从 2017年开始,巴西、瑞典、日本等国家已纷纷利用区块链技术,探索在购买房地产、托管房地产、记录房地产所有权转让环节中的应用,以及研究如何进一步将不动产数据库整合成可视的数据记录。

三、区块链解决不动产登记中的问题

区块链的产生为解决不动产登记行业的这些问题提供了一个新思路,即将区块链与不动产登记结合,可以解决不动产登记所面临的具体问题。

1. 有效打破部门间行政壁垒,实现多部门数据实时传递和共享

由于区块链采用分布式存储的方式,每个参与的部门都可以获得完全相同、完整的数据;且数据共享以后,数据的使用及修改依然需要从原数据管理部门获得对应授权,未经授权无法使用和修改;同时,通过信息共享平台对接的单位对不动产数据进行的修改等各类信息的变动,都会及时传递给系统所有的参与者,有效打破部门间行政壁垒,实现多部门数据实时传递和共享。

2. 杜绝房产交易过程中的"阴阳合同"现象

区块链分布式记账属性使不同的网络节点、多机构间、不同区域间可以共享分布式账本,可以很方便对节点进行拓展,为低成本、高效率的实现更多部门的数据共享打下良好的基础。通过与银行贷款系统、中介服务系统等进行系统对接,可以实现交易数据全程管理,杜绝房产交易过程中的"阴阳合同"现象。

3. 实现数据共享的安全性、完整性、一致性、真实性

区块链利用加密和共识算法建立的信任机制,能够让抵赖、篡改、欺诈等不良行为的成本增加,保证全系统数据的不可篡改和不可伪造,多中心分布式存储的方式让数据的安全性进一步加强,实现数据共享过程的安全性、完整性、一致

性、真实性。基于区块链技术，每个节点都会同步共享整个链上的数据，若一方进行数据篡改就会导致其手中的"账本"和其他节点的"账本"对不上，直接杜绝了任何一方进行数据造假。并且，由于每一方手中都有一个完整的"账本"，即使其中一方的"账本"遭到攻击或者破坏，其他人手里还有，不至于导致数据缺失。应用区块链技术，所有不动产交易记录被完整记录在区块链上，房产过往交易信息得以被跟踪；涉及多个部门的同一业务，只需要具有相关权限即可，数据会同步即时送达相关部门；信息在中华人民共和国自然资源部等部门仅需填报一次，群众也只需向综合窗口提交"一套材料"。

4. 促进交易安全，避免人为因素干扰，降低部门管理风险

电子合同、电子证照、不动产登记审批、房屋交易及登记、购房资格核验、档案查询及证明，均通过实时读取区块链平台上的相关信息，并以展示的形式进行，用户本人可直接进行身份校验及查询，对于第三方查询，需获得用户本人授权。系统对查询操作、授权查询操作等日志进行上链存证。不动产信息上链以后，能有效地防止篡改，并能对不动产的历史交易、房屋信息追根溯源，帮助有关部门做到数据的"自证清白"。

5. 有利于优化政务流程，简化群众办事过程，提高"放管服"水平

通过基于全不动产信息可信上链，用户可在区块链+不动产服务平台完成身份验核后，基于移动 App、微信公众号、微信小程序等各类应用，实时查询及验证用户在本地的房车拥有情况及获取相关证明材料，而无须通过烦琐程序进行证明。区块链不仅可以实现数据的可信传递，还可以通过智能合约技术对业务办理的流程进行技术固化，保障流程的有序、顺畅执行，既有利于确保"先税后证"等基本原则落实，也有利于对现有不动产登记流程进行整合，进一步简化群众办事流程，提高"放管服"水平、办事效率、群众满意度。

6. 有利于挖掘政府数据的价值，提高政务数据的使用程度

多个部门数据整合以后，通过对数据进行加工、脱敏等操作，在符合保密制度的要求和方式下，运用大数据分析等手段，可以将不动产数据及关联数据作为城市大征信数据的一部分，更好地服务群众、相关企业和有关部门。

四、区块链+不动产登记平台主要功能

1. 电子合同

电子合同改变了传统纸质合同，其将合同的签署、归档、存储等都放到互联网上，生成电子合同。基于区块链技术，电子合同可以在签署合同时就对签署者的身份进行验证，同时将签署者的电子签名、电子签章等进行存储，保证合同的有效性与唯一性。

2. 电子证照

利用区块链技术构建电子证照共享平台，通过平权共建的原则实现全面的数据归集，形成个人或者企业的电子档案，任何人都不能随意篡改或者造假，最大限度保障了数据的安全。基于区块链共识机制，国土、税务、民政、公安、房产、社保等部门可以实现电子证照信息共享，节约了部门之间的沟通成本，减少了办事群众材料重复提交的现象。

3. 不动产登记

不动产登记的流程为：申请→受理→收件→档案扫描→录入上传→初审→核定→登簿→缮证→归档。将整个登记流程放在区块链上操作，可以让其他节点的部门实时了解不动产登记进展情况。并且，在区块链上进行登记操作，每步的变化都用时间戳记录下来，可以追溯在不同时间节点发生的任何变化，防止工作人员对数据进行篡改或者造假。

4. 房屋交易及登记

在区块链技术的加持下，每套房子从最初的土地形态到竣工售卖，最终到购房者手中，这一系列的变化都以时间顺序记录下来，不仅可以追溯相关数据来源，还可以防止数据重复和数据篡改，不用担心虚假房源的问题。房屋的网签备案、贷款申请、登簿制证都可以基于区块链进行。比如，将购房合同、贷款合同放在区块链上，基于区块链的智能合约技术实现约定时间自动付款、扣款。

5. 房屋资格核验

不管是买新房还是买二手房，都要进行购房资格核验，其中最重要的就是对拟购房家庭的购房资格进行审核，包括户口、社保、纳税、贷款、名下房产等多

个方面的内容，涉及多个政务部门。利用区块链技术，将购房资格核验结果放在链上，房产交易、不动产登记等业务均可查用。

6. 档案查询及证明

档案查询及证明包括个人房屋信息记录、不动产信息查询证明、低保档案查询等，如果采用区块链技术，让这些机构达成共识，就可以直接查询相关人员或者家庭的信息，免去其反复提交证明材料的过程。

案例：北京"目录区块链"建构数据共享新规则

2019 年 11 月，北京利用区块链将全市 53 个部门的职责、目录及数据联结在一起，形成"目录区块链"系统，为北京大数据的汇聚共享、优化营商环境提供支撑。同时依托"目录区块链"将部门间的共享关系和流程上链锁定，建构起数据共享的新规则，解决了数据流转随意、业务协同无序等问题。所有的数据共享、业务协同行为在链上共建共管，无数据的职责会被调整，未上链的系统将被关停，建立起部门业务、数据、履职的全新"闭环"。

"链"上调用数据减材料、减流程。目前，北京不动产登记"一个环节、一天办结"。2018 年这个业务涉及交易、缴税等 4 个环节，时间需要 5 天，还需要提供户口簿、结婚证等一大堆纸质材料。现在，只要登录北京市不动产登记领域网上办事服务平台或者到不动产登记处就可以体验方便快捷的新流程，且只有一个环节、一次性即可办结。这背后是"目录区块链"调度下的全市各部门数据有序运转。通过"链"上实时调用公安、民政等多个部门的户籍人口、社会组织等标准数据接口，实现了减材料、减流程、减时间。据 2019 年世界银行报告，北京建筑许可办理时间压缩了 32%，环节压缩了 18%，排名大幅提升。自 2017 年 12 月起，北京就通过大数据平台共享了建设工程规划核验等 20 类数据，对压缩建筑许可审批时间提供了支撑。如今在"目录区块链"的支撑下，完成了闭环的最后一步。

第四节 区块链+精准扶贫让扶贫更精准

一、精准扶贫

精准扶贫是粗放扶贫的对称，是指针对不同贫困区域环境、不同贫困农户状况，运用科学有效的程序对扶贫对象实施精确识别、精确帮扶、精确管理的扶贫方式。一般来说，精准扶贫主要是就贫困居民而言的，谁贫困就扶持谁。

二、精准扶贫成为国家战略

（1）2013年11月，习近平到湖南湘西考察时强调"实事求是、因地制宜、分类指导、精准扶贫"，首次提出了"精准扶贫"的重要思想。

（2）2017年10月，习近平在中国共产党第十九次全国代表大会中指出，要动员全党全国全社会力量，坚持精准扶贫、精准脱贫，坚持中央统筹省负总责市县抓落实的工作机制，强化党政一把手负总责的责任制，坚持大扶贫格局，注重扶贫同扶志、扶智相结合，深入实施东西部扶贫协作，重点攻克深度贫困地区脱贫任务，确保到二〇二〇年我国现行标准下农村贫困人口实现脱贫，贫困县全部摘帽，解决区域性整体贫困，做到脱真贫、真脱贫。

（3）2020年3月，习近平在决战决胜脱贫攻坚座谈会上讲话指出，贫困地区群众出行难、用电难、上学难、看病难、通信难等长期没有解决的老大难问题普遍解决，义务教育、基本医疗、住房安全有了保障。还指出贫困地区经济社会发展明显加快。

（4）《2019年国民经济和社会发展统计公报》显示，居民收入与经济增长基本同步，居民人均收入水平首次突破3万元。2019年，1109万农村贫困人口脱贫，连续7年减贫1000万人以上；贫困发生率为0.6%，比上年下降1.1个百分点，向着消除绝对贫困迈出一大步。

三、精准扶贫存在的问题

虽然脱贫攻坚战取得了决定性进展，但随着脱贫攻坚逐步向纵深推进，深度贫困问题凸显，攻坚难度递增，还是存在一些不容忽视的实际困难和突出问题。比如，贫困人口识别困难，不好划分；扶贫的资金使用不透明；驻村的干部不作为，没有把资金用在刀刃上等问题。精准扶贫存在的问题如下。

1．贫困人口识别难度大

开展群众路线活动过程中，贫困人口建档立卡比较复杂，总体上各地结合实际研究制订实施方案，严格贫困户识别以农户收入为基本依据，综合考虑住房、教育、健康等情况，通过户主申请、小组提名、评议票决、公示审批的方式，整户识别，取得了实质效果。但是，贫困人口也存在着很大不同。对于有特殊困难的人，如残障人士或者没有劳动能力的人应该做好兜底保障工作；对于那些有梦想、想干一番事业却没有资金的人应该重点扶持；而对于那些整天游手好闲、无所事事的人，是坚决不能扶持的。所以，在识别贫困人口的问题上，难度相对比较大。

2．数据造假现象仍然存在

对于贫困人口，帮扶到位是重中之重，而在农村存在着很多包庇现象，有关系的能申请成为贫困户，或者有的人随便支个摊子就能申请到扶贫资金，资金到手后却不作为。那些真正的贫困人口，或者想干一番事业却没有资金的人，反而得不到政府的扶持。

某县村主任杜某因在精准脱贫工作中"创新速度"而受到党内警告处分。帮困难群众修建新房，从选址到修建，最后到完工用了8天。但是，房子建在一个土坡上，年轻人上下都有些费力；松软的土地上简单进行了平整（没有挖地基），直接用水泥浇出地坪；空心砖砌的主体墙用力一击就是一个窟窿……这样质量的"新房"存在极大的安全隐患。这说明一些地方的领导对党中央的精准扶贫战略认识不清、领悟不透、实践不力，搞表面文章、做假形象类的现象还没有肃清。要严格考核开展普查，严把退出关，坚决杜绝数字脱贫、虚假脱贫。要开展督查巡查，加强常态化督促指导，继续开展脱贫攻坚成效考核，对各地脱贫攻坚成效进行全面检验，确保经得起历史和人民检验。

3．扶贫资金使用不透明

扶贫资金是国家为改善贫困地区生产和生活条件，提高贫困人口生活质量和综合素质，支持贫困地区发展经济和社会事业而设立的财政专项资金。近年来，各地不断加大扶贫工作力度，扶贫资金总量逐年递增，贫困地区生产生活条件得到有效改善，贫困群众收入显著提高。但仍存在部分预算单位扶贫资金使用不规范等问题。比如，个别单位开支的扶贫工作人员下乡补助、购买贫困户慰问品等费用未及时报账进行账务处理；部分单位会计报销手续不规范、不完善，存在费用报销单据填报不规范、无审批、无领导签字等问题。还有，尽管把钱用到了真正该扶持的人身上，但具体发放的比例是多少，有没有少发、漏发，也是一个很大的问题。同时，扶贫资金到位之后，这些有志青年是不是真正地在做事，把钱用在了刀刃上，有没有完成阶段性的目标，这些都是需要公开数据的。

4. 脱贫成效难以量化

扶贫的最终目的是脱贫。脱贫的结果是什么，是否达到了脱贫的目的，这都是很难衡量的事情。要加强扶贫领域作风建设，坚决反对形式主义、官僚主义，减轻基层负担，让工作、生活、安全等各方面有保障，让基层扶贫干部心无旁骛地投入脱贫攻坚工作中去。要加强脱贫攻坚干部培训，确保新选派的驻村干部和新上任的乡村干部全部轮训一遍，增强精准扶贫、精准脱贫能力。

四、区块链助力精准扶贫

1. 共识机制用于精准识别扶贫对象

将区块链技术引入精准扶贫中，不仅可以精准识别贫困对象，根据具体的致贫原因匹配帮扶项目，同时以智能合约的方式约定权利，实现项目申报、审批流程、扶贫对象、款项配给等信息公开透明，从而监控金融扶贫中各个项目的实施进程，形成全程跟踪式管理。扶贫的工作人员需要把贫困户的相关数据录入区块链，如收入情况、支出情况、存款、医疗、家里劳动力多少等指标，划分贫困程度等级、贫困原因及贫困类别，建立基于区块链技术的扶贫大数据管理平台。

2. 区块链的不可篡改性提升数据的真实性

由于区块链技术具有防篡改性的特点，所以上传的信息是不能修改的。填写错误时，把已上传的数据打回，重新上传正确的信息即可。信息一旦审核通过之后，将不能再修改了，且信息一旦上传也不可被篡改。同时，利用区块链技术进行身份认证，将数据和人的授权行为绑定在一起，实现上链数据的真实性，保证企业上链的数据不可篡改、不可伪造，具有高安全性。通过区块链技术的不可篡改性，只要驻村干部的统计数据上链，就无法更改，所有的数据都有记录，这极大地规避了造假的可能性。

3. 区块链可追溯性使资金利用更有效

扶贫贷款一直受到信息不对称、管理成本高、授信和用信场景线上化难度大等问题的困扰，导致金融机构依靠传统模式为贫困户开展授信业务人力成本及风险较大。而区块链技术在全面清查核实的基础上，可以运用大数据征信技术构建起诚信体系，对扶贫对象数据进行动态化更新、常态化管理，准确识别风险可控的目标群体，进而发放贷款。每笔资金都是可追溯的，这样就可以避免挪用扶贫资金的情况，确保扶贫资金能够完全发放到农户手中。区块链技术还可以使捐赠的环节更加透明，其原因在于区块链上的交易可以点对点完成，机构可以直接将钱捐赠给指定的人或机构，无须转手多家银行和机构，且每次捐赠都会直接记录在分布式账本数据库中，记录公开透明，可查询且不可篡改，也可以通过账本追溯捐款去向。

4. 区块链分布式记账可以使扶贫更有效

一项惠民工程是否有效，大多是基于下级向上级汇报的一纸文件，容易出现"浮夸风"。而区块链的去中心化，可以把社会的声音融入进来，也就是说，扶贫是否到位、是否把钱用在了刀刃上，能够从基层的声音来考察扶贫的成果，人人皆可发声。

参考文献

[1] 徐文玉，吴磊，阎允雪.基于区块链和同态加密的电子健康记录隐私保护方案[J].计算机研究与发展，2018（10）：2233-2243.

[2] 杨惠杰，周天祺，桂梓原.区块链技术在物联网中的身份认证研究[J].中兴通讯技术，2018（6）：35-40.

[3] 孙忠富，李永利，郑飞祥，等.区块链在智慧农业中的应用展望[J].2019（2）：116-124.

[4] 韩劲松，徐鹏赢，李岩，等.区块链下的物流金融业务运作模型重构[J].财会月刊，2019（3）：159-165.

[5] 陈治国，陈俭，杜金华.我国物流业与国民经济的耦合协调发展——基于省际面板数据的实证分析[J].中国流通经济，2020（1）：9-20.

[6] 梁雯，司俊芳.基于共享经济的"区块链+物流"创新耦合发展研究[J].上海对外经贸大学学报，2019（1）：60-69.

[7] 袁勇，王飞跃.区块链技术发展现状与展望[J].自动化学报，2016（4）：481-494.

[8] 谢泗薪，刘慧娴.区块链视角下小微型物流企业金融服务平台构建与风险防控研究[J].价格月刊，2019（2）：57-64.

[9] 田仪顺，赵光辉，沈凌云.区块链交通：以货运物流及其市场治理为例[J].中国流通经济，2018（2）：50-56.

[10] 朱建明，付永贵.区块链应用研究进展[J].科学导报，2017（13）：70-76.

[11] 魏翀.区块链技术在农业领域的应用现状与展望[J].河南农业，2019（12）：38-39.

[12] 鲍韵昕，赵曦然，朱月娥，等.区块链在农业保险领域的创新[J].纳税，2019（21）：176-179.

[13] 姚文初.区块链和农业的关系[J].农村·农业·农民（A版），2019（12）：48-49.

[14] 农新.当农业遇上区块链[J].农村新技术，2019（12）：4-7.

[15] 朱祁凤.基于区块链的住院申请系统[J].电脑知识与技术，2019（16）：27-28.

[16] 范硕,宋波,董旭德,等.基于区块链的药品溯源追踪方案研究设计[J].成都信息工程大学学报，2019（3）：34-35.

[17] 陈腾．浅谈区块链防伪溯源[J]．互联网经济，2018（12）：26-31.

[18] 向菲，张柏林，范伯男．区块链技术在国外医疗卫生领域中的应用[J]．中华医学图书情报杂志，2018（8）：31-37.

[19] 粮晓嘉，舒娟．区块链技术在农业中的应用与展望[J]．粮食科技与经济，2018（11）：113-115.

[20] 韩瑜．基于区块链技术的集装箱智能化运输研究[J]．中国储运，2018（2）：125-128.

[21] 王凌峰，陈玉平．区块链技术在航空物流中的应用[J]．空运商务，2018（4）：53-54.

[22] 李梦斐．我国"医联体"发展现状与对策研究[D]．山东大学，2017.

[23] 安永区块链咨询服务团队．共克时艰，区块链在应急疫情管理中的应用[EB/OL]．[2020-02-21]．https://baijiahao.baidu.com/s?id=1659130555280310653&wfr=spider&for=pc.

[24] 段林霄．贸易第一大国的使命：区块链重构世界贸易关系[EB/OL]．[2020-01-02]．https://baijiahao.baidu.com/s?id=1654583210676749587&wfr=spider&for=pc.

[25] 巩富文．以区块链赋能社会治理（新论）[EB/OL]．[2019-11-21]．https://baijiahao.baidu.com/s?id=1650760682516026403&wfr=spider&for=pc.

[26] 叶蓁蓁．人民网评"解析区块链"之一：如何落实依法治理[EB/OL]．[2019-10-28]．http://opinion.people.com.cn/n1/2019/1028/c1003-31424952.html?tdsourcetag=s_pctim_aiomsg.

[27] 难过非狗．区块链技术是提高金融精准扶贫效率的有效途径[EB/OL]．[2019-07-10]．https://xw.qq.com/cmsid/20190710A0MYYH00.

[28] 王岩．区块链在新型智慧城市建设中的应用现状|数连世界 智造未来[EB/OL]．[2018-09-26]．https://www.sohu.com/a/256245648_735021.